依據最新「國際財務報導準則」(IFRS) 修訂

會計學

黃荃・楊志豪・李明德

修訂版

ACCOUNTING

東華書局

國家圖書館出版品預行編目資料

會計學 / 黃荃, 楊志豪, 李明德著. -- 1 版. -- 臺北市：
臺灣東華書局股份有限公司, 2023.05

360 面；19x26 公分

ISBN 978-626-7130-65-0 (平裝)

1. CST: 會計學

495.1 112008829

會計學

著　　者	黃荃　楊志豪　李明德
發 行 人	謝振環
出 版 者	臺灣東華書局股份有限公司
地　　址	臺北市重慶南路一段一四七號三樓
電　　話	(02) 2311-4027
傳　　眞	(02) 2311-6615
劃撥帳號	00064813
網　　址	www.tunghua.com.tw
讀者服務	service@tunghua.com.tw

2028 27 26 25 24　YF　9 8 7 6 5 4 3 2

ISBN　978-626-7130-65-0

版權所有 · 翻印必究

推薦序

　　會計學理論為經濟發展之根基，透過會計紀錄以數字呈現企業財務體質，提供高品質資訊應用於企業經營管理與決策規劃。當前企業環境變化迅速，高等教育培養實務需求之 π 型人才，會計循環概念扮演此跨域學習之敲門磚，完整呈現企業資訊流程與內部控制規劃，扮演跨學科之核心關鍵角色。

　　初學者對於會計學充滿熱情與期待，修習過程常因教科書內容艱澀難懂而放棄學習。教學實踐場域仍需不斷省思及因應實務變化而改變，以培育企業實際所需之會計專業或跨域學習人才。

　　本書作者黃荃、楊志豪與李明德三位教授，皆於國內知名大學會計系任教，累積豐富教學與實務經驗，對於會計創新教學推動不遺餘力，體會學生跨域學習需求，特設計會計入門教科書，以會計循環為章節規劃，將「借」與「貸」以淺顯易懂內容引領學習，透過本書傳達之會計理論進而結合企業流程之不同情境，以有效發揮跨域專業知識之整合。本人有幸為此書撰序，內容編排簡潔清晰，結合簡易釋例及習題實作以充分了解會計交易紀錄概念，學習者循序漸進即能累積會計專業能量。特鼓勵作者群秉持「燃燒自己，照亮別人」精神，持續保持教學創新熱情實現於教學場域，以研究創作傳遞會計知識，為國內會計教育盡最大努力。

東吳大學名譽教授兼講座教授
東吳大學前代理校長

馬君梅

謹致
2023 年 5 月

序

　　《會計學》為當今高等教育之重要學理基礎，亦支持商管領域學門培養專業職涯能力之關鍵。「會計」概念貫穿企業整體交易流程，而透過會計詳實紀錄彙總以呈現企業財務狀況面貌。

　　作者群任教於國內知名大學會計學系，一路懷抱會計知識傳承之初衷，思考當前教育環境變化快速及業界跨域人才需求，深刻了解當代學子學習會計之困擾，省思會計基礎教材內容應以簡潔易懂、循序漸進及圖表記憶概念設計，精選代表性例題以強化學習者理論基礎與實作能力。

　　本書出版內容主要提供會計學習概念基礎簡易理解，茲將本書章節以會計循環概念(分錄、過帳至財務報表編製等)出發，結合會計恆等式之重要交易(資產、負債及權益科目等)為章節分別說明。本書內容適合有志學習會計之學子或非商管學門之跨域發展人才，以簡易概念引領會計專業知識，激發商管創新思維。

　　本書附有解答，另備有題庫與教學投影片等配件，供使用本書的老師作為命題與準備教材輔助。

　　本書撰寫及審定過程力求嚴謹，仍有不足或需補充之處，祈請學習者不吝賜教指正。本文選編其間，承蒙東吳前校長馬君梅支持及興以寫序，感謝不已。另承陳瑞琪老師多方指正，亦十分感謝。感謝東華書局同仁支持與協助，使得此書得以如期出版，為會計教育盡一份心力。

黃荃　楊志豪　李明德

2023 年 5 月

目次 contents

推薦序 ... iii
序 ... v

第 1 章　會計基本概念 ... 1

1.1 會計的意義與功能 ... 2
1.2 會計專業領域與環境 ... 3
1.3 企業組織型態 ... 5
1.4 會計的基本假設 ... 6
1.5 財務報表的認識 ... 7
1.6 會計要素的內容 ... 8
1.7 會計方程式的應用 ... 12
1.8 我國會計準則與 IFRS 接軌現況 ... 17

第 2 章　會計的帳務處理 (一)
——分錄、過帳與試算 ... 25

2.1 交易的意義及分類 ... 26
2.2 借貸法則與 T 字帳 ... 27
2.3 日記簿 ... 31
2.4 過帳與分類帳 ... 33
2.5 試算表 ... 39

第 3 章　會計的帳務處理 (二)
——調整及編製財務報表 ... 51

3.1 調整、會計原則與基礎 ... 52
3.2 期末調整及試算 ... 54

第 4 章　會計的帳務處理 (三)
——結帳及分類之資產負債表 ... 73

4.1 期末結帳 ... 74

| | 4.2 | 分類式資產負債表 | 81 |

第5章　現　金　91

	5.1	現金之內容與內部控制	92
	5.2	零用金制度	94
	5.3	銀行存款調節表	96

第6章　買賣業會計　109

	6.1	買賣業業務	110
	6.2	進貨	111
	6.3	進貨成本之決定	112
	6.4	銷貨與銷貨相關項目之會計處理	115
	6.5	永續盤存制下商品之會計處理	116
	6.6	定期盤存制與永續盤存制之比較	118
	6.7	財務報表及結帳處理	119

第7章　商品存貨　133

	7.1	存貨數量之決定	134
	7.2	存貨成本流程	135
	7.3	存貨之後續評價	141
	7.4	存貨錯誤	142
	7.5	存貨之估計方法	144

第8章　應收款項　151

	8.1	應收款項之意義及應收帳款之認列	152
	8.2	應收帳款之變現評估	152
	8.3	信用卡銷貨	157
	8.4	應收票據	159

附錄一	帳簿組織的概念	163
附錄二	特種日記簿	164
附錄三	電腦會計基本概念	173

第 9 章　不動產、廠房及設備、天然資源、無形資產　181

9.1	不動產、廠房及設備	182
9.2	天然資源	192
9.3	無形資產	193
9.4	生物資產與農產品	195
附錄	資產價值減損與重估價	196

第 10 章　負　債　203

10.1	流動負債概述	204
10.2	確定之流動負債	205
10.3	準備與或有負債	208
10.4	非流動負債之定義與種類	210
10.5	應付公司債之發行及帳務處理	212
10.6	公司債解除	216
附錄	現值	217

第 11 章　公司會計　227

11.1	公司概念與權益	228
11.2	股本之概述	230
11.3	股票之發行	232
11.4	庫藏股票	235
11.5	股利	238
11.6	每股權益	242

11.7	保留盈餘表及每股盈餘	244
附錄一	股利之計算	248
附錄二	前期損益調整	249

第 12 章　投　資　257

12.1	金融資產定義與分類	258
12.2	債務工具投資之會計處理	262
12.3	權益工具投資之會計處理	271
附錄	FVTOCI 債券及股票之會計處理分錄比較表	280

第 13 章　現金流量表　287

13.1	現金流量表之概述	288
13.2	現金流量表之分類	290
13.3	現金流量表之編製	292
13.4	用現金流量來評估企業	310

第 14 章　財務報表分析　321

14.1	財務報表分析的意義及方法	322
14.2	水平分析	323
14.3	垂直分析	325
14.4	財務報表分析的限制	336

中文索引　347

英文索引　349

第1章

會計基本概念

國際財務報導準則 (IFRS) 與一般公認會計原則 (GAAP) 不同之處

	IFRS	GAAP
1.財務會計準則規範	原則性規範，採用較寬鬆及較具解釋彈性訂定，較為抽象，須提出其會計處理的證據，並揭露說明其原則應用的基礎，以確保公允報導公司的財務狀況及編製的責任。因此，要更多的專業判斷，專業知識及遵守職業道德是愈來愈重要。	規則性規範，採用較精準文字及條文訂定，要求每一會計環節都必須遵守原則編製的報表。 缺點是複雜，企業經理人易使用對企業有利的會計處理。
2.財務報表	(1)財務狀況表(資產負債表) (2)綜合損益表 (3)權益變動表 (4)現金流量表	(1)資產負債表 (2)損益表 (3)業主權益變動表 (4)現金流量表
3.適用時間	我國上市上櫃及興櫃公司於2013年開始須正式按照IFRS編製財務報表。	

會計是企業的語言，是商業上交易的溝通工具，是企業經濟活動與其相關決策者的溝通橋樑。無論是個人、企業或任何其他個體，平日都要面臨眾多決策的決定。然而，經濟資源有限，要作最佳決策需要蒐集攸關的經濟資訊及有效管理運用資源，因而均需要會計的協助。因此，會計所提供的資訊是現代工商社會的主要溝通工具，企業管理階層及其他相關決策者運用會計所提供的資訊制定決策。然而，會計所提供的資訊須依據會計的假設及會計的原理原則等會計理論架構彙整而成。因此，本章主要在說明會計的意義與功能、會計的基本假設、介紹財務報告與會計方程式的應用，以利決策者能有效地運用會計所提供的資訊，做出正確的決策。最後，對會計的發展歷史作一介紹。

1.1 會計的意義與功能

1. 會計的意義

美國會計學會在 1966 年對會計的定義為會計係對經濟資訊之認定、衡量與溝通之程序，以協助使用者作審慎之判斷與決策。其中：

◆ **認　定**

指對經濟交易事項，加以分析及辨認是否屬於特定經濟個體交易的程序。

◆ **衡　量**

將認定屬於特定經濟個體的交易事項，使用會計語言加以認列，並依其性質分類彙總，編製成財務報表的過程。

◆ **溝　通**

經認定與記錄之後所產生的會計資訊(即，財務報表)，應進一步加以分析與解釋，提供報表使用者作為經營改善或決策之依據。

換言之，會計是對經濟交易事項，加以分析、辨認、認列、分類、彙總及編製成財務報表，傳達經濟個體經營結果及財務狀況等會計資訊，提供報表使用者作為決策之用。

2. 會計資訊的使用者及其功能

會計資訊是對經濟個體的財務狀況、經營成果及財務狀況之變動提供記錄與報導，提供報表使用者作為決策之用。[1] 會計資訊，依其使用者可分為內部使用者與外部使用者。按使用者及其功能，可區分如下：

◆ **內部使用者**

內部使用者係指企業的管理當局，包括負責企業內部規劃和經營管理的高階層人員。其主要功能是提供管理資訊予企業管理階層查考之用，以協助管理階層瞭解企業的經營現況，評估營運績效，作為改進並規劃未來的經營方式之用。

◆ **外部使用者**

外部使用者主要包括投資人、債權人、政府機關及其他外部人士。其主要功能是：

(1) 投資人及債權人：利用企業的會計資訊，幫助他們作投資與授信的決策。
(2) 政府機關：主要包括稅捐機關、證期局及其他政府機關等。在稅捐機關須依照會計資訊作為判斷企業是否遵守稅法規定及申報營利事業所得稅的依據。在證期局及其他政府機關等則使用會計資訊作為監督管理企業之用，以保護報表使用者之權益。
(3) 其他外部人士：包括顧客及工會等。顧客根據企業的會計資訊判斷企業是否有履約能力的判斷；工會則利用會計資訊評估企業的福利政策，以增進企業員工的福利。

換言之，會計是因應不同使用者的需求，而提供會計資訊予使用者作為判斷與決策之用。

1.2　會計專業領域與環境

1. 會計與簿記的區分

簿記是例行記載經濟事項，是一種機械化的程序，著重在會計的記錄與財務

---

[1] 請參照我國一般公認會計原則第 1 號公報第 1 條之規定。

報表的編製部份，是會計的一個環節與技術。會計則包括了簿記，範圍更廣，會計人員分析、解釋資料、編製財務報表、審計、設計會計制度、研究特殊行業、預算、預測和提供稅務服務。

2. 會計專業的領域

會計專業是提供資訊的專業服務。一般而言，從事會計專業工作人員，可區分為：

◆ **執行業務者**

執行業務者的會計專業人員，主要有會計師與記帳士兩類。

(1) 會計師：係超然獨立於企業與其他報表使用者之外的第三者，以公正客觀的態度為企業提供審計、稅務及管理顧問等專業服務。

(2) 記帳士：係指從事代客記帳、代辦工商登記及提供一般稅務服務的會計工作者。

◆ **企業會計人員**

乃指受聘於企業的會計人員，其工作項目包括普通會計、成本會計、管理會計、稅務會計、預算編製及內部稽核等工作。

◆ **其 他**

在此係指為非營利事業提供會計專業服務的人員，其包括政府會計人員及在醫院、宗教及教育文化公益慈善機關團體等的會計人員。前者指經由國家考試及格後，在各級政府機構的會計工作人員；後者為除政府機構以外之非營利事業提供會計服務的人員。

3.會計的工作環境

近年來，由於財務報導不實表達所造成的重大舞弊案件，在國外有2001年美國安隆、2004年義大利帕瑪拉案、2006年日本活力門案等。反觀，國內有2004年以後陸續發生博達、訊碟、皇統及至2007年力霸等舞弊案件。這些重大財務報導不實的舞弊案件，使得各國股市因之連連重挫，對資本市場所產生的巨大衝擊，也使報表使用者對會計人員的專業、會計倫理與職業道德失去信心。

各國面臨社會強大壓力，紛紛強化公司治理及會計專業人員的責任。如，美

國於 2002 年訂定沙賓法案、SASNO.99 財務報表查核對舞弊之考量，我國於 2006 年也通過審計準則公報第 43 號財務報表查核對舞弊之考量、商業會計法第 71 條及第 72 條等法案與準則，來加重會計人員的責任。然而，財務報導不實造成的重大舞弊案件並未停止，如我國 2007 年力霸案。因此，管理會計人員協會、美國會計師協會、國際會計師聯盟及我國會計師公會等團體，皆制定有職業道德規範，提供會計人員職業道德的指引。甚至，企業也訂有員工應遵循之道德規則及遇有不道德的行為的處理準則。也就是，今後惟有會計人員確實遵守相關的職業道德與倫理，才能提升會計人員專業形象及社會地位，也才是財務報導不實造成重大舞弊案件的解決之道。

1.3 企業組織型態

會計是企業的語言，是商業上交易的溝通工具。企業的組織型態與經營性質會影響會計資訊的傳達。茲就企業組織型態與經營性質分別說明如下：

1. 依企業籌措資本方式分類

◆ 獨　資

指僅有一人出資的企業個體，業主獨享經營利潤並負擔經營損失。在法律上，不具法人資格且獨資企業之業主對企業的債務須負連帶無限清償之責任。

◆ 合　夥

指由兩人或兩人以上所共同出資組成的企業個體，各合夥人共享經營利潤並共同分擔經營損失。在法律上，不具法人資格且合夥企業之各合夥人對企業的債務共負連帶無限清償之責任。

◆ 公　司

指依公司法規定成立之企業，各股東就其投資金額所佔公司資本額比例，分享經營利潤並負擔經營損失。在法律上，具有法人資格且公司組織屬社團法人，具法人資格，可以公司名義對外執行權利義務。

2. 依經營性質分類

依企業賺錢的方式可分類為：

◆ **服務業**

為顧客提供特定服務賺取收入。如：律師、會計師等行業。

◆ **買賣業**

購入商品再轉售其他顧客，而以賺取商品買賣價差為主要利潤來源者。如：便利超商、大賣場等。

◆ **製造業**

製造業者購入原料加工製造成商品，透過批發商及零售商，再銷售給最終消費者。如：中國鋼鐵股份有限公司、台灣塑膠工業股份有限公司等。

1.4 會計的基本假設

為使會計人員對會計之處理有所遵循，並使同一企業不同期間或不同企業間之財務資訊得以相互比較，必須有一套普遍被接受的會計處理準則，作為會計事務處理之依據，此會計處理準則被稱為一般公認會計原則。一般公認會計原則是由某些基本的假設所制定而成。茲分別介紹如下：

◆ **企業個體假設**

會計上，視企業為與業主分離的另一經濟個體，可獨立擁有資源、承擔負債及對外簽訂契約。換言之，企業之資產、負債必須與企業主之資產與負債分開處理，不可混為一談。

◆ **繼續經營假設**

會計上，假設企業將繼續經營以實現其營業目標及履行各項義務，若無相反之證據存在，在可預見之未來將不會解散或清算。因此，在繼續經營假設下，購進資產時以成本為入帳的基礎，資產分類為流動或非流動，負債區分為流動或非流動，而折舊性資產的成本分攤在此假設下始有意義。

◆ **會計期間假設**

在繼續經營的假設下,企業被假設為有永續的生命期間。然而,為及時提供會計資訊給報表使用者,乃劃分會計期間,定期結算損益並編製報表。若期間為一年,則稱為會計年度。一般而言,會計期間為每年1月1日起至12月31日止,又稱曆年制,為我國公司所採用。若會計期間為每年4月1日起至次年3月31日止,被稱三月制,通常為日本公司所採用。

◆ **貨幣單位假設**[2]

在會計上,會計人員以貨幣作為交易之媒介、價值衡量的尺度及入帳的基礎,並假設貨幣單位的幣值不變或變動不大,可以忽略。換言之,企業會計的記錄及表達者為能以貨幣衡量的各項經濟交易活動。若無法由貨幣衡量的各項經濟交易活動則無法表達。

1.5 財務報表的認識

財務報表 (Financial Statements) 是企業傳達財務狀況、經營成果及現金流量情形與報表使用者溝通的工具。現今,我國主要財務報表為**財務狀況表(資產負債表)**〔Statement of Financial Position (Balance Sheet)〕、**綜合損益表** (Statement of Comprehensive Income)、**權益變動表** (Statement of Changes in Equity) 及**現金流量表** (Statement of Cash Flows) 等四大報表。[3] 在認識財務報表前,先將財務報表的共同的格式,分別說明如下:

(1) 每一張財務報表均可區分為表首及表身兩大部份。其中,表首係由企業名稱、報表名稱及所屬日期或期間等三個部份所組成,必須依次序書寫,缺一不可。表身則稍後在各財務報表中介紹。

(2) 在各財務報表的各行的第一個數字及最後的合計數前,應加上「$」符號。各財務報表的數字合計時,應先在每一行數字的最後一個數字之下劃一單線,再於單線下面寫上合計數,並應加上「$」符號。若合計數為財務報表最後數字,應在合計數下,劃雙線,以示計算結束。

---

[2] 國際會計準則公報 IAS1 未提及貨幣單位假設。但,非表示國際會計準則公報不採用貨幣單位假設,而是認為此假說應該是眾所皆知的基本共識。

[3] 國際會計準則公報 IAS1 規定的財務報表為財務狀況表、綜合損益表、權益變動表及現金流量表。

1.6 會計要素的內容

資產負債表主要組成要素為資產、負債及權益三項。稱為會計三要素，此時將收益與費損包含在權益之內。亦可將資產負債表的資產、負債及權益與損益表的收益及費損，統稱為會計五大要素並定義如下：

◆ **資　產**

指企業所擁有之經濟資源，能以貨幣加以衡量，可產生未來經濟效益流入者。如：現金、應收帳款、存貨、土地、建築物、辦公設備、專利權等，均為常見的資產。

◆ **負　債**

指企業由於過去交易所產生具有未來的經濟義務，必須能以貨幣衡量，且未來必須以提供勞務償還或產生經濟資源流出者。如：銀行借款、應付帳款、應付票據、應付薪資、應付費用、預收收入、應付公司債等。

◆ **權　益**

指業主對於企業剩餘資產的請求權，又稱為淨值或淨資產。即資產減負債後的餘額。

◆ **收　益**

收益包括收入與利益。其中，收入指企業出售商品或提供勞務予顧客，所獲得的代價，如：服務收入、銷貨收入等。利益指非屬於收入部份，由於企業處分廠房、設備及投資等出售所得價款高於其帳面價值的部份，稱為利益，如：處分設備利益、處分投資利益。

◆ **費　損**

費損包括費用與損失。其中，費用指企業賺取收入過程中，所負擔的代價，如：薪資費用、租金費用、廣告費用等。損失與利益定義相反，由於企業處分廠房、設備及投資等可能屬於營業活動或非營業活動所產生的出售所得價款低於其帳面價值的部份，稱為損失，如：處分設備損失、處分投資損失。

四大財務報表格式舉例如下：

1. 綜合損益表

損益表係表達企業在某特定期間經營損益之情況(如：一個月、半年或一

年)。 也就是，報導企業在特定期間的費用及營業成果為淨利或淨損的報表為損益表。

至於其他綜合損益包含了投資時，如分類為透過其他綜合損益按公允價值衡量之金融資產 (FVTOCI)，在期末調整時，出現未實現的損益，所產生之科目為權益的項目。列於純益底下，可得綜合損益。

綜合損益表包含損益表所有項目，包含收入、利得、費用及損失。這些收入加利得(收益)大於費用加損失(費損)，則為淨利，反之，為淨損。最後再把其他綜合損益列在損益表的下面，則得出綜合損益，是為綜合損益表。

損益表在國際會計準則公報 IAS 1 稱為綜合損益表。IAS 1 的綜合損益表包含損益表所示收入與費用兩大類項目外，尚包括了「本期其他綜合損益」項目，其合計數稱為「本期綜合損益」。現以銘傳公司為例 (所有數字均為假定)。

銘傳公司
綜合損益表
×1 年 1 月 1 日至 12 月 31 日

收入：		
服務收入		$1,000,000
費用：		
薪資費用	$300,000	
廣告費用	250,000	
電話費用	25,000	
水電費用	30,000	
費用總額		605,000
本期淨利		$ 395,000
其他綜合損益		0
綜合損益		$ 395,000

*請參閱權益變動表，損益表中之淨利將使權益變動表中之保留盈餘增加。

2. 權益變動表

權益變動表係表達企業在某特定期間內，權益變動的狀況。權益又稱為淨值或淨資產。即，資產減負債後的餘額。另股利則為公司有了盈餘分配給

股東。現舉例如下：

銘傳公司
權益變動表
×1年1月1日至12月31日

	股本	保留盈餘	合計
期初餘額	$705,000	0	$705,000
本期股東投資			
本期淨利		395,000	395,000
股利		(200,000)	(200,000)
期末餘額	$705,000	$195,000	$900,000

如股本沒有變動，可直接編保留盈餘表：

銘傳公司
保留盈餘表
×1年1月1日至12月31日

期初保留盈餘	$ 0
加：本期淨利	395,000*
小計	$395,000
減：股利	(200,000)
期末保留盈餘	$195,000

*請參閱綜合損益表的本期淨利。

　　權益變動表在國際會計準則公報 IAS 1 稱為權益變動表。IAS 1 的權益變動表則包含期初權益加本期損益減發放股利得出期末權益。

3. 資產負債表

　　資產負債表係表達企業在某特定日的財務狀況，又稱為財務狀況表。一般而言，企業會計年度終了時編製，其格式如下表所示。資產負債表的表首包括企業名稱、報表名稱。但報表的日期是指某一特定日期，不是一段期間。而表

身部份則涵蓋了三大要素：資產、負債、權益。而所謂資產為企業所擁有之經濟資源，能以貨幣加以衡量，可產生未來經濟效益流入者，如現金、應收帳款、存貨、土地、建築物等；負債為企業由於過去交易所產生具有未來的經濟義務，必須能以貨幣衡量，且未來必須以提供勞務償還或產生經濟資源流出者；如應付帳款、應付票據、應付費用等。權益為業主對於企業剩餘資產的請求權，又稱為淨值或淨資產，即資產減負債後的餘額。權益分為二部份，一為股本，一為保留盈餘。股本為股東投資部份。保留盈餘則為公司自成立以來，保留在公司之盈餘。此三大部份組成會計恆等式，又稱為會計方程式。即，資產＝負債＋權益。

現舉例如下：

銘傳公司
資產負債表
×1年12月31日

資產			負債		
現金	$	35,600	應付票據		$ 45,600
應收帳款		175,000	應付帳款		100,000
辦公設備		200,000	負債合計		$ 145,600
運輸設備		635,000			
		635,000	權益		
			股本	$ 705,000	
			保留盈餘	195,000*	900,000**
資產合計		$1,045,600	負債與權益合計		$1,045,600

* 請參閱保留盈餘表。
** 請參閱銘傳公司權益變動表的期末權益。

資產負債表在國際會計準則公報 IAS 1 稱為財務狀況表。IAS 1 的財務狀況表在資產與負債兩大類和現有的資產負債表，僅資產與負債分類與排序的差異，而在權益項目內較現有的資產負債表，增加一個項目為「累計其他綜合損益」項目，其他方面並無重大差異。

4. 現金流量表

現金流量表表示企業在某一特定期間內，由營業活動、投資活動與籌資活動的現金流入與流出所組成。如下表所示，表首包括企業名稱、報表名稱，而報表的日期可為一季、半年或一年，是一特定期間；表身包含營業活動、投資活動與籌資活動現金流量三大部份。有關現金流量表組成的詳細內容，將在第十三章介紹。

銘傳公司
現金流量表
×1年1月1日至12月31日

營業活動之現金流量		
收入收現數	$825,000	
費用支出數	605,000	
營業活動之現金淨流入		$ 220,000
投資活動之現金流量		
購買辦公設備	$154,400	
購買運輸設備	535,000	
投資活動之現金流量		(689,400)
籌資活動之現金流量		
付現金股利		(345,000)
現金淨減少數		$(814,400)
期初現金		850,000
期末現金		$ 35,600

1.7　會計方程式的應用

在介紹資產負債表時，曾提及會計恆等式，現將對會計恆等式的應用深入介紹。首先，會計恆等式也被稱為會計方程式，表示等號的左右邊是恆等，是一個數學式。而在應用會計時，給予會計的意義。因此，可以如下的表達：

　　　　資產＝負債＋權益

此等式表示企業的資產主要來自債權人及股東兩者。又，可以改寫為：

資產－負債＝權益

此等式表示權益為資產減負債，被稱為「淨資產」或「淨值」。另權益是由期初權益加本期淨利(損)及減股利所組成。因此，資產 ＝ 負債 ＋ 權益，可以擴充為：

資產＝負債＋權益
　　＝負債＋(期初權益＋投資±本期淨利(損)－股利)

以大地公司之交易為例，練習會計科目與會計恆等式：

(1) 股東於×1年投資現金 $600,000，開設大地公司，提供管理諮詢服務。

	資　產	＝	負　債	＋	權　益
	現　金				股　本　＋　保留盈餘
(1)	＋$600,000	＝			＋$600,000

就 (1) 而言，會計恆等式的左邊資產的現金增加 $600,000；右邊權益的資本增加 $600,000。

(2) 支付現金購買辦公設備 $100,000。

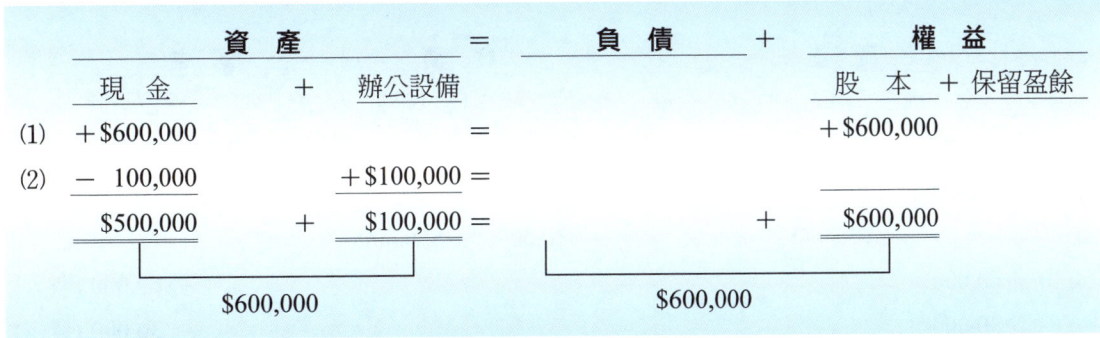

就 (2) 而言，會計恆等式的左邊資產的現金減少 $100,000，辦公設備增加 $100,000，合計金額為 $600,000；右邊負債及權益均無影響合計金額為 $600,000。因此，會計恆等式的左邊合計金額等於右邊合計金額。換言

之，資產總額等於負債加權益的總額。也就是會計恆等式保持恆等。
(3) 購買文具用品 $80,000，其中 $30,000 開立票據，餘 $50,000 尚未付款。

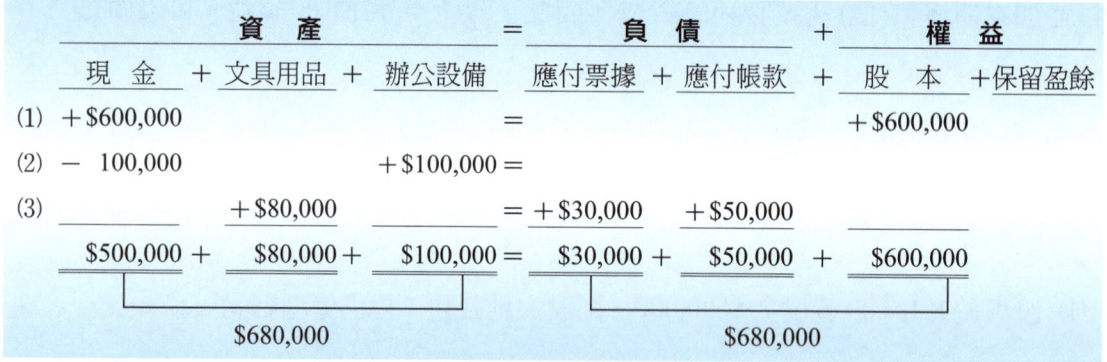

就 (3) 而言，會計恆等式的左邊資產增加的文具用品 $80,000 係為尚未用完的各種庫存的文具用品，如文具紙張及辦公用品等，其資產的合計金額為 $680,000；右邊負債的應付票據增加 $30,000 及應付帳款增加 $50,000，共計 $80,000，權益則無影響，合計金額為 $680,000。因此，會計恆等式的左邊合計金額等於右邊合計金額。換言之，資產總額等於負債加權益的總額。會計恆等式，仍然是保持恆等。

(4) 提供諮詢服務收現 $60,000 及現金支付電話費 $20,000、水電費 $10,000。

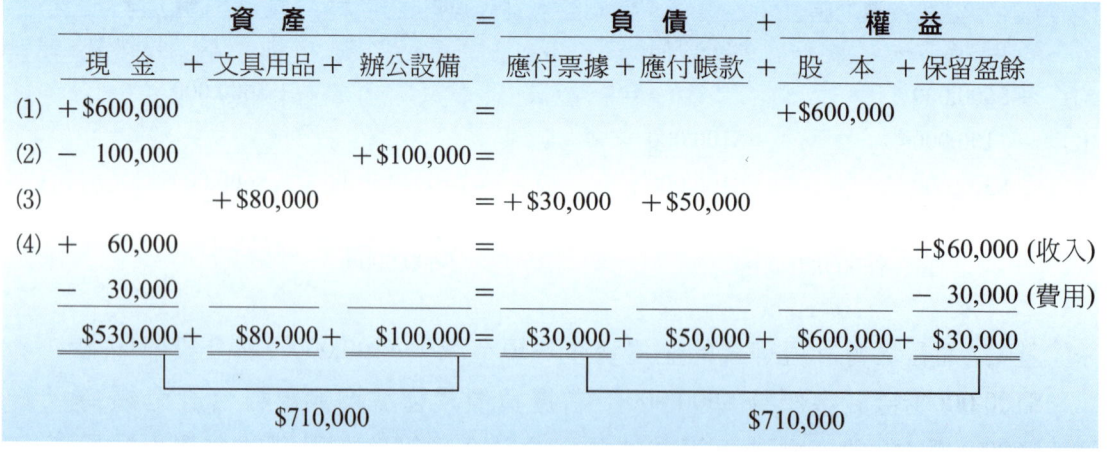

就 (4) 而言，會計恆等式的左邊資產的諮詢服務收現增加 $60,000，電話費及

水電費付現減少 $30,000，合計金額為 $710,000；右邊負債無影響，在諮詢服務收現下，本期收入增加 $60,000，則權益增加 $60,000。同時，費用的電話費及水電費分別增加 $20,000 及 $10,000 共計費用增加 $30,000，則權益減少 $30,000，合計金額為 $710,000。仍然，會計恆等式的左邊合計金額等於右邊合計金額。相同於 (3)，依然資產總額等於負債加權益的總額。會計恆等式，還是保持恆等。

(5) 公司發放股利 $20,000 給股東。

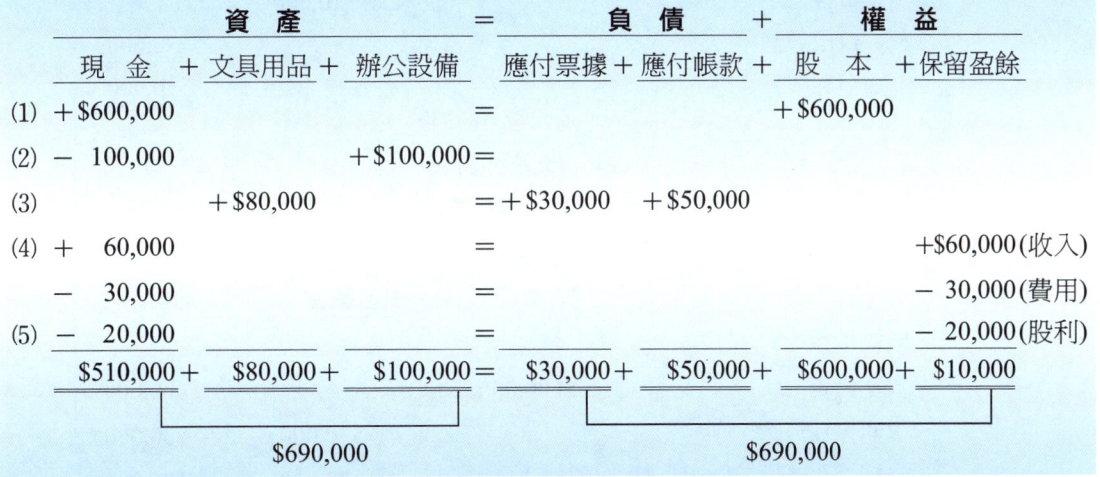

就 (5) 而言，會計恆等式的左邊資產付現金股利現金減少 $20,000 資產總額為 $690,000；右邊負債無影響，而股利發放於保留盈餘，則權益減少 $20,000，負債與權益合計金額 $690,000，會計恆等式的左邊合計金額等於右邊合計金額。依然資產總額等於負債加權益的總額。會計恆等式還是保持恆等。

綜合大地公司上述交易分析，可得出下列結論：

(1) 每一筆交易發生時，會計恆等式的左右兩邊會產生同時增加相等的金額或同時減少相同的金額；或恆等式同一邊的不同會計科目，同時增加及減少相同的金額。換言之，會計恆等式始終維持恆等。
(2) 記錄最後一筆交易的合計金額後，即可按上述交易彙總表編製財務報表。

大地公司
損益表
×1年1月1日至12月31日

收入：		
服務收入		$60,000
費用：		
電話費	$20,000	
水電費	10,000	
費用總額		30,000
本期淨利		$30,000

大地公司
權益變動表
×1年1月1日至12月31日

	股本	保留盈餘	合計
期初權益			
本期投資	$600,000		$600,000
本期淨利		$30,000	$30,000
股利		(20,000)	(20,000)
期末權益餘額	$600,000	$10,000	$610,000

大地公司
資產負債表
【財務狀況表】
×1年12月31日

資產		負債	
現金	$510,000	應付票據	$ 30,000
文具用品	80,000	應付帳款	50,000
辦公設備	100,000	負債合計	$ 80,000
		權益	
		股本	600,000
		保留盈餘	10,000
資產合計	$690,000	負債與權益合計	$690,000

IFRS 之綜合損益表的表達方式，如下

大地公司
綜合損益表
×1 年 1 月 1 日至 12 月 31 日

收入：		
服務收入		$60,000
費用：		
電話費	$20,000	
水電費	10,000	
費用總額		30,000
本期淨利		$30,000
其他綜合損益		
其他綜合損益		0
綜合損益		$30,000

本表有關不動產、廠房及設備重估價利益的計算於以後章節在詳述之。

1.8　我國會計準則與 IFRS 接軌現況

　　我國於 1984 年 4 月成立「財團法人中華民國會計研究發展基金會」，並設立財務會計準則委員會。同年 10 月起，該委員會負責會計準則的訂定及實務問題的研究，並以美國的財務會計準則委員會所發佈的公報為主要參考材料，參酌我國國情，發佈會計準則公報及其解釋函。直至 1999 年，有鑑於國際會計準則公報日受國際重視與採用。而我國現行一般公認會計原則，以美國一般公認會計原則為參考架構，給予明確規則規範，要求每一會計環節都必須遵守準則來編製報表，違背國際的潮流與趨勢，增加了公司至國際資本市場籌資的困難。因此，有必要與國際接軌，改採國際財務報導準則(IFRS)，減少公司進入國際資本市場的障礙。

國際財務報導準則是由**國際會計準則理事會**(International Accounting Standards Board, IASB)發佈的會計準則，以**原則性規範**(principles-based)為主，賦予公司較大彈性的專業判斷空間。相對地，公司也須提出其會計處理的證據，並揭露說明其原則應用的基礎，以確保公允報導公司的財務狀況及編製的責任，採用較寬鬆及較具解釋彈性訂定，較為抽象；這與我國金管會證期局、會計師公會及財務會計準則委員會，以美國一般公認會計原則為參考架構，給予明確的規則性規範，採用較精準文字及條文訂定，要求每一會計環節都必須遵守準則編製的報表方式有所不同。換言之，採行國際財務報導準則之後，將不再有許多界線規定，更需要會計人員謹守職業道德及運用專業知識做專業判斷為不可避免的事。

　　目前，全球已有超過 115 個國家要求或允許依據國際財務報導準則編製財務報表。而我國行政院金融監督管理委員會於 2009 年 5 月 14 日宣佈，國際財務報導準則之時程表，要求公開發行公司自 2013 年起開始採行、金管會主管之金融業、信用合作社及信用卡公司，最遲至 2015 年均須採行國際財務報導準則編製財務報表。

作業

一、問答題

1. 請問會計的意義為何？
2. 請問會計資訊的使用者及其功能為何？
3. 何謂會計資訊？
4. 何謂會計？何謂簿記？兩者有何區別？
5. 何謂會計恆等式？請簡述之。
6. 會計恆等式的組成項目有哪幾項？
7. 何謂淨資產或淨值？請簡述之。

二、是非題

(　　) 1. 會計的目的在於提供一個企業個體的營業狀況資訊給使用者決策之用。
(　　) 2. 獨資與合夥具有法人資格，但公司不具有法人資格。
(　　) 3. 業主個人的財產與企業的資產應分別處理，不列入企業的資產負債表。
(　　) 4. 企業的帳務處理應以業主的立場來記載。
(　　) 5. 會計是簿記的一部份，乃依據簿記之原理原則而運作，簿記乃會計之指針。
(　　) 6. 會計師與記帳士是工作性質相同。
(　　) 7. 會計期間必定包含十二個月，一定是1月1日開始。
(　　) 8. 會計期間就是會計年度。
(　　) 9. 會計年度原則上是曆年制，但若因企業之需求也可報准變更其會計年度之起止日期。
(　　) 10. 會計唯一之目的為編製財務報表。
(　　) 11. 企業內所發生之任何事項，皆可用貨幣數字衡量記錄。
(　　) 12. 會計人員除應具有專業知識及技能之外，還須具備職業道德。
(　　) 13. 會計方程式為資產＝負債＋權益。

(　　) 14. 企業若發生虧損，則會計恆等式不會平衡。

(　　) 15. 資產與負債的差額為權益，又稱為淨資產。

三、選擇題

(　　) 1. 會計資訊使用者為何者？
　　　　 (1) 投資者　　　　　　　(2) 企業管理當局
　　　　 (3) 稅捐稽徵機關　　　　(4) 以上皆是。

(　　) 2. 會計資訊是
　　　　 (1) 提供管理當局決策之用　(2) 提供稅務課稅依據
　　　　 (3) 提供投資者決策的參考　(4) 以上皆是。

(　　) 3. 企業為及時提供會計資訊給報表使用者，乃劃分會計期間其目的為何？
　　　　 (1) 有助於分工合作　　　(2) 便於定期結算損益並編製報表
　　　　 (3) 反映物價漲跌　　　　(4) 防止員工舞弊。

(　　) 4. 通常會計年度是指
　　　　 (1) 一個月　　　　　　　(2) 一季
　　　　 (3) 半年　　　　　　　　(4) 一年。

(　　) 5. 企業之資產、負債必須與企業主資產負債分開處理業主個人資產，依據何種假設？
　　　　 (1) 企業個體假定　　　　(2) 會計期間假定
　　　　 (3) 客觀性原則　　　　　(4) 重大性原則。

(　　) 6. 下列哪一張財務報表，可以瞭解公司的營業活動現金流量情形？
　　　　 (1) 資產負債表　　　　　(2) 現金流量表
　　　　 (3) 權益變動表　　　　　(4) 損益表。

(　　) 7. 下列何者是損益表之組成項目？
　　　　 (1) 資產　　　　　　　　(2) 負債
　　　　 (3) 收入　　　　　　　　(4) 權益。

( ) 8. 下列哪一張報表所表達的為特定日期而非特定期間？
　　(1) 財務狀況表　　　　　(2) 綜合損益表
　　(3) 權益變動表　　　　　(4) 現金流量表。

( ) 9. 日德商店11月初權益 $300,000，月底權益 $400,000，收入總額 $165,000，當月發放股利 $50,000，請問11月份費用總額為
　　(1) $200,000　　　　　　(2) $15,000
　　(3) $150,000　　　　　　(4) $300,000。

四、計算題

1. 下列為玫英商店在×1年相關的資料。

服務收入	$50,000
薪資費用	15,000
水電費用	1,600
租金費用	3,000
廣告費用	1,100

　　試作：編製×1年度的損益表。

2. 下列為日月公司在×1年底相關的資料。

現金	$33,000	應付帳款	$ 21,000
文具用品	12,000	股本	160,000
應收帳款	14,000	保留盈餘	3,000
設備	125,000		

　　試作：編製×1年底的資產負債表。

3. 下列為×1年宏觀公司的相關資料。

服務收入	$720,000
費用合計	220,000
資產×1年1月1日	900,000
資產×1年12月31日	1,050,000
負債×1年1月1日	300,000

負債×1年12月31日	352,000
保留盈餘×1年1月1日	0
股利×1年	?

試作：編製×1年度宏觀公司之權益變動表。

4. ×1年6月1日投資現金$200,000開設一家溫心公司，下列為該公司×1年6月份之資產、負債及收入、費用的資料。

現金	$ 26,000	應付帳款	$ 7,000
設備	196,500	保險費用	2,000
護理收入	85,000	薪資費用	24,000
應收帳款	17,000	水電費用	8,500
廣告費用	3,000		

6月份並無增資，股本原為$200,000，但有發放現金股利$15,000。

試作：編製×1年6月份溫心公司之損益表、權益變動表及6月底之資產負債表。

5. 以下是智勝商店×1年度之財務資料。

維修費用	$100,000
廣告費用	37,000
服務收入	280,000
保險費用	52,000
薪資費用	100,000
其他綜合損益	0

試作：編製該商店×1年度之綜合損益表。

6. 於×1年初股東投資現金$340,000，開設宏康公司，年底時資產總額為$560,000，負債總額為$260,000。試計算下列各問題：

(1) ×1年度淨利或淨損為何？
(2) ×1年度總收入為$320,000，則該公司×1年度的費用為何？
(3) ×1年度增加投資$60,000，則宏康公司×1年度的淨利為何？
(4) ×1年度內發放現金股利$70,000，宏康公司×1年度的費用總計為$200,000，則該公司×1年度總收入為何？

7. 試指出下列各項交易對會計五大要素之影響為何？（提示：五大要素：資產、負債、權益、收入及費用。）

    (1) 股東投資現金，成立一商店。
    (2) 以賒購方式購入辦公設備。
    (3) 以成本出售土地，收現。
    (4) 償還辦公設備賒欠款項。
    (5) 支付本月電話費。
    (6) 提供服務予客戶，收到現金。
    (7) 購買辦公大樓，尚未付款。
    (8) 償還交易 (7) 帳款。
    (9) 現購運輸設備。

8. 下表為智勝商店五項交易之記錄，試以文字簡單說明各項交易之內容。

	資　　　　　産	=	負　　債	+	權　　益
	現　金 ＋ 應收帳款 ＋ 文具用品 ＋ 辦公設備	=	應付票據 ＋ 應付帳款	+	股　本 ＋ 保留盈餘
期初餘額	$59,000　　$70,000　　$30,000　　$320,000	=	$40,000　　$49,000		$390,000
(1)	＋ 30,000　－ 30,000	=			
(2)	＋50,000	=	＋50,000		
(3)	－ 49,000	=	－49,000		
(4)	－ 20,000　　　　　　　＋30,000	=	＋10,000		
(5)	＋100,000	=			＋100,000
	$120,000 ＋ $40,000 ＋ $60,000 ＋ $370,000	=	$90,000 ＋ $10,000	＋	$390,000 ＋ $100,000

9. 試指出下列各項屬於會計五大要素的資產、負債、權益、收入及費用哪一類別？

    (1) 運輸設備。
    (2) 顧客賒欠款項。
    (3) 股東的投資。
    (4) 提供服務給顧客賺取收入。
    (5) 支付水電瓦斯費。
    (6) 賒欠供應商款項。
    (7) 開給供應商未付款的票據。

會計的帳務處理(一)
—— 分錄、過帳與試算

會計是對經濟交易事項，加以分析、辨認、認列、分類、彙總及編製成財務報表，傳達經濟個體經營結果及財務狀況等會計資訊，提供報表使用者作為決策之用。前一章主要在介紹：會計的意義、會計資訊的使用者及其功能、企業組織的經營型態、會計的基本假設及認識財務報表與會計方程式的應用，其目的在使初學者對會計有初步的認識瞭解。而本章則著重在介紹：交易的意義及分類、會計要素的內容與分類、會計帳戶與借貸法則、日記簿、過帳、試算表的編製及試算錯誤的發現、限制及更正等構面的介紹，目的在使學習者能明瞭會計記錄、分類、彙總及試算等會計處理過程。

2.1 交易的意義及分類

1. 交易的意義

所謂**交易**，乃指企業與其他個體之間所發生的經濟活動事項，足以引起資產、負債及權益變動者。這些企業應在會計上加以記錄之交易事項，又稱為會計事項。然而，會計事項是經濟事項，但經濟事項不完全等於會計事項。理由在於企業會計的記錄及表達者為僅能以貨幣衡量的各項經濟交易活動，若無法由貨幣衡量的各項經濟交易活動則無法表達。

2. 交易的種類

交易的種類，可依交易的對象區分為：

◆ **外部交易**

指企業與外部第三者所發生之交易。如：購入商品、出售商品及支付營業費用等。

◆ **內部交易**

指企業發生和外部第三者無關之交易。即，發生於企業內部的經濟事項與外部第三者無關。如：意外損失、提列折舊及各調整項目等。

2.2 借貸法則與 T 字帳

當企業的交易量不斷地增加,且所使用的會計科目愈來愈多時,若仍然使用會計恆等式來記錄所有企業交易,在實務運用上,有其困難。因此,會計上發展出一套有系統的記錄方法。會計的慣例上,將會計恆等式的左邊稱為借方,右邊稱為貸方。同時,會計上使用會計科目記錄會計五大要素(資產、負債、權益、收入及費用)增減的變化。而會計科目通稱為「帳戶」。換言之,財務報表的每一會計科目都設立一個帳戶,帳戶左方稱為借方,帳戶右方稱為貸方。借方及貸方是用來表示帳戶左右方向。當帳戶借方總額與貸方總額的差額稱為帳戶餘額,若借方總額大於貸方總額時,其差額稱為「借餘」,借方總額小於貸方總額時,其差額則稱為「貸餘」。而帳戶的格式,一般以英文字母 T 字表示,又稱為「T 字帳」。T 字帳表示,如下:

帳戶名稱(會計科目)

左方	右方
(借方,借記)	(貸方,貸記)

企業的任何一筆交易均不影響會計恆等式的恆等。因此,企業每一筆交易,借方與貸方金額必相等,當彙總所有的交易記錄,可發現借方總金額與貸方總金額相等,此稱為借貸平衡原理,即「有借必有貸,借貸金額必相等」,此種企業交易記錄方法,也被稱為「複式簿記」。

利用會計恆等式的原理、會計五大要素及左借右貸的關係,發展出一套記帳法則,稱為「借貸法則」,圖示如下:

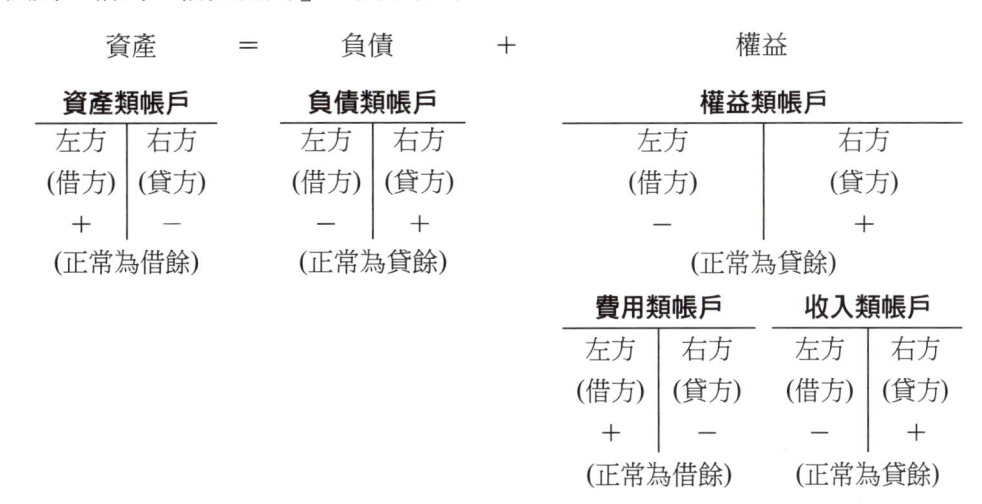

資產　　＝　　負債　　＋　　權益

資產類帳戶

左方	右方
(借方)	(貸方)
＋	－

(正常為借餘)

負債類帳戶

左方	右方
(借方)	(貸方)
－	＋

(正常為貸餘)

權益類帳戶

左方	右方
(借方)	(貸方)
－	＋

(正常為貸餘)

費用類帳戶

左方	右方
(借方)	(貸方)
＋	－

(正常為借餘)

收入類帳戶

左方	右方
(借方)	(貸方)
－	＋

(正常為貸餘)

由上表可知，會計恆等式的左邊為資產，負債及權益在等式的右邊。資產的 T 字帳，左邊表資產增加為借方或借記，右邊表資產減少為貸方或貸記；負債及權益的 T 字帳，左邊表負債及權益減少為借方或借記，右邊表負債及權益增加為貸方或貸記。

因為，收入、費用及股利帳戶是權益帳戶的一部份，所以其借貸法則和權益相同。收入的 T 字帳，左邊表收入減少為借方或借記，右邊表收入增加為貸方或貸記；費用及股利的 T 字帳，左邊表費用及股利增加為借方或借記，右邊表費用及股利減少為貸方或貸記。正常而言，資產類帳戶的餘額是借方餘額；負債及權益帳戶的餘額則貸方餘額；相同於負債及權益帳戶，收入類帳戶的餘額也是貸方餘額；而費用類及股利帳戶的餘額是借方餘額，等同於資產類帳戶。

借方(借記)	貸方(貸記)
資產增加	資產減少
負債減少	負債增加
權益減少	權益增加
收益減少	收益增加
費用增加	費用減少
股利增加	股利減少

茲以宥寬公司為例，作為借貸法則及 T 字帳的練習：

(1) 股東投資 $1,000,000 成立宥寬公司，以從事貨運業。
   a. 資產(現金)1,000,000＝股本增加 1,000,000
   b. 現金增加：借記現金；權益增加：貸記股本。

現　金		股　本	
(1) 1,000,000			(1) 1,000,000

(2) 宥寬公司購買貨車一部 $150,000。
   a. 資產(現金)－150,000＋(運輸設備)150,000＝0
   b. 現金減少：貸記現金；運輸設備增加：借記運輸設備。

現　金		運輸設備	
(1) 1,000,000	(2) 150,000	(2) 150,000	

(3) 宥寬公司賒購文具用品一批 $100,000。
   a. 資產(文具用品)100,000＝負債(應付帳款)100,000
   b. 現金：借記文具用品；應付帳款增加：貸記應付帳款。

文具用品		應付帳款	
(3) 100,000			(3) 100,000

(4) 宥寬公司運送商品一批收現 $150,000，另運送該批商品的燃料費用支付現金 $50,000。
   a. 資產現金 ＋150,000
      ＝收入(運費收入)150,000
      現金增加：借記現金；運費收入增加：貸記運費收入；
   b. 另燃燒費用 ＋50,000 ＝ 現金 －50,000
      現金減少：貸記現金；燃料費用增加：借記燃料費用。

現　金		運費收入		燃料費用	
(1) 1,000,000	(2) 150,000		(4) 150,000	(4) 50,000	
(4) 150,000	(4) 50,000				

(5) 宥寬公司償還 (3) 欠款 $50,000，其餘開立票據 $50,000。
   a. 資產(現金)－50,000＝負債(應付帳款)－100,000＋(應付票據)50,000
   b. 現金減少：貸記現金；應付帳款減少：借記應付帳款；應付票據增加：貸記應付票據。

現　金		應付帳款		應付票據	
(1) 1,000,000	(2) 150,000	(5) 100,000	(3) 100,000		(5) 50,000
(4) 150,000	(4) 50,000				
	(5) 50,000				

(6) 宥寬公司支付水電費 $5,000。
   a. 資產(現金)－5,000＋費用(水電費)5,000＝0
   b. 現金減少：貸記現金；水電費增加：借記水電費。

現　金		水電費	
(1) 1,000,000	(2) 150,000	(6) 5,000	
(4) 　150,000	(4) 　50,000		
	(5) 　50,000		
	(6) 　 5,000		

(7) 支付員工薪資 $6,000。

　　a. 資產（現金）－ 6,000 ＝ 費用 6,000

　　b. 現金減少：貸記現金；薪資費用增加，借記薪資費用。

現　金		薪資費用	
(1) 1,000,000	(2) 150,000	(7) 　 6,000	
(4) 　150,000	(4) 　50,000		
	(5) 　50,000		
	(6) 　 5,000		
	(7) 　 6,000		

宥寬公司在所有交易記載完畢後，應將各帳戶之借、貸方金額互抵後，得出之餘額，借貸方金額之合計數應相等，如：

現　金		文具用品	
(1) 1,000,000	(2) 　150,000	(3) 100,000	
(4) 　150,000	(4) 　 50,000		
	(5) 　 50,000		
	(6) 　　5,000		
	(7) 　　6,000		
借方餘額　889,000		借方餘額　100,000	

運輸設備		應付票據	
(2) 150,000			(5) 　50,000
借方餘額　150,000			貸方餘額　50,000

應付帳款			股　本		
(5) 100,000	(3) 100,000			(1) 1,000,000	
	貸方餘額　　0			貸方餘額 1,000,000	

運費收入			燃料費用		
	(4) 150,000		(4) 50,000		
	貸方餘額 150,000		借方餘額 50,000		

水電費用			薪資費用		
(6) 5,000			(7) 6,000		
借方餘額 5,000			借方餘額 6,000		

2.3　日記簿

1. 日記簿的意義

日記簿(Journal)係依企業交易發生的時序，逐筆登載的記錄簿，此帳簿也稱為序時帳簿。而會計人員將企業每日發生的交易，依借貸法則作成分錄，登入帳簿並做摘要說明，又稱為分錄簿。又，因日記簿是會計處理程序內第一本使用的帳簿，也稱為原始記錄簿。而所謂分錄為將企業的交易按交易發生的先後順序，依借貸法則分析，確定其應借貸之科目及金額，做初步序時的記錄。分錄若由二個會計科目，一借一貸所組成，稱為簡單分錄；若由三個以上的會計科目，例如：一借二貸或二借一貸或二借二貸等所組成，則稱為複合分錄。

2. 日記簿的格式

日記簿的格式包括(1)日期欄；(2)會計科目及摘要欄；(3)類頁欄；(4)借貸方金額欄。格式如下所示：

第　頁

年		會計科目及摘要	類頁	借方金額	貸方金額
月	日				

茲以 2.2 節的宥寬公司之(1)假設×1 年 12 月 1 日，股東們投資 $1,000,000 成立宥寬公司，以從事貨運業，及(4)假設×1 年 12 月 6 日運送商品一批收現 $150,000，同日運送該批商品的燃料費用支付現金 $50,000 為範例，依借貸法則作成分錄，登入日記簿，如：表 2.1。

表 2.1

第 1 頁

×1年 月	日	會計科目及摘要	類頁	借方金額	貸方金額
12	1	現金		1,000,000	
		股本			1,000,000
		(現金投資成立貨運行)			
12	6	現金		150,000	
		運費收入			150,000
		(運費收現)			
		燃料費用		50,000	
		現金			50,000
		(燃料費付現)			

表 2.1 的內容，分別說明如下：

在×1 年 12 月 1 日投資 $1,000,000 成立宥寬公司，以從事貨運業的交易，說明如下：

(1) 日期欄：填寫×1 年 12 月 1 日。

(2) 會計科目及摘要欄：借方會計科目為「現金」，在下一列左邊空兩格填

(3) 寫貸方會計科目為「股本」；摘要為現金投資成立貨運行。

　　類頁欄：暫不填寫。

(4) 借貸方金額欄：在借方金額欄填入 1,000,000，貸方金額欄填入 1,000,000，不用寫「$」符號。

此時，在日記簿內所表達的分錄，僅有兩個會計科目，並且為一借一貸的形式，稱為簡單分錄。

3. 日記簿的功能

(1) 將同一筆交易的借貸記錄彙記一起，便於比較檢查及減少錯誤發生。
(2) 將交易依發生時序記錄，便於資料的查詢及瞭解交易全貌。
(3) 日記簿所記載的各科目，可以作為過帳的依據。

2.4　過帳與分類帳

日記簿是按企業交易發生的時間順序記錄在同一本帳簿，無法顯示每一會計科目的變動經過及其結果。若想要得知任一會計科目的變化及其結果須查閱整本日記簿加以彙總計算，得到結果，非常耗時及不便利。因此，有必要將各交易的不同會計科目分別設置一個帳戶，記載其金額增減及結果，而將所有帳戶的合組成一本帳簿，即為分類帳。茲就上述的過程分別說明之。

1. 分類帳的性質

分類帳的性質，可歸納如下：

◆ **瞭解各帳戶的變動情形及結額**
分類帳按會計科目(或帳戶)別，記錄每一會計科目的增減變動情形及其結餘額，俾利於及時提供資訊給管理者使用。

◆ **便於財務報表的編製**
分類帳中的會計科目係按資產負債表及損益表上科目的順序編排，其各會計科目的結餘，可便於提供編製資產負債表及損益表等財務報表之用。

◆ **為會計的終結帳簿**
分類帳中每一會計科目的結餘，為編製報表的根據。因此，分類帳是會計科目的終結帳簿。

2. 分類帳的內容與格式

分類帳常見的記載內部包括(1)帳戶名稱；(2)頁碼；(3)交易日期；(4)摘要；(5)日記簿頁碼；(6)借方、貸方金額及餘額欄；(7)借貸欄(若帳戶餘額為非正確餘

額時,記載該項金額為借餘或貸餘的欄位)。而分類帳的格式有餘額式和T-帳戶兩種,如表 2.2 為餘額式。

◆ 餘額式

此種分類帳,可於每筆交易過帳後,立即計算出該帳戶的餘額,稱餘額式分類帳。實務上,餘額式是最常被使用的分類帳。其金額欄除借方、貸方外,尚有餘額欄,又稱為三欄式帳戶。

▼ 表 2.2　餘額式分類帳

帳戶名稱

年		摘要	日頁	借方金額	貸方金額	借或貸	餘額
月	日						

3. 過帳的步驟

　　將日記簿中的分錄,依借貸記錄轉登入於分類帳的各個帳戶,稱為過帳。每一筆分錄過帳,應按日記簿中記錄順序,依序先過借方科目,再過貸方科目,過到分類帳戶。其步驟如下:

(1) 將日記簿中第一筆分錄日期,轉記至分類帳的日期欄。
(2) 將該筆分錄的借方科目金額,過入至分類帳的借方金額欄。
(3) 將該筆分錄所在日記簿內頁次,填寫至分類帳的日頁欄。
(4) 將分類帳的頁次,填寫至日記簿的類頁欄。

分錄的貸方記錄,按上述(1)~(4)的 4 個步驟的相同作法,過入分類帳。

　　茲以表 2.1 的宥寬公司中的 ×1 年 12 月 1 日設立公司,資本額 $1,000,000 為例。

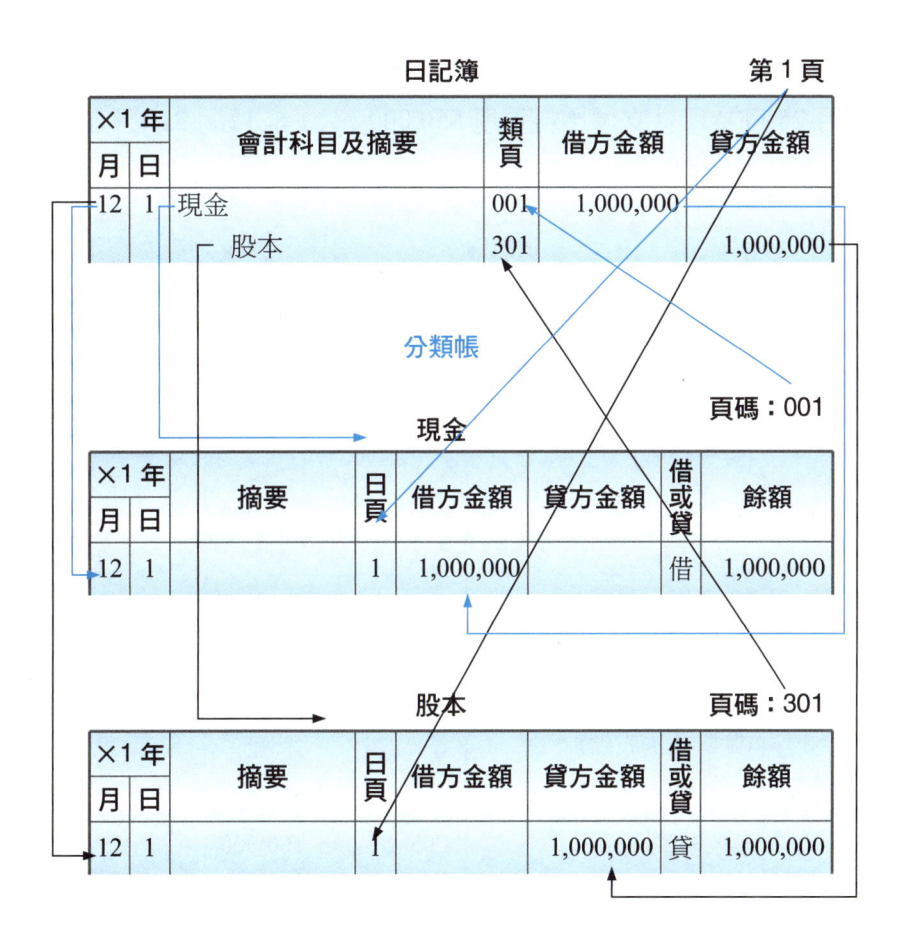

日記簿

第 1 頁

×1年		會計科目及摘要	類頁	借方金額	貸方金額
月	日				
12	1	現金	001	1,000,000	
		股本	301		1,000,000

分類帳

現金　　　　　　　　　　　　　　　　　　頁碼：001

×1年		摘要	日頁	借方金額	貸方金額	借或貸	餘額
月	日						
12	1		1	1,000,000		借	1,000,000

股本　　　　　　　　　　　　　　　　　　頁碼：301

×1年		摘要	日頁	借方金額	貸方金額	借或貸	餘額
月	日						
12	1		1		1,000,000	貸	1,000,000

4. 過帳釋例

茲以日勝公司日記簿所記載的交易為範例,將日記簿的分錄逐筆過帳至餘額式分類帳,其結果如下所示:

◆ **日記簿分錄**

日記簿中的分錄為日勝公司於×1年12月1日設立後12月份的所有交易活動記錄。茲說明如下:×1年12月1日為投資 $1,000,000 成立日勝公司,以從事貨運業。×1年12月2日該公司,以現金 $10,000 購入辦公設備,供辦公使用。×1年12月7日該公司,購入運輸設備 $450,000,尚未付款,提供貨運服務使用。×1年12月15日為日勝公司提供運輸服務賺取 $300,000

之運輸收入,其中收現部份為 $200,000,尚未收款部份為 $100,000。×1 年 12 月 25 日為現金支付燃料費用 $50,000。×1 年 12 月 31 日以現金支付水電瓦斯費用 $10,000。

日記簿　　　　　　　　　　　第 1 頁

×1年 月	日	會計科目及摘要	類頁	借方金額	貸方金額
12	1	現金	001	1,000,000	
		股本	301		1,000,000
		(股東投資)			
	2	辦公設備	020	10,000	
		現金	001		10,000
		(現購辦公設備)			
	7	運輸設備	022	450,000	
		應付帳款	102		450,000
		(賒購運輸設備)			
	15	現金	001	200,000	
		應收帳款	005	100,000	
		運輸收入	402		300,000
		(提供運輸服務,部份收現,部份賒欠)			
12	25	燃料費用	502	50,000	
		現金	001		50,000
		(現付燃料費)			
	31	水電瓦斯費用	510	10,000	
		現金	001		10,000
		(付水電瓦斯費)			

◆ 過　帳

分類帳

現　金　　　　　　　　　　頁碼：001

×1年		摘要	日頁	借方金額	貸方金額	借或貸	餘額
月	日						
12	1		1	1,000,000		借	1,000,000
	2		1		10,000	借	990,000
	15		1	200,000		借	1,190,000
	25		1		50,000	借	1,140,000
	31		1		10,000	借	1,130,000

應收帳款　　　　　　　　　頁碼：005

×1年		摘要	日頁	借方金額	貸方金額	借或貸	餘額
月	日						
12	15		1	100,000		借	100,000

辦公設備　　　　　　　　　頁碼：020

×1年		摘要	日頁	借方金額	貸方金額	借或貸	餘額
月	日						
12	2		1	10,000		借	10,000

運輸設備　　　　　　　　　頁碼：022

×1年		摘要	日頁	借方金額	貸方金額	借或貸	餘額
月	日						
12	7		1	450,000		借	450,000

應付帳款　　　　　　　　　頁碼：102

×1年		摘要	日頁	借方金額	貸方金額	借或貸	餘額
月	日						
12	7		1		450,000	貸	450,000

股　本　　　　　　　　　　　　　頁碼：301

×1年		摘要	日頁	借方金額	貸方金額	借或貸	餘額
月	日						
12	1		1		1,000,000	貸	1,000,000

運輸收入　　　　　　　　　　　　頁碼：402

×1年		摘要	日頁	借方金額	貸方金額	借或貸	餘額
月	日						
12	15		1		300,000	貸	300,000

燃料費用　　　　　　　　　　　　頁碼：502

×1年		摘要	日頁	借方金額	貸方金額	借或貸	餘額
月	日						
12	25		1	50,000		借	50,000

水電瓦斯費用　　　　　　　　　　頁碼：510

×1年		摘要	日頁	借方金額	貸方金額	借或貸	餘額
月	日						
12	31		1	10,000		借	10,000

　　目前會計制度對每一會計科目都設有一帳戶，每一帳戶都有一數字代碼，帳戶依會計五要素(資產、負債、權益、收入及費用)來排列順序，稱會計科目表，如表 2.3 所示。

▼ 表 2.3

1000	資產	2000	負債
1100	流動資產	2100	流動負債
1111	現金	2112	銀行借款
1121	應收票據	2121	應付票據
1123	應收帳款	2122	應付帳款
1141	預付費用	2123	應付費用
1142	文具用品	2124	應付稅捐
1400	不動產、廠房及設備	2200	非流動(長期)負債
1410	土地	2220	長期借款
1431	房屋及建築	3000	權益
1432	減：累計折舊-房屋及建築	3110	股本
1441	機械設備	3115	保留盈餘
1442	減：累計折舊-機械設備	3120	股利
1451	運輸設備	4000	收入
1452	減：累計折舊-運輸設備	4101	服務收入
1461	生財器具	6000	費用
1462	減：累計折舊-生財器具	6010	薪資費用
1491	其他設備	6011	租金費用
1492	減：累計折舊-其他設備	6012	文具用品費用
1500	無形資產	6015	郵電費用
1511	專利權	6018	水電費用

2.5 試算表

會計之帳務處理，經過分錄、過帳程序，為驗證過程中有無錯誤，隨時可試算一下。

1. 試算及試算表的意義

根據借貸平衡原理，將分類帳中各帳戶(會計科目)借方總額及貸方總額或餘額加以彙總列表，計算其借貸是否平衡，以驗證分錄及過帳工作中是否有誤

的會計程序,稱為試算。其彙總各帳戶總額或餘額所編製的彙總表,則稱為試算表。而試算表,並非正式的報表,除在期末編製財務報表之前編製外,也可不定期編製。

2. 試算的功能

◆ **驗證帳務處理有無錯誤**

會計人員每天將發生的交易事項,依序做分錄記入日記簿,再過帳於分類帳的過程中,難免發生有錯用會計科目,或過帳時借貸登帳錯誤或重複過帳等情形發生,而產生之錯誤。藉由試算可以檢驗會計的分錄及過帳工作是否有誤,以確定各帳戶金額之正確。

◆ **簡化財務報表編製的工作**

試算表包括資產負債表及損益表的各會計科目的借貸餘額逐項列示,編製財務報表時,可以不必查閱分類帳,減少錯誤的發生,簡化編表的工作。

3. 試算表的格式與編製步驟

將分類帳中各帳戶的名稱和餘額彙總列表,其中各帳戶餘額按借餘或貸餘分別表列,再分別加總計算,以檢驗借方總額是否等於貸方總額,此彙總表為試算表。試算表的格式與編製步驟,如下:

◆ **試算表的格式**

試算表的格式包括表首與表身兩部份。

(1) 表首包括企業名稱、報表名稱及編表日期。
(2) 表身包括會計科目名稱、借方餘額及貸方餘額。

詳見表 2.4。

茲以前節釋例的日勝公司過帳後總分類帳為例，編製試算表如下：

▼ 表 2.4

日勝公司
試算表
×1 年 12 月 31 日

科　　目	借方金額	貸方金額
現金	$1,130,000	
應收帳款	100,000	
辦公設備	10,000	
運輸設備	450,000	
應付帳款		$ 450,000
股本		1,000,000
運輸收入		300,000
燃料費用	50,000	
水電瓦斯費用	10,000	
合　　計	$1,750,000	$1,750,000

4. 試算的限制

　　試算的限制係為無法由試算表的編製發現不影響借貸平衡的錯誤。通常，無法被發現的錯誤為：

(1) 交易分錄重複入帳或過帳：企業的交易事項被重複記入日記簿或被重複過至分類帳。
(2) 交易漏記或漏過帳：企業交易事項未被記入日記簿，或已記入，但遺漏過帳。
(3) 會計科目記錯：例如：用錯會計科目或科目借貸顛倒等。
(4) 借貸方發生相同金額的錯誤：例如：借貸方發生同額增加或同額減少的錯誤。
(5) 借方或貸方的發生相互抵銷的錯誤：例如：應收帳款多計 $15,000，預付費用少計 $15,000；應付帳款多計 $10,000，應付票據少計 $10,000。

5. 錯誤更正

在試算過程中,發現會計記錄有錯誤或過帳發生錯誤,發現時應即做更正,其做成之分錄,稱為更正分錄。茲就上述錯誤的更正,敘述如下:

◆ 分錄錯誤

若會計分錄有錯誤,應做更正分錄於日記簿,並過帳予以更正相關帳戶餘額。舉例說明如下:假設公司於 6 月 1 日購買運輸設備一部金額 $30,000,會計人員誤記為辦公用品 $30,000。於 6 月 28 日發現時應做更正分錄。

6 月 1 日的正確分錄,如下:

運輸設備	30,000	
現金		30,000

但,會計人員誤記的錯誤分錄,如下:

辦公用品	30,000	
現金		30,000

6 月 28 日發現時,會計人員應即做更正分錄,如下:

運輸設備	30,000	
辦公用品		30,000

◆ 過帳錯誤

若分錄正確者,而過帳金額發生錯誤,應劃線更正。例如:6 月 1 日租金收入 $35,000,過帳錯誤如下:

6 月 1 日(分錄正確)

現金	35,000	
租金收入		35,000

但,過帳時誤寫為租金收入 $53,000,其更正如下:

現　金		租金收入	
6/1　35,000			6/1　~~53,000~~
			35,000

會計的帳務處理（一）——分錄、過帳與試算

▶▶▶ 作 業

一、問答題

1. 交易的意義？
2. 何謂會計要素？請簡述之。
3. 五大會計要素的定義？請簡述之。
4. 何謂借貸法則？請簡述之。
5. 何謂借餘與貸餘？請簡述之。
6. 何謂複式簿記？請簡述之。
7. 何謂日記簿及其功用？請簡述之。
8. 何謂過帳？過帳的步驟？
9. 試算的意義？試算的功能？請簡述之。
10. 試說明試算表的格式與編製步驟？請簡述之。
11. 何謂試算的限制？
12. 試算表之功能為何？
13. 何謂複式分錄？
14. 何謂簡單分錄？

二、是非題

(　　) 1. 交易發生會使會計恆等式的兩邊發生同數額的增減。
(　　) 2. 一筆交易會影響兩個或兩個以上會計科目。
(　　) 3. 複式簿記之特性，就是交易發生後，必須記錄一借一貸，而且借貸金額必相等。
(　　) 4. 所有權益帳戶之借方均表示增加，貸方則表示減少。
(　　) 5. 企業賒銷商品是屬於現金交易。
(　　) 6. 會計科目就是帳戶的名稱。
(　　) 7. 任何交易之產生，均不會影響會計方程式恆等之關係。
(　　) 8. 債務清償時，將會使負債金額減少，一定會影響資產之總額。
(　　) 9. 費用大於收入會使權益減少。

(　　) 10. 日記簿記帳的時間通常設定為每兩個月一次。
(　　) 11. 日記簿分錄所用的會計科目名稱，和分類帳內各帳戶的名稱相同。
(　　) 12. 企業所有的交易一開始必須記錄於分類帳。
(　　) 13. 試算表上各科目的排列次序，係依其餘額的大小排列。
(　　) 14. 誤記借記費用事項於資產事項，試算表總額仍相等。
(　　) 15. 每一分錄的借貸金額皆相等，試算表的借貸總額也必相等。
(　　) 16. 若分錄正確，則試算表一定平衡。

三、選擇題

(　　) 1. 下列何者屬於會計交易事項？
　　　　(1) 董事長辭職　　　　(2) 賒購商品
　　　　(3) 簽訂商品合約　　　(4) 更換總經理。

(　　) 2. 會計恆等式是表示
　　　　(1) 會計要素的關係　　(2) 借貸法則的關係
　　　　(3) 平衡原則　　　　　(4) 無特殊意義。

(　　) 3. 何時會產生損失？
　　　　(1) 資產大於負債　　　(2) 資產大於收入
　　　　(3) 費用大於收入　　　(4) 收入大於費用。

(　　) 4. 根據借貸法則，貸方用來記錄
　　　　(1) 資產的增加　　　　(2) 收益的增加
　　　　(3) 負債的減少　　　　(4) 費用的增加。

(　　) 5. 有借必有貸，借貸必相等，稱為
　　　　(1) 借貸原理　　　　　(2) 借貸法則
　　　　(3) 複式簿記原理　　　(4) 授受行為。

(　　) 6. 正常餘額為借餘之科目為
　　　　(1) 資產科目　　　　　(2) 權益
　　　　(3) 收入科目　　　　　(4) 以上皆非。

(　　) 7. 當資產減少時，可能會影響之會計要素為
　　　　(1) 負債增加　　　　　(2) 收入增加
　　　　(3) 費用增加　　　　　(4) 權益增加。

(　　) 8. 企業營業發生嚴重虧損時，則會計恆等式將
　　　　(1) 平衡　　　　　　　　(2) 不平衡
　　　　(3) 不一定　　　　　　　(4) 以上皆是。
(　　) 9. 下列何者會使總資產與總負債同時減少？
　　　　(1) 現金購買機械　　　　(2) 償還銀行借款
　　　　(3) 出售商品　　　　　　(4) 應收帳款收現。
(　　) 10. 下列何者不屬於負債類會計科目？
　　　　(1) 預收收入　　　　　　(2) 應付帳款
　　　　(3) 應收帳款　　　　　　(4) 銀行借款。
(　　) 11. 下列借貸法則的敘述何者不正確？
　　　　(1) 資產增加借記，負債增加貸記
　　　　(2) 資產增加借記，負債增加借記
　　　　(3) 負債減少借記，收入增加貸記
　　　　(4) 資產增加借記，權益增加貸記。
(　　) 12. 日記簿記錄之時間何者正確？
　　　　(1) 每日一次　　　　　　(2) 有空時方記錄
　　　　(3) 每月一次　　　　　　(4) 交易發生時隨即記錄。
(　　) 13. 日記簿的功能不包括下列何者？
　　　　(1) 減少記帳錯誤發生　　(2) 便於瞭解交易全貌
　　　　(3) 作為過帳的依據　　　(4) 作為編製財務報表的依據。
(　　) 14. 下列何者為正確之敘述？
　　　　(1) 交易發生，根據借貸法則，依序記入分類帳簿，謂之分錄
　　　　(2) 據分類帳，依交易之性質，歸類於日記簿，謂之過帳
　　　　(3) 若所有分錄均已過帳，則日記簿上之借貸方總數必與分類帳上之借貸方總數相等
　　　　(4) 驗證記載與計算有無錯誤，謂之試算。
(　　) 15. 試算表的編表次數為
　　　　(1) 每月一次　　　　　　(2) 每季一次
　　　　(3) 每年一次　　　　　　(4) 依實際需要而定。

(　　) 16. 試算表的功用在於檢查何者錯誤？
　　　　　(1) 分錄　　　　　　　　(2) 過帳
　　　　　(3) 分錄與過帳　　　　　(4) 以上皆是。

(　　) 17. 分錄正確無誤則
　　　　　(1) 試算表必定平衡　　　(2) 過帳一定正確
　　　　　(3) 試算表不一定平衡　　(4) 以上皆是。

(　　) 18. 下列何項為試算無法被發現的錯誤？
　　　　　(1) 某帳戶的借方過帳至帳戶之貸方
　　　　　(2) 任一帳戶加總錯誤
　　　　　(3) 費用科目誤記為資產科目
　　　　　(4) 借方過帳，但卻遺漏貸方過帳。

(　　) 19. 在試算過程中，若發現會計記錄發生錯誤
　　　　　(1) 不須處理，只要直接更改報表
　　　　　(2) 應於發現時隨即更正
　　　　　(3) 至期末時方做更正
　　　　　(4) 註銷更正。

四、計算題

1. 下列何者應記入帳戶的借方？何者應記入帳戶的貸方？

　　(1) 收入的增加。　　　　　(6) 費用的減少。
　　(2) 資產的增加。　　　　　(7) 商品的增加。
　　(3) 應收帳款的減少。　　　(8) 應付票據的增加。
　　(4) 負債的減少。　　　　　(9) 辦公設備的減少。
　　(5) 權益的增加。　　　　　(10) 預收款項的減少。

2. 以下為日德公司×1年8月份發生之交易，試說明(1)每筆交易應借及應貸的帳戶；(2)並請用T字帳表達。

　　(1) 股東投資現金 $350,000，現金成立日德公司。
　　(2) 以現金購入機器設備 $85,000。
　　(3) 購買辦公設備 $45,000，付現 $10,000，餘暫欠。

(4) 提供服務賺得收入共 $80,000，收現 $30,000，餘 $50,000 暫欠。

(5) 支付房租費用 $10,000。

(6) 支付該月水電費 $2,000。

(7) 發放股東股利 $3,500。

(8) 收取顧客所欠款項 $50,000。

(9) 預收顧客一筆款項 $10,000，預計於下個月開始提供服務。

(10) 賒購辦公用品一批 $1,500。

(11) 支付員工薪資 $10,000。

3. 佳諭公司×2 年 2 月份交易如下：

 2 月 2 日　股東們投資現金 $200,000，開設佳諭公司。
　　 3 日　以現金 $40,000 購入二手貨車一部，供營業使用。
　　 8 日　向日德公司賒購用品 $5,000。
　　11 日　為顧客提供服務，開出帳單 $28,000。
　　18 日　為擴展服務業務，支付廣告費 $10,000。
　　20 日　顧客支付 11 日所欠之帳單。
　　23 日　償還前欠日德商店貨款。
　　28 日　以現金 $10,000 支付股利。

試編製佳諭公司×2 年 2 月份應有之分錄。

4. 試將下列會計資料依照會計處理程序，按順序排列：

(1) 企業交易的發生。
(2) 自分類帳編製財務報表。
(3) 將交易資料記入日記簿。
(4) 編製會計憑證。
(5) 將交易記錄自日記簿過帳至分類帳。

5. 橫濱公司新聘一位無經驗的簿記人員，編製了下列試算表，但借貸卻無法平衡。假設所有科目餘額皆為正常餘額，試編製正確的試算表。

<table>
<tr><th colspan="3">橫濱公司
試算表
×1 年 12 月 31 日</th></tr>
<tr><th></th><th>借　方</th><th>貸　方</th></tr>
<tr><td>現金</td><td>$188,000</td><td></td></tr>
<tr><td>預付保險費</td><td></td><td>$ 45,000</td></tr>
<tr><td>應付帳款</td><td></td><td>40,000</td></tr>
<tr><td>預收收入</td><td>32,000</td><td></td></tr>
<tr><td>股本</td><td></td><td>160,000</td></tr>
<tr><td>股利</td><td></td><td>45,000</td></tr>
<tr><td>服務收入</td><td></td><td>256,000</td></tr>
<tr><td>薪資費用</td><td>186,000</td><td></td></tr>
<tr><td>租金費用</td><td></td><td>24,000</td></tr>
<tr><td></td><td>$406,000</td><td>$570,000</td></tr>
</table>

6. 宥佳公司試算表的借貸方總額不相等，借方總額為 $2,410,000，貸方總額為 $2,400,000，檢查後發現下列錯誤：

(1) 以現金償還帳款 $72,000，遺漏入帳。

(2) 現付郵電費 $10,000，誤記為現付水電費。

(3) 應收帳款帳戶過帳時將借方 $310,000，記為 $320,000。

(4) 利息收入 $20,000，誤記為利息支出。

試依上列資料計算試算表借貸正確金額，並做必要更正分錄。

7. 立德公司×1 年 12 月 31 日分類帳上各科目餘額如下：

應收票據	$1,200,000	股本	$2,000,000
廣告費用	80,000	預付費用	1,200,000
預收收入	200,000	薪資費用	600,000
現金	340,000	辦公設備	600,000
服務收入	1,900,000	水電費用	30,000
郵電費用	10,000	股利	40,000

試依各科目在分類帳出現的順序，編製×1 年 12 月 31 日之試算表。

8. 智勝公司會計人員於過帳時發生了下列錯誤。

   (1) 現金借記 $23,980，過帳時誤記為 $29,380。
   (2) 賒購文具用品 $10,000，尚未入帳。
   (3) 償還應付帳款 $5,800，過帳時誤記應收帳款之借方。
   (4) 賒購辦公設備 $520,000，過帳時應付帳款貸方誤記為 $502,000，機器設備過帳無誤。
   (5) 借記薪資費用 $40,000，重複過入薪資費用借方兩次。

   試就上述各項錯誤：

   (1) 請問試算表是否平衡？
   (2) 若不平衡，試問借方或貸方的金額何者較大，其差額？

9. 日德公司因聘用一無經驗的會計人員，該會計人員記錄交易分錄時發生了下列錯誤，且所有的分錄都已過帳。

   (1) 償還債權人之款項 $9,800，記錄為借記應付帳款 $8,900 及貸記現金 $8,900。
   (2) 賒購文具用品 $20,000，記錄為借記辦公設備 $2,000 及貸記應付帳款 $2,000。

   試作：請協助日德公司會計人員製作更正分錄。

10. 京東房地產經紀公司 ×1 年 7 月 1 日成立，並於 7 月份完成下列交易：

    7 月 1 日　投入現金 $1,500,000 成立京東房地產經紀公司。
    　　2 日　僱用業務員與總務人員，各二名，薪資各為 $48,000。
    　　5 日　賒購辦公設備 $350,000。
    　　8 日　成功仲介出售土地，向客戶開出仲介費帳單為 $45,600。
    　 15 日　支付現金 $150,000，償付部份 7 月 5 日賒購辦公設備之應付帳款。
    　 27 日　成功幫客戶仲介房屋出租，自該客戶收到現金 $15,000。
    　 31 日　支付 7 月份之員工薪資 $84,000。

    試作：編製京東房地產經紀公司 ×1 年 7 月份交易之會計分錄。

11. 台中公司於 10 月 1 日成立,並於 10 月份完成下列交易;

　　10 月 1 日　投入現金 $700,000 成立台中公司。

　　　　5 日　購買辦公用品,共支付 $76,200。

　　　 18 日　提供客戶服務,並收到現金 $67,350。

　　　 30日　支付員工薪資 $38,000。

　　試作:編製台中公司 10 月份交易之會計分錄。

第 3 章

會計的帳務處理 (二)
── 調整及編製財務報表

國際財務報導準則 (IFRS) 與一般公認會計原則 (GAAP) 不同之處

	IFRS	GAAP
企業編製財務報表的會計基礎	應計基礎。	雖未明訂應按應計基礎編製財務報表,但實際仍依照應計基礎編製財務報表。

會計是對經濟資訊之認定、衡量與溝通之程序，以協助使用者作審慎之判斷與決策。因此，會計人員將企業平日所發生之交易，以有系統的程序與方法加以處理，並彙總編製成財務報表，提供使用者作為決策之用。會計處理程序分為：分錄、過帳、試算、調整、編表及結帳等六個步驟，前三項是平時經常性的會計工作，而後三項則是期末會計處理程序。這六項會計處理程序周而復始的進行，被稱為「會計循環」。在第二章已介紹會計平日之經常性工作：分錄、過帳與試算等三項。而本章主要著重在期末會計處理程序的調整及編製財務報表之介紹，其目的在使學習者能瞭解期末會計調整之必要性與功用、財務報表的編製。

3.1　調整、會計原則與基礎

1. 調　整

在繼續經營的假設下，企業被假定是永續經營的。企業非到結束營業時一次結算損益，無法精確得知整個存續期間之經營成果。換言之，在企業結束營業時，所提供的資訊已失去時效性，對資訊使用者的決策毫無幫助，為了能夠及時提供決策者有用的資訊，企業必須定期於每一會計期間結束時編製財務報表。

然而，某些交易的影響會跨越兩個或兩個以上的會計期間，若沒有予以明確辨認，其應該歸屬的適當期間，除影響各會計期間損益的計算且不能反映實際的經營成果外，連帶也使資產負債表及權益變動表無法公允表達。因此，為使企業的財務報表能正確地表達實際經營成果與財務狀況，在每一個會計期間結束時，會計人員必須對分類帳內各帳戶的餘額予以修正使其符合實際狀況的過程，此過程被稱為調整，其所做的分錄稱為調整分錄。而調整的功用，如下：

◆ **使交易歸屬於正確的會計期間**

會計期間假設，將企業永續的生命，劃分成許多段落，俾將企業所發生的經濟交易事項，適當地歸屬於各會計期間。而會計人員在會計期間期末藉由調整分錄，可以達成將企業所發生的經濟交易事項，適當地歸屬於各會計期間的目的。

◆ **使報表正確地反映企業的財務狀況及經營成果**

企業的財務報表經由調整使其資產、負債、權益、收入及費用等各帳戶餘額

會計的帳務處理（二）——調整及編製財務報表

◆ **簡化會計人員的平時會計工作**

會計人員的平時會計工作，相當繁瑣，有些帳戶的處理，平時可不做詳細記載如利息收入、折舊等帳戶，等到會計期間期末時進行分析調整，可達到簡化平時會計工作的目的。

2. 調整相關的會計原則與基礎

會計人員於會計期間結束時，經由調整的程序，所做的調整分錄，使企業的財務報表正確地表達實際經營成果與財務狀況。其調整所根據的會計基礎與原則，如下：

◆ **會計原則**

會計理論上，就收入與費用認列之時點：

(1) 收入認列原則：指企業的收入必須在賺得的期間認列。以服務業為例，賺得係指提供服務完成時，認列服務收入。

(2) 配合原則：指企業為賺取收入而發生的所有費用，必須與收入在同一會計期間認列。同樣以服務業為例，企業提供服務時，除認列服務收入外，因提供服務而發生的相關費用，如：薪資費用、郵電費用等費用已發生，而尚未支付，在會計期間期末，仍然要認列為費用。

◆ **會計基礎**

會計基礎為企業決定交易事項應於何時入帳，以及收入費用應歸屬之會計期間的標準，主要有二：**現金基礎**(Cash Basis)及**應計基礎**(Accrual Basis)，分別闡述如下：

(1) **現金基礎**[1]：在現金基礎下，企業對於收入與費用的認定標準，均以實際的現金收付為判斷基礎，又稱為現金收付制。也就是，企業於收到現金才認列收入，費用則於支付現金時認列。期末各帳戶不需做任何調整，會計工作較為簡化，其所計算的損益，不符合一般公認會計原則。

---

[1] 國際會計準則公報 IAS 1 提及除現金流量表外，企業應按應計基礎編製財務報表。基本上，編製財務報表時，除現金流量表外，已排除現金基礎的使用。

(2) **應計基礎：** 應計基礎又稱為權責發生基礎。企業對於收入與費用認定標準以權利及責任的發生，作為入帳的基礎。即以收入與費用是否實現作為認列收入與費用的基礎，而不論其是否有實際現金之收付。也就是，收入於賺得的期間認列，費用於發生時認列，較能正確反映企業之經營結果，符合一般公認會計原則。

3.2 期末調整及試算

會計上某些項目及金額會隨著時間經過與使用，使得原記載科目或金額與實際情況不符，因此，必須於會計期間終了前加以修正，以符合其實情況。而會計期間終了時，所有調整項目分為兩大類，為應計項目及遞延項目。

1. 應計項目

應計項目係指交易已發生，但因尚未收到現金或付出現金，故未記錄的事項。這些已發生的交易，在應計基礎下應於會計期間終了時，予以補記，做適當的調整分錄，俾利相關帳戶符合實際狀況。主要分為應收收入與應付費用，茲分別說明如下：

◆ **應收收入**

應收收入指企業已賺得的收入，在會計期間終了時，因尚未收取現金而未入帳的各項收入。例如：提供服務，在會計期間終了時，因尚未收取現金而未入帳，應予以調整，借記資產，貸記收入，使符合實際財務狀況。

釋例(一)：以應收帳款為例

假設慧美公司於×1年12月份提供服務予日德商行已賺取收入 $1,000，但至×1年12月31日止尚未向日德商行寄發帳單。這些服務確已提供完畢，但因尚未寄發帳單，此項收入尚未入帳。試調整美慧公司年底應將收入入帳。其×1年年底的調整如下：

×1年12/31　應收帳款　　　　　　1,000
　　　　　　　服務收入　　　　　　　　　　1,000

調整分錄過帳後，相關帳戶如下所示：

應收帳款		服務收入	
12/31　1,000			12/31　1,000

◆ **應收利息**

假設慧美公司於×1年12月1日存入一筆金額$1,000,000，3年到期，約定利息於定存單到期時一併給付。試調整慧美公司×1年年底該筆定存單之利息收入為$1,000。其×1年年底的調整如下：

×1年12/31　應收利息　　　　　　1,000
　　　　　　　利息收入　　　　　　　　　　1,000

調整分錄過帳後，相關帳戶如下所示：

應收利息		利息收入	
12/31　1,000			12/31　1,000

◆ **應付費用**

應付費用係指企業在會計期間結束時，已發生的費用，尚未支付現金故未入帳，應予以調整，借記費用，貸記負債，俾利企業的資產負債表與損益表皆能正確地表達。常見的如：薪資費用、租金費用或利息費用等。

釋例(二)：以薪資費用為例

假設慧美公司×1年12月份員工薪資為$160,000至年底尚未支付，預計於×2年1月10日將薪資轉入員工薪資帳戶。其×1年年底的調整如下：

慧美公司於×1年12月1日至×1年12月31日止應支付而未支付的員工薪資為$160,000，預計於×2年1月10日支付，此項費用在×1年年底應做調整分錄，如下：

```
        ×1/12/1    ×1/12/31   ×2/1/10
          ●──────────●──────────●──────────▶
                │              付薪日
             $160,000
```

調整分錄：

  ×1 年 12/31   薪資費用   160,000
          應付薪資   160,000

調整分錄過帳後，相關帳戶如下所示：

薪資費用	應付薪資
12/31　160,000	12/31　160,000

次年 1 月 10 日支付的員工薪資之分錄：

  ×2 年 1/10   應付薪資   160,000
          現金   160,000

2. 遞延項目

  遞延項目包括預收收入、預付費用兩項，係指已收取現金或支付現金，但在會計期間結束時，對已賺得收入或已耗用資產部份，與尚未賺得的收入或未耗用資產的部份，應予以區別，俾利對相關帳戶作適當的調整。

◆ 預收收入

  預收收入係指企業在提供服務或商品出售之前先收到顧客的現金付款，爾後才提供服務或商品。也就是說，企業收入尚未賺得，但已收現的各項收入，稍後時間經過，陸續提供服務或移轉商品，收入也陸續賺得。此時，先已收到的現金為企業的負債，例如：預收貨款、預收租金或預收款項等均屬於預收收入。爾後陸續提供服務或移轉商品，收入也陸續賺得，應將預收收入轉列收入，而會計期間結束時，尚未提供服務或移轉商品部份，仍屬於負債，即為預收收入。

釋例 (三)：以租金收入為例

假設慧美公司×1年12月1日將多餘的停車位出租給宥寬貨運行停放貨車，為期2年，共收 $36,000，試做其相關分錄。

慧美公司出租停車位予宥寬貨運行，共收 $36,000，期間為×1年12月1日至×3年12月1日止，共24個月，平均每月租金為 $36,000 × (1/24) = $1,500，×1年底慧美公司已賺得1個月租金收入為 $1,500，餘23個月租金收入尚未賺得為 $34,500。如下圖所示：

```
×1/12/1   ×1/12/31                              ×3/12/1
   ●─────────●─────────────────────────────────────●
       已賺得              尚未賺得
       $1,500              $34,500
```

其×1年收到租金的分錄：

×1年 12/1	現金	36,000	
	預收租金		36,000

×1年年底調整分錄：

12/31	預收租金	1,500	
	租金收入		1,500

調整分錄過帳後，相關帳戶如下所示：

現　金	
×1年12/31　36,000	

預收租金	
×1年12/31　1,500	×1年12/1　36,000
	×1年12/31　34,500

租金收入	
	×1年12/31　1,500

◆ **預付費用**

預付費用係指企業預先支付現金購買資產或服務，而於未來期間陸續耗用或使用。例如：租金、保險或文具用品等之預先支付，於付款時，先記為資

產,平時資產的耗用或使用在帳上並不處理,至會計期間結束時,將已耗用或使用的資產轉列為費用,餘尚未耗用或使用的部份,仍列為資產。

釋例㈣:以文具用品為例

假設慧美公司於×1年12月2日購入文具用品一批 $10,000,但至×1年12月31日,實地盤點文具用品,文具用品僅剩下 $200,試做其相關分錄。

慧美公司於×1年12月2日購入文具用品一批 $10,000,其分錄如下:

×1年12/2	文具用品	10,000	
	現金		10,000

在×1年12月31日,實地盤點文具用品,文具用品僅剩下 $200,已耗用的文具用品為 $10,000 − $200 = $9,800,其調整分錄如下:

12/31	文具用品費用	9,800	
	文具用品		9,800

調整分錄過帳後,相關帳戶如下所示:

文具用品			現　金	
×1年12/2　10,000	×1年12/31　9,800		×1年12/2　10,000	
×1年12/31　200				

文具用品費用
×1年12/31　9,800

◆ 折　舊

某些可供企業長期營業使用的資產,具有實體存在,此類資產稱為不動產、廠房及設備。不動產、廠房及設備中,除土地之外,應於各使用期間攤提(耐用年限)所消耗的成本,例如:房屋、辦公設備、機器設備、運輸設備等。取得時,以取得成本記為資產,在耐用年限內,應以合理而有系統的方法,將其成本逐漸轉為費用是為折舊。折舊的計算方法有很多種,本章僅介紹直線法(即平均法,各期間應負擔之數額相等)。

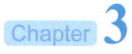

釋例 (五)：以辦公設備折舊為例

假設慧美公司，×1 年 12 月 1 日取得辦公設備，成本 $10,000，估計可以使用 5 年，5 年後辦公設備仍有殘值 $1,000，直線法提列折舊。其計算方式為資產成本減去殘值 (即回收價值) 除以使用年限。5 年間辦公設備可折舊成本為 $10,000 － $1,000 ＝ $9,000。每年度分攤的折舊為 $9,000 ÷ 5 ＝ $1,800。而 ×1 年 12 月 1 日至 ×1 年年底的期間為 1 個月。因此，×1 年年底應提列折舊為 $1,800 ÷ 12 ＝ $150。

×1 年 12 月 1 日取得辦公設備的分錄：

×1 年 12/1	辦公設備	10,000	
	現金		10,000

×1 年年底調整分錄：

12/31	折舊費用	150	
	累計折舊—辦公設備		150

調整分錄過帳後，相關帳戶如下所示：

現　金		辦公設備	
×1 年 12/1　10,000		×1 年 12/1　10,000	

折舊費用		累計折舊—辦公設備	
×1 年 12/31　150			×1 年 12/31　150

期末時 (×1 年 12 月 31 日)，在資產負債表內，表達如下：

辦公設備	$10,000
減：累計折舊	150
帳面價值	$9,850

折舊是費用，不需支付現金，但仍應和其他各種費用並列於損益表。累計折舊─辦公設備則為資產抵銷科目，應列示於資產負債表，作為辦公設備科目下之減項，以表示資產當時的帳面價值(成本減累計折舊)。

3. 調整後試算表

會計人員於會計期間結束時，將調整分錄記入日記簿，並過帳至相關帳戶，為檢驗調整後各帳戶餘額計算是否有誤，須再根據調整後各帳戶餘額編製一份調整後試算表，作為編製財務報表的依據。

釋例(六)

茲以慧美公司為例，其調整前試算表，如表 3.1，並將 3.2 節的調整分錄正式記入日記簿，過至分類帳，並編製調整後試算表(如表 3.2)。

▼ 表 3.1

慧美公司
調整前試算表
×1 年 12 月 31 日

科　目	借方金額	貸方金額
現金	$1,146,000	
應收帳款	100,000	
文具用品	10,000	
土地	450,000	
辦公設備	10,000	
應付帳款		$ 450,000
預收租金		36,000
股本		1,000,000
股利	10,000	
服務收入		300,000
水電瓦斯費用	60,000	
合計	$1,786,000	$1,786,000

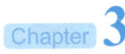

(1) 調整分錄記入日記簿。

日記簿　　　　　　　　　　　　　第2頁

×1年 月 日	會計科目及摘要	類頁	借方金額	貸方金額
12 31	應收帳款	005	1,000	
	服務收入	610		1,000
12 31	應收利息	008	1,000	
	利息收入	416		1,000
12 31	薪資費用	501	160,000	
	應付薪資	105		160,000
12 31	預收租金	110	1,500	
	租金收入	411		1,500
12 31	文具用品費用	502	9,800	
	文具用品	012		9,800
12 31	折舊費用	512	150	
	累計折舊—辦公設備	024		150

(2) 調整分錄過至分類帳。

分類帳

現　金　　　　　　　　　　　　頁碼：001

×1年 月 日	摘要	日頁	借方金額	貸方金額	借或貸	餘額
12 31					借	1,146,000

應收帳款　　　　　　　　　　　頁碼：005

×1年 月 日	摘要	日頁	借方金額	貸方金額	借或貸	餘額
12 31					借	100,000
31	調整	2	1,000		借	101,000

應收利息　　　　　　　　　　　　頁碼：008

×1年 月	日	摘要	日頁	借方金額	貸方金額	借或貸	餘額
12	31	調整	2	1,000		借	1,000

文具用品　　　　　　　　　　　　頁碼：012

×1年 月	日	摘要	日頁	借方金額	貸方金額	借或貸	餘額
12	2	文具		10,000		借	10,000
	31	調整	2		9,800	借	200

土　地　　　　　　　　　　　　　頁碼：020

×1年 月	日	摘要	日頁	借方金額	貸方金額	借或貸	餘額
12	31					借	450,000

辦公設備　　　　　　　　　　　　頁碼：022

×1年 月	日	摘要	日頁	借方金額	貸方金額	借或貸	餘額
12	31					借	10,000

累計折舊—辦公設備　　　　　　　頁碼：024

×1年 月	日	摘要	日頁	借方金額	貸方金額	借或貸	餘額
12	31	調整			150	貸	150

應付帳款　　　　　　　　　　　　頁碼：102

×1年 月	日	摘要	日頁	借方金額	貸方金額	借或貸	餘額
12	31					貸	450,000

應付薪資　　　　頁碼：105

×1年		摘要	日頁	借方金額	貸方金額	借或貸	餘額
月	日						
12	31	調整	2		160,000	貸	160,000

預收租金　　　　頁碼：110

×1年		摘要	日頁	借方金額	貸方金額	借或貸	餘額
月	日						
12	1	車位租金	2		36,000	貸	36,000
	31	調整	2	1,500		貸	34,500

股　本　　　　頁碼：225

×1年		摘要	日頁	借方金額	貸方金額	借或貸	餘額
月	日						
12	31					貸	1,000,000

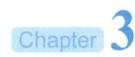

股　利　　　　頁碼：227

×1年		摘要	日頁	借方金額	貸方金額	借或貸	餘額
月	日						
12	31					借	10,000

服務收入　　　　頁碼：402

×1年		摘要	日頁	借方金額	貸方金額	借或貸	餘額
月	日						
12	31					貸	300,000
	31	調整	2		1,000	貸	301,000

租金收入　　　　頁碼：411

×1年		摘要	日頁	借方金額	貸方金額	借或貸	餘額
月	日						
12	31	調整	2		1,500	貸	1,500

利息收入　　　　　　　　　　　　　　　　　頁碼：416

×1年		摘要	日頁	借方金額	貸方金額	借或貸	餘額
月	日						
12	31	調整	2		1,000	貸	1,000

薪資費用　　　　　　　　　　　　　　　　　頁碼：501

×1年		摘要	日頁	借方金額	貸方金額	借或貸	餘額
月	日						
12	31	調整	2	160,000		借	160,000

文具用品費用　　　　　　　　　　　　　　　頁碼：502

×1年		摘要	日頁	借方金額	貸方金額	借或貸	餘額
月	日						
12	31	調整	2	9,800		借	9,800

水電瓦斯費用　　　　　　　　　　　　　　　頁碼：510

×1年		摘要	日頁	借方金額	貸方金額	借或貸	餘額
月	日						
12	31					借	60,000

折舊費用　　　　　　　　　　　　　　　　　頁碼：512

×1年		摘要	日頁	借方金額	貸方金額	借或貸	餘額
月	日						
12	31	調整	2	150		借	150

(3) 編製調整後試算表(如表 3.2)。

4. 編製財務報表

　　企業為使報表使用者瞭解其財務狀況、經營成果及現金流量情形，必須於會計期間終了時編製財務報表，以利使用者決策之用。因此，企業於調整分錄過帳後，編製調整後試算表，再根據調整後試算表編製財務報表。

表 3.2

慧美公司
調整後試算表
×1 年 12 月 31 日

科　目	借方金額	貸方金額
現金	$ 1,146,000	
應收帳款	101,000	
應收利息	1,000	
文具用品	200	
土地	450,000	
辦公設備	10,000	
累計折舊—辦公設備		$ 150
應付帳款		450,000
應付薪資		160,000
預收租金		34,500
股本		1,000,000
股利	10,000	
服務收入		301,000
租金收入		1,500
利息收入		1,000
薪資費用	160,000	
文具用品費用	9,800	
水電瓦斯費用	60,000	
折舊費用	150	
合計	$1,948,150	$1,948,150

　　首先，利用表 3.2 內各收入、費用帳戶編製慧美公司×1 年度損益表，以顯示慧美公司×1 年度的經營成果。而表 3.3 為慧美公司×1 年度損益表，以全部收入減除全部費用，得到本期損益，此格式稱為單站式損益表。

　　其次，利用表 3.3 中的本期淨利與表 3.2 中股本及股利，可編製慧美公司 ×1 年度權益變動表(如表 3.4)，以表達該期間內權益之增減變化。若企業在該年度股本部分沒有變動，則可編製保留盈餘表 (如表 3.5)。

最後，運用表 3.4 的期末資本餘額及表 3.2 的各資產、負債帳戶餘額，可編製慧美公司×1 年底資產負債表 (如表 3.6)，以顯示慧美公司於×1 年底的財務狀況。

▽ 表 3.3

慧美公司
損益表
【綜合損益】
×1 年 1 月 1 日至 12 月 31 日

營業收入		
服務收入		$301,000
租金收入		1,500
利息收入		1,000
收入總額		$303,500
營業費用		
薪資費用	$160,000	
文具用品費用	9,800	
水電瓦斯費用	60,000	
折舊費用	150	
費用總額		(229,950)
本期淨利		$ 73,550

▽ 表 3.4

慧美公司
權益變動表
×1 年 1 月 1 日至 12 月 31 日

	股本	保留盈餘	權益合計
期初餘額	$ 0	$ 0	$ 0
本期股東投資	1,000,000		1,000,000
本期損益		73,550	73,550
發放股利		(10,000)	(10,000)
本期期末餘額	$1,000,000	$63,550	$1,063,550

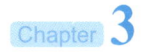

▼ 表 3.5

慧美公司		
保留盈餘表		
×1年1月1日至12月31日		
保留盈餘—期初		$ 0
加：本期淨利		73,550
小計		$ 73,550
減：股利		(10,000)
保留盈餘—期末		$ 63,550

▼ 表 3.6

慧美公司
資產負債表
【財務狀況表】
×1年12月31日

資　產		負　債	
現金	$1,146,000	應付帳款	$ 450,000
應收帳款	101,000	應付薪資	160,000
應收利息	1,000	預收租金	34,500
文具用品	200	負債合計	$ 644,500
土地	450,000	權益	
辦公設備	10,000	股本	$1,000,000
累計折舊—辦公設備	(150)	保留盈餘	63,550
		權益合計	
資產合計	$1,708,050	負債與權益合計	$1,708,050

作業

一、問答題
1. 何謂會計循環？
2. 何謂調整？有何功用？
3. 何謂配合原則？
4. 何謂應計基礎及現金基礎？何者符合一般公認會計原則？
5. 試簡述調整分錄的類型，並舉例說明。
6. 何謂應計項目及遞延項目？請舉例說明。

二、是非題
(　　) 1. 一個企業在一會計期間內的所有會計處理程序，周而復始，循環不已，稱為會計循環。
(　　) 2. 調整分錄必須記入日記簿，再過入分類帳即可。
(　　) 3. 調整分錄應記於分類帳，改正分錄應記於日記簿。
(　　) 4. 財務報表是依據結帳後試算表來編製。
(　　) 5. 損益表是表達某一企業在某特定期間之經營結果。
(　　) 6. 如一筆費用已發生，但尚未收現，在期末時應調整做借記費用科目。
(　　) 7. 預付費用、預收收入、利息收入均屬虛帳戶。
(　　) 8. 調整後試算表均為實帳戶之餘額，結帳後試算表則有實帳戶及虛帳戶各帳戶之餘額。
(　　) 9. 試算表僅能在期末結算時編製，其他時日則不能編製。
(　　) 10. 預付費用已實現之部份為費用性質。

三、選擇題
(　　) 1. 平時經常性的會計工作為
　　　　(1) 過帳→分錄→試算　　(2) 交易→試算→過帳
　　　　(3) 分錄→過帳→試算　　(4) 過帳→試算→分錄。

( ) 2. 期末會計處理程序為
　　　(1) 調整→編表→結帳　　(2) 試算→結帳→編表
　　　(3) 編表→調整→結帳　　(4) 調整→結帳→編表。

( ) 3. 調整分錄是確保
　　　(1) 收入在收現的期間認列
　　　(2) 費用在付現的期間認列
　　　(3) 期末資產負債表和損益表的餘額是正確的
　　　(4) 以上皆是。

( ) 4. 預收收入已賺得之部份為
　　　(1) 資產　　　　　　　(2) 負債
　　　(3) 收入　　　　　　　(4) 費用。

( ) 5. 表示企業財務狀況的報表為
　　　(1) 權益變動表　　　　(2) 損益表
　　　(3) 資產負債表　　　　(4) 現金流量表。

( ) 6. 下列哪一項目不需支付現金？
　　　(1) 郵電費用　　　　　(2) 折舊費用
　　　(3) 薪資費用　　　　　(4) 廣告費用。

( ) 7. 東日公司×3年7月1日預付一年期保險費 $6,000，並以資產科目入帳。若該公司×3年12月31日未作保險費的調整分錄，則會造成
　　　(1) 資產高估 $6,000，費用低估 $6,000
　　　(2) 資產低估 $6,000，費用高估 $6,000
　　　(3) 資產高估 $3,000，費用低估 $3,000
　　　(4) 資產低估 $3,000，費用高估 $3,000。

四、計算題

1. 德新公司×1年底調整事項如下，請做成調整分錄：

　(1) 應收未收租金 $10,000。
　(2) 應付未付水電費 $20,000。
　(3) ×1年12月份，薪資為 $500,000，次年1月10日支付。

(4) 本年 3 月 1 日收到一年期之租金 $240,000。

(5) 帳列文具用品盤存(文具用品) $50,000，年底盤點時尚餘 $30,000。

(6) 11 月 1 日支付半年保險費 $300,000，當時借記預付保險費。

2. 志遠公司×3 年 3 月 31 日調整前部份帳戶如下：

	借　方	貸　方
預付保險費	$ 36,000	
文具用品	48,000	
應付票據		$200,000
預收租金		120,000
租金收入		700,000
利息收入		0
利息費用	0	
薪資費用	220,000	

3 月 31 日會計人員分析帳戶列示如下：

(1) 四分之一的預收租金在本季已賺得。

(2) 應付票據至第一季末有應計利息 $8,200。

(3) 文具用品盤存合計剩下 $9,000。

(4) 保險費每個月 $2,000。

(5) 銀行存款應計利息 $5,000

設該公司會計期間為一季，試編製×3 年 3 月 31 日之調整分錄。

3. 英明公司期末調整前有預付保險費 $40,000，預收租金 $100,000，調整後，預付保險費為 $20,000，預收租金為 $70,000。已知調整前公司淨利為 $420,000，試問調整後，公司淨利為若干？

4. 三勝公司×1 年底調整後試算表中有關預付三年的保險費為$360,000，保險費為 $10,000，預計保險於×4 年 11 月底到期。試問該保險何時購入？×2 年、×3 年及×4 年保險費用各年度金額？

5. 佳德公司從事廣告業務，×2 年 12 月 31 日調整前及調整後試算表列示如下：

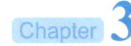

佳德公司
試算表
×2 年 12 月 31 日

	調整前 借方	調整前 貸方	調整後 借方	調整後 貸方
現金	$12,000		$12,000	
應收帳款	20,000		21,500	
應收利息	0		7,000	
廣告用品	9,600		6,000	
預付保險費	4,350		3,500	
運輸設備	60,000		60,000	
應付帳款		$5,000		$5,000
應付利息		0		150
應付票據		5,000		5,000
預收廣告收入		8,200		6,600
應付薪資		0		1,300
應付租金		0		7,000
股本		26,500		26,500
股利	12,000		12,000	
廣告收入		58,600		61,700
利息收入		29,000		36,000
薪資費用	10,000		11,300	
保險費用			850	
利息費用	350		500	
廣告用品費用	0		3,600	
租金費用	4,000		11,000	
	$132,300	$132,300	$149,250	$149,250

試作:佳德公司本年度之調整分錄。

6. 三和公司於×1年底調整前試算表各科目餘額和調整資料如下,試完成調整後試算表。

現金	$4,042,000	應付票據	$ 578,000
應收帳款	500,000	股本	4,000,000
文具用品	100,000	股利	700,000
預付保險費	72,000	服務收入	2,033,000
辦公設備	1,000,000	薪資費用	205,000
累計折舊		水電費用	92,000
－辦公設備	100,000		

調整項目：

(1) 已耗用文具用品 80%。

(2) 8 月 1 日預付 1 年保險費 $72,000。

7. 長崎公司×6 年底調整前各帳戶餘額如下：

類 頁	帳戶名稱	餘　額	類 頁	帳戶名稱	餘　額
1	現金	$ 628,000	25	應付薪資	$ 0
10	應收帳款	300,000	28	預收收入	20,000
15	文具用品	12,000	31	股本	1,000,000
16	預付租金	80,000	42	勞務收入	1,500,000
18	機器設備	1,200,000	56	薪資費用	1,000,000
19	累計折舊	200,000	58	用品費用	0
21	應付票據	200,000	59	租金費用	0
23	應付帳款	300,000	60	折舊費用	0

長崎公司×6 年底應調整事項如下：

(1) 盤點文具用品尚存 $10,000。

(2) 12 月份薪資 $160,000 將於明年初發放。

(3) 預付租金中四分之三已實現。

試編製長崎公司調整後試算表。

第 4 章

會計的帳務處理 (三)
── 結帳及分類之資產負債表

國際財務報導準則 (IFRS) 與一般公認會計原則 (GAAP) 不同之處

	IFRS	GAAP
資產負債表表達項目之順序或格式	無強制規定企業表達項目之順序或格式。	1. 資產項目按流動性的高低,由高至低排列。 2. 負債項目同資產項目,也是按其流動性高低,由高至低排列。

會計處理程序分為：分錄、過帳、試算、調整、編表及結帳等六個步驟是為會計循環，前五項的會計工作已於前幾章說明過，尚餘結帳一項會計工作。由第三章介紹會計循環可知會計處理程序是具有連續性的工作，期末結帳之後，接著重新為會計工作的分錄開始，周而復始的進行。然而，會計處理程序中，最重要是編製企業的財務報表及時提供股東、企業經理人、投資人或其他相關人士，有用的財務資訊作為決策之用。換言之，期末編製財務報表是會計的重點工作，會計人員為正確的編製報表及再確認之前會計工作的正確性，會經由編製來幫助會計工作，最後才進行結帳。因此，本章將針對結帳程序及分類的資產負債表分別說明之。

4.1 期末結帳

1. 實帳戶與虛帳戶

會計五大要素包括資產、負債、權益、收入及費用等五類帳戶，其中資產、負債及權益項目屬於實帳戶，收入、費用及股利則屬於虛帳戶。

◆ **實帳戶**

實帳戶又稱為永久性帳戶。實帳戶乃指在會計期間終了後，資產負債表的資產、負債及權益各帳戶，並不會結清各帳戶會隨著企業的永續經營而持續的存在。換言之，企業所擁有的各項權利與義務於會計期間結束後仍持續存在，各帳戶餘額結轉至下一個會計期間繼續記錄。

◆ **虛帳戶**

虛帳戶可稱為名目帳戶或臨時性帳戶。虛帳戶係指損益表的收益、費用及權益變動表之股利。企業運用收入及費用帳戶累積至該會計期間結束時，用以編製損益表，以傳達企業的經營結果。而其經營結果產生的損益結轉至資產負債表的權益，使得權益產生增加或減少的變動。因此，在會計期間結束時，須結清損益表內之收入及費用各帳戶餘額歸零，本期損益歸至權益。而損益表內之收入及費用各帳戶，至下一個會計期間開始重新由零開始記錄，以累積記錄企業下一個會計期間的經營結果。權益變動表之股利也在會計期間結束時，須結清歸零，結轉至資產負債表的權益，使得權

益產生減少的變動。故，收益、費用及權益變動表之股利被稱為虛帳戶，也稱為名目帳戶或臨時性帳戶。

2. 結帳的意義與步驟

結帳乃指企業在會計期間結束時，將虛帳戶的各帳戶餘額結清，實帳戶結轉下期，使各帳戶記錄暫告一個段落的會計處理程序。而其處理步驟，如下所示：

◆ 結清虛帳戶

結清損益表帳戶時，為使收益及費用各帳戶的餘額結清歸零，將各帳戶餘額結轉至一個過渡性的彙總帳戶為「損益彙總」帳戶，也有用「本期損益」帳戶。當收入、費用帳戶餘額結轉至損益彙總帳戶後，再將損益彙總帳戶餘額結轉至權益的保留盈餘項內。權益變動表之股利，結清歸零，結轉至資產負債表的保留盈餘。結清虛帳戶的步驟說明如下：

(1) 將收入類帳戶結清：係指借記收入類各帳戶餘額，並將收入類各帳戶餘額的合計數貸記損益彙總，使收入類帳戶餘額歸為零，其分錄，如下：

　　各項收入　　　　　　　×××
　　　　損益彙總　　　　　　　　　×××

(2) 將費用類帳戶結清：係指貸記費用類各帳戶餘額，並將費用類各帳戶餘額的合計數借記損益彙總，使費用類帳戶餘額歸為零，其分錄，如下：

　　損益彙總　　　　　　　×××
　　　　各項費用　　　　　　　　　×××

(3) 將損益彙總餘額結轉保留盈餘：乃指將損益彙總餘額結清。當收入大於費用時，損益彙總為貸餘，則結清時，應借記損益彙總，貸記保留盈餘。相反地，收入小於費用時，損益彙總為借餘，則結清時，應借記保留盈餘，貸記損益彙總。其分錄，如下：

　　a. 淨利時，損益彙總為貸餘

　　　損益彙總　　　　　　　×××
　　　　　保留盈餘　　　　　　　　×××

b. 淨損時，損益彙總為借餘

  保留盈餘   ×××
   損益彙總   ×××

(4) 將股利帳戶結清：若本期有發放股利，其餘額結轉至保留盈餘帳戶，則應借記保留盈餘，貸記股利。因股利並非費用，所以不結轉至損益彙總帳戶。此時，保留盈餘的餘額為資產負債表上期末保留盈餘的數額。其股利結轉分錄，如下：

  保留盈餘   ×××
   股利   ×××

◆ **結轉實帳戶**

結轉實帳戶乃將資產負債表內的資產、負債及權益類帳戶之餘額結轉至下期，繼續記載。

3. 結帳後試算表

結帳分錄登錄與過帳後，為確定結帳後分類帳中各帳戶餘額的借貸是否平衡，有必要根據結帳後分類帳餘額再編製試算表，此試算表稱為結帳後試算表。由於虛帳戶已結清，因此結帳後試算表僅餘資產負債的各帳戶(亦即實帳戶)及其金額。其結帳後試算表，如表 4.1。

釋例 (二)

同釋例(一)茲以慧美公司為例，請作相關分錄及結帳分錄，將結帳分錄過至分類帳，並編製結帳後試算表。

(1) 結帳分錄。

日記簿　　第3頁

×1年 月	日	會計科目及摘要	類頁	借方金額	貸方金額
		結帳分錄			
12	1	服務收入	402	301,000	
		租金收入	612	1,500	
		利息收入	616	1,000	
		損益彙總	515		303,500
	31	損益彙總	515	229,950	
		薪資費用	501		160,000
		文具用品費用	502		9,800
		水電瓦斯費用	510		60,000
		折舊費用	512		150
	31	損益彙總	515	73,550	
		保留盈餘	225		73,550
	31	保留盈餘	225	10,000	
		股利	227		10,000

(2) 結帳分錄的過帳至分類帳。

分類帳

現　金　　頁碼：001

×1年 月	日	摘要	日頁	借方金額	貸方金額	借或貸	餘額
12	31					借	1,146,000

辦公設備　　頁碼：022

×1年 月	日	摘要	日頁	借方金額	貸方金額	借或貸	餘額
12	31					借	10,000

累計折舊—辦公設備　　　　　　頁碼：024

×1年		摘要	日頁	借方金額	貸方金額	借或貸	餘額
月	日						
12	31				150	貸	150

應付帳款　　　　　　頁碼：102

×1年		摘要	日頁	借方金額	貸方金額	借或貸	餘額
月	日						
12	31					貸	450,000

應付薪資　　　　　　頁碼：105

×1年		摘要	日頁	借方金額	貸方金額	借或貸	餘額
月	日						
12	31	調整	2		160,000	貸	160,000

預收租金　　　　　　頁碼：110

×1年		摘要	日頁	借方金額	貸方金額	借或貸	餘額
月	日						
12	1	車位租金	2		36,000	貸	36,000
	31	調整	2	1,500		貸	34,500

股　本　　　　　　頁碼：225

×1年		摘要	日頁	借方金額	貸方金額	借或貸	餘額
月	日						
12	31					貸	1,000,000

保留盈餘　　　　　　頁碼：226

×1年		摘要	日頁	借方金額	貸方金額	借或貸	餘額
月	日						
12	31	結帳	3		73,550	貸	73,550
	31	結帳	3	10,000		貸	63,550

會計的帳務處理（三）——結帳及分類之資產負債表

股　利　　　　　　　　　　　　　　　頁碼：227

×1年		摘要	日頁	借方金額	貸方金額	借或貸	餘額
月	日						
12	31		3			借	10,000
	31	結帳	3		10,000		0

服務收入　　　　　　　　　　　　　　頁碼：402

×1年		摘要	日頁	借方金額	貸方金額	借或貸	餘額
月	日						
12	31					貸	301,000
	31	結帳	3	301,000			0

租金收入　　　　　　　　　　　　　　頁碼：440

×1年		摘要	日頁	借方金額	貸方金額	借或貸	餘額
月	日						
12	31	調整	2		1,500	貸	1,500
	31	結帳	3	1,500			0

利息收入　　　　　　　　　　　　　　頁碼：445

×1年		摘要	日頁	借方金額	貸方金額	借或貸	餘額
月	日						
12	31	調整	2		1,000	貸	1,000
	31	結帳	3	1,000			0

水電瓦斯費用　　　　　　　　　　　　頁碼：510

×1年		摘要	日頁	借方金額	貸方金額	借或貸	餘額
月	日						
12	31					借	60,000
	31	結帳	3		60,000		0

折舊費用　　　　　　　　　　　　　　頁碼：512

×1年		摘要	日頁	借方金額	貸方金額	借或貸	餘額
月	日						
12	31	調整	2	150		借	150
	31	結帳	3		150		0

損益彙總　　　　　　　　　　　頁碼：515

×1年 月	日	摘要	日頁	借方金額	貸方金額	借或貸	餘額
12	31	結帳	3		303,500	貸	303,500
	31	結帳	3	229,950		貸	73,550
	31	結帳	3	73,550			0

▼ 表 4.1

慧美公司
結帳後試算表
×1 年 12 月 31 日

科目	借方金額	貸方金額
現金	$1,146,000	
應收帳款	101,000	
應收利息	1,000	
文具用品	200	
土地	450,000	
辦公設備	10,000	
累計折舊—辦公設備		$ 150
應付帳款		450,000
應付薪資		160,000
預收租金		34,500
股本		1,000,000
保留盈餘		63,550
合計	$1,708,200	$1,708,200

4. 會計循環的彙總

　　會計的處理程序為開始於對企業交易的分析，次將交易記入日記簿，其次由日記簿過帳至分類帳後，編製試算表做調整分錄及過帳與編製調整後試算表，然後編製財務報表，最後做結帳分錄及過帳與編製結帳後試算表，周而復始每期循環一次，此為會計循環。綜合以上所述，可簡單歸納出會計循環為分錄、過帳、試算、調整、編製財務報表及結帳。前三項為平時的會計處理程序：分錄、過帳、

試算；後三項為期末會計處理程序：調整、編表、結帳。已分別於之前各章及本章詳細介紹。可知會計循環開始於企業交易的分析，終止於結帳後試算表的編製。茲將會計循環的處理程序彙整如表 4.2。

▼ 表 4.2　會計循環的處理程序

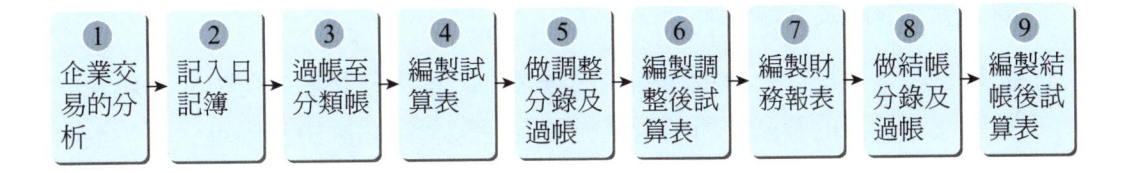

① 企業交易的分析 → ② 記入日記簿 → ③ 過帳至分類帳 → ④ 編製試算表 → ⑤ 做調整分錄及過帳 → ⑥ 編製調整後試算表 → ⑦ 編製財務報表 → ⑧ 做結帳分錄及過帳 → ⑨ 編製結帳後試算表

4.2　分類式資產負債表

資產負債表分為資產、負債及權益三大類，為使財務報表使用者更易瞭解企業的財務狀況，以利其決策之用，故將資產負債表詳細的論述如下：

1. 格　式

常見的資產負債表格式有兩種：一為帳戶式，如同第三章表 3.5，報表的左邊列示資產，右邊則列負債與權益；另一為報告式，如表 4.3[1] 所示，報表的最上層先列資產，第二層列負債，最後則列示權益。而資產負債表的排列原則或格式，國際會計準則公報並無強制規定。因此，原有資產負債表的排列原則仍然適用。

2. 資產負債表的排列原則

◆ **排列原則及分類**

(1) 資產項目按流動性的高低，由高至低排列。所謂流動性係意指預期變現的速度。通常，資產分類為流動資產、非流動資產(長期投資)、不動產、廠房及設備、無形資產及其他資產。

---

[1] 表 4.3 利用第三章表 3.5 之慧美公司為例，採用報告式資產負債表格示編製。

(2) 負債項目同資產項目，也是按其流動性高低，由高至低排列。通常，負債分類為流動負債、非流動負債(長期負債)。

◆ 資　產

舉凡企業所擁有的經濟資源，該資源係由於過去交易事項所產生，且預期未來可產生經濟效益之流入，包括流動資產、長期投資、不動產、廠房及設備、無形資產及其他資產。

(1) 流動資產：係指在一年或一個營業循環內，兩者孰長者，可轉變為現金的資產及消耗掉的資產。所謂營業循環為企業營業活動由支出現金開始至收回現金止的不間斷循環過程。以買賣業為例，企業營業活動由支出現金購入商品成為存貨，再經由賒銷商品成為應收帳款，最後向客戶收回應收帳款成為現金，所需的時間為一個週期，稱為營業週期。而此營業活動周而復始，循環不已，也稱為營業循環。通常，營業循環被用在劃分資產負債表中的資產及負債的屬性是為流動或非流動的性質之用。如圖4.1。

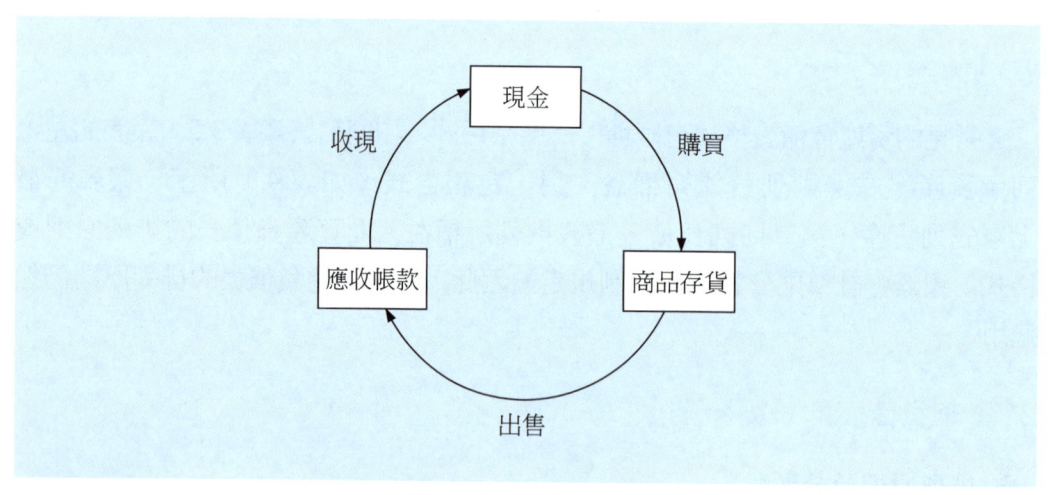

▲ 圖 4.1　營業循環

一般而言，流動資產按流動性(變成現金的速度)愈快，排愈前面。流動資產包括現金、短期投資、應收款項(如應收帳款、應收票據或其他應收款)及預付費用(如預付保費、預付廣告及辦公用品)等項目。

(2) 非流動資產：係為獲取財務上或營業上的利益為目的，非供營業直接使用。通常，長期投資包含證券投資、非營業使用的不動產、廠房及設備投資。

(3) 不動產、廠房及設備：係為供正常營業上使用，其有實體存在，且其使用年限長於一年或一個營業週期以上的資產。通常，使用期間愈長，排列愈前面。不動產、廠房及設備一般包括土地、房屋、機器設備、辦公設備、運輸設備，其中除土地外，其餘屬於折舊性或折耗性資產。

(4) 無形資產：係指供營業中使用，無實體存在，其未來經濟效益較不確定的資產。通常，無形資產包括商譽、版權、專利權、商標權及特許權等項目。編表時採流動資產先列記，排序則按流動性(變現能力)大小順序，如現金、應收帳款、存貨等。

再接非流動資產，如投資於台美公司股票等。再來是不動產、廠房及設備，如土地、建築物等。不動產、廠房及設備之排列順序為使用年限愈長者排愈前面。

◆ 負　債

企業所承擔義務，該義務未來必須以資產或新的債務償還者。包括流動負債、長期流動負債。

(1) 流動負債：係指在一年或一個營業循環內，兩者孰長者，需要動用流動資產或產生另外流動負債償還之負債。通常應符合下列四項條件之一者，才列為流動負債：

a. 企業因營業而發生的債務預期在企業之正常營業週期中清償者。
b. 主要為交易目的而持有者。
c. 須於資產負債表日後十二個月內清償者。
d. 企業不能無條件延期至資產負債表日後逾十二個月清償之負債。

通常，流動負債包括應付票據、應付帳款、應付費用、預收收入等項目。

(2) 非流動負債：係指在一年或一個營業循環內，兩者孰長者，不需要動用流動資產或另產生流動負債償還之負債。常見的非流動負債有：長期抵押借款、長期應付票據、應付公司債及應計退休金負債等項目。

◆ 權　益

係為股東對企業剩餘權益的請求權。包含股東投入資本、本期經營的損益及增資的金額、減去股利。

現舉一分類的資產負債表，台灣財務會計準則公報，如表 4.3：

表 4.3

愛美公司
資產負債表
【財務狀況表】
×1 年 12 月 31 日

資　產

流動資產			
現金		$1,146,000	
應收帳款		101,000	
文具用品		200	
流動資產合計			$1,247,200
長期投資			500,000
不動產、廠房及設備			
土地		$950,000	
辦公設備	$12,000		
減：累計折舊—辦公設備	(2,000)	10,000	
不動產、廠房及設備合計			960,000
無形資產			
專利權			1,000,000
資產合計			$3,707,200

負　債

流動負債			
應付帳款		$450,000	
應付薪資		160,000	
預收租金		34,500	
流動負債合計			$ 644,500
非流動負債			
應付票據 (×3 年 5 月 31 日到期)			2,000,000
負債合計			$2,644,500

權　益

股本		$1,000,000	
保留盈餘		62,700	1,062,700
負債及權益合計			$3,707,200

國際財務報導準則財務狀況表(資產負債表)之編製格式，恰和台灣相反，上下反向，不過 IFRS 並無硬性規定多數國家採用國際會計準則財務狀況表，如表 4.4：

▼ 表 4.4

<table>
<tr><td colspan="4" align="center">愛美公司
財務狀況表
×1 年 12 月 31 日</td></tr>
<tr><td colspan="4" align="center">資　產</td></tr>
<tr><td>無形資產</td><td></td><td></td><td></td></tr>
<tr><td>　專利權</td><td></td><td></td><td>$1,000,000</td></tr>
<tr><td>不動產、廠房及設備</td><td></td><td></td><td></td></tr>
<tr><td>　土地</td><td></td><td>$950,000</td><td></td></tr>
<tr><td>　辦公設備</td><td>$12,000</td><td></td><td></td></tr>
<tr><td>　減：累計折舊—辦公設備</td><td>(2,000)</td><td>10,000</td><td></td></tr>
<tr><td>　　不動產、廠房及設備合計</td><td></td><td></td><td>960,000</td></tr>
<tr><td>長期投資</td><td></td><td></td><td>500,000</td></tr>
<tr><td>流動資產</td><td></td><td></td><td></td></tr>
<tr><td>　文具用品</td><td></td><td>$　　200</td><td></td></tr>
<tr><td>　應收帳款</td><td></td><td>101,000</td><td></td></tr>
<tr><td>　現金</td><td></td><td>1,146,000</td><td></td></tr>
<tr><td>　　流動資產合計</td><td></td><td></td><td>1,247,200</td></tr>
<tr><td>　　資產合計</td><td></td><td></td><td>$3,707,200</td></tr>
<tr><td colspan="4" align="center">權　益</td></tr>
<tr><td>股本</td><td></td><td>$1,000,000</td><td></td></tr>
<tr><td>保留盈餘</td><td></td><td>62,700</td><td>$1,062,700</td></tr>
<tr><td colspan="4" align="center">負　債</td></tr>
<tr><td>非流動負債</td><td></td><td></td><td></td></tr>
<tr><td>　應付票據(×3 年 5 月 31 日到期)</td><td></td><td>$2,000,000</td><td></td></tr>
<tr><td>流動負債</td><td></td><td></td><td></td></tr>
<tr><td>　應付帳款</td><td>$450,000</td><td></td><td></td></tr>
<tr><td>　應付薪資</td><td>160,000</td><td></td><td></td></tr>
<tr><td>　預收租金</td><td>34,500</td><td>644,500</td><td></td></tr>
<tr><td>　　負債合計</td><td></td><td></td><td>2,644,500</td></tr>
<tr><td>　　權益及負債合計</td><td></td><td></td><td>$3,707,200</td></tr>
</table>

作業

一、問答題

1. 結帳的意義及步驟為何？
2. 何謂實帳戶及虛帳戶？兩者有何區別？
3. 何謂結帳後試算表？
4. 請簡述會計循環的處理程序。
5. 請簡述何謂資產、負債及權益。
6. 何謂營業循環？

二、是非題

( ) 1. 所謂流動性係指預期變現的速度。
( ) 2. 營業循環也稱為營業週期。但是，營業循環不同於會計循環。
( ) 3. 營業循環為企業營業活動由支出現金開始至收回現金止的不間斷循環過程。
( ) 4. 實帳戶乃指在會計期間終了後，資產負債表的資產、負債及權益各帳戶，並不會結清而除列。
( ) 5. 結帳乃指將企業在會計期間結束時，將虛帳戶的各帳戶餘額結清，實帳戶結轉下期，使各帳戶記錄暫告一個段落的會計處理程序。

三、選擇題

( ) 1. 會計五大要素的收入與費用為
　　(1) 實帳戶　　　　　　(2) 虛帳戶
　　(3) 混合帳戶　　　　　(4) 以上皆非。
( ) 2. 會計人員必須將餘額結轉下期的帳戶是
　　(1) 實帳戶　　　　　　(2) 虛帳戶
　　(3) 實帳戶與虛帳戶　　(4) 不需任何結轉。

(　　) 3. 結帳分錄會使哪些帳戶之期末餘額變為零？
　　　　(1) 收入　　　　　　　(2) 資產
　　　　(3) 權益　　　　　　　(4) 以上皆是。
(　　) 4. 下列項目何者為實帳戶？
　　　　(1) 薪資費用　　　　　(2) 廣告費用
　　　　(3) 銷貨收入　　　　　(4) 預付費用。
(　　) 5. 下列哪一個帳戶在期末結帳時要結清？
　　　　(1) 應收利息　　　　　(2) 廣告費用
　　　　(3) 應收帳款　　　　　(4) 預付費用。

四、計算題

1. 日正國際公司×1年會計年度終了日調整後試算表資料如下：

日正國際公司
調整後試算表
×1年12月31日

	借方金額	貸方金額
現金	$ 249,400	
應收帳款	97,800	
設備	259,000	
累計折舊—設備		$ 154,000
應付帳款		52,200
預收租金收入		48,000
股本		522,000
股利	120,000	
佣金收入		631,000
租金收入		75,000
折舊費用	40,000	
薪資費用	567,000	
水電費用	149,000	
	$1,482,200	$1,482,200

試作：(1) 結帳分錄。
　　　(2) 結帳後試算表。

2. 智勝公司在×1年底調整後試算表資料如下：

現金	$ 29,000	股利	$16,000
應收帳款	47,200	服務收入	89,500
預付保險費	6,200	租金收入	21,100
土地	90,000	薪資費用	24,300
建築物	124,000	廣告費用	3,400
設備	61,000	水電費用	2,700
應付帳款	22,000	折舊費用—建築物	8,500
預收租金收入	4,500	折舊費用—設備	1,800
應付票據	36,000	累計折舊—建築物	24,500
(×1年6月到期)			
股本	258,700	累計折舊—設備	3,600

試作：結帳分錄。

3. 佳英貨運公司於×8年12月23日預收貨運款$500,000，至12月底已為佳玲公司提供載運服務之運費收入為$200,000。試作期末調整及結帳之分錄。

4. 有得住公司×9年12月31日調整後試算表如下：

借　　方		貸　　方	
現金	$　28,600	應付票據	$　58,800
應收帳款	75,600	應付帳款	100,000
應收利息	14,000	應付利息	16,800
應收票據(90天到期)	224,000	應付薪資	15,400
文具用品	11,200	預收收入	30,800
運輸設備	224,000	長期應付票據	182,000
折舊費用	100,000	累計折舊—運輸設備	100,000
土地	98,000	股本	123,200
薪資費用	252,000	服務收入	588,000
水電費	70,000	利息收入	22,400
利息費用	33,600	保留盈餘	0
用品費用	36,400		
廣告費	70,000		
合計	$1,237,400		$1,237,400

試編製有得住公司×9年損益表、權益變動表以及×9年12月31日之資產負債表。

5. 華東公司在×1年12月31日，各帳戶餘額如下：

現金	$ 14,550
應付帳款	21,000
應收帳款	33,000
文具用品	6,200
投資台美公司股票（長期持有）	50,000
應付票據	46,500
土地	780,000
建築物	230,000
累計折舊	6,400
股本	800,000
服務收入	44,000
保留盈餘	191,004
水電費用	3,754
薪資費用	26,400
應付票據（×4年到期）	35,000

試作：×1年12月31日分類資產負債表。

6. 明德公司在×2年12月31日，各帳戶餘額如下：

現金	$ 525,000
應收帳款	240,000
應收票據	312,000
文具用品	61,000
土地	1,400,000
建築物	800,000
累計折舊—建築物	200,000
設備	210,000
累計折舊—設備	75,000
應付帳款	43,000
應付票據	166,000
預收租金	26,500

應付票據（×5 年到期）	620,000
股本	2,000,000
保留盈餘	418,100

編製×2 年 12 月 31 日分類資產負債表。

第5章

現　金

財務會計之主要目的是提供企業的財務資訊，以協助使用者做正確的決策。財務資訊之正確性取決於財務報表之公允表達，對資產、負債及權益更應審慎地評估。本書前四章以介紹會計程序為主，自本章開始，依次將介紹資產、負債及權益之順序，分別討論會計三要素之處理及評價問題。

現金可用來支付費用、清償債務以及購買資產，其流動性最大，為流動資產中排列之首。由於現金易遭偷竊或舞弊，內部控制與管理運用須特別注意。本章分別說明現金之內容、內部控制、零用金制度及銀行存款調節表等。

5.1 現金之內容與內部控制

會計學上的現金，是企業可以自由運用，用途不受限制。通常作為交易的媒介、支付的工具，能被大家所接受。視為現金的項目，包含庫存現金(硬幣、紙幣)、銀行存款、零用金、即期支票、旅行支票等。如企業分期提存一筆現金，來做償債之用，這些現金成為償債基金，不能包含在現金之內，償債基金屬於長期投資資產。

企業在編製資產負債表時，常以「現金及銀行存款」之科目來表達。但有時將**約當現金**(Cash Equivalent)也併入現金科目，所謂約當現金是指短期內可隨時轉換成定額現金，且利率變動對其價值無甚影響之投資，如三個月內到期之國庫券等。

某些資產與現金非常相似，通常又由負責現金的人員所保管，如郵票、員工借支、遠期支票等，此類資產都不包含在現金中。郵票屬於預付費用，員工借支應視為應收款項處理，遠期支票也應作為應收票據處理。

企業的交易多半直接或間接涉及現金的收付，因而現金是最容易發生錯誤或弊端的一項資產，所以現金的內部控制非常重要。

企業為了控制業務而設計一套組織計畫及作業的程序與方法，稱為內部控制。良好的內部控制是專為維護資產安全、確保會計資料之正確性與可靠性、提高營運效率、遵循公司政策所採行之方法。內部控制制度的基本原則為：

1. 職能分工

資產的記錄與保管的職責應分開。職能分開，能減少發生弊端的機會。

2. 責任之確定

責任分派予特定個人。每人權利與責任劃分清楚,就不會發生責任混淆不清,推卸責任之事。

3. 憑證程序

憑證為交易發生之證據,憑證措施可促成會計記錄的正確性與可靠性。

4. 其他控制

如用機械、電子控制措施、獨立的內部驗證、員工職務的輪調及休假等。

現金的內部控制,分現金收入與現金支出的控制。

1. 現金收入的控制重點

◆ **從櫃檯收現**

使用收銀機、發票或收據可與收到現金總數相互核對。同時鼓勵顧客索取發票或收據。

◆ **顧客匯寄款項**

貨款儘量請客戶匯入公司銀行帳戶。如以支票寄交企業,應請註記抬頭、劃線並禁止背書轉讓。處理郵寄的支票及現金,應由二人以上人員負責拆收、登記。

所有收到之現金、支票均應當日存入銀行。現金收入記帳之人員,不得同時接管應收帳款及應收票據等。

2. 現金支出的控制重點

◆ 所有支出均以支票支付。
◆ 支付前所有單據應加以審核。
◆ 付款後,有關之憑證要註銷。
◆ 保管現金及記帳以外人員,定期編製銀行存款調節表。
◆ 設立零用金制度,用以支付小額支出。

5.2　零用金制度(Petty Cash Fund)

企業由於內部控制，所有支出均以支票支付，某些小額零星支出若以支票支付極為不便，如郵票、計程車費等。零用金制度乃設置定額之現金，交給專人保管，用以支付日常零星支出。在零用金制度下，平時支付各項支出時，不須立即記帳，但應取得合法憑證，做一備忘記錄即可。待零用金將用完之時，保管人才將相關單據彙總，請求撥補零用金，並由會計內部做適當之分錄。

有關零用金的會計處理如下：

1. 設立零用金

根據企業可能的支出，決定零用金的金額。

台南公司於×2年5月1日開立支票$3,000，設置零用金。提撥時：

×2年5/1　零用金　　　　　　　3,000
　　　　　　現金　　　　　　　　　　3,000

2. 零用金支付

由零用金支付時，保管人保留單據，在零用金登記簿記錄，**不需要做正式分錄**。

5月份各項零星支出，由零用金支付如下：

　　5月2日　　支付郵資費用$75。
　　5月6日　　支付水電費用$1,100。
　　5月12日　支付計程車費用$320。
　　5月14日　支付計程車費用$410。
　　5月18日　支付電話費用$770。
　　5月24日　支付雜項費用$200。

3. 補充零用金

零用金將用盡時，保管人編製零用金清單連同各項單據，送交會計部門及出納部門，請求撥補現金。由於已支付了$2,875，手存現金$125，其分錄如下：

5/31	郵資費用	75	
	水電費用	1,100	
	交通費用	730	
	電話費用	770	
	雜項費用	200	
	現金		2,875

4. 現金短溢

零用金在支付時，難免會發生錯誤，有時會現金多些、有時少些的情形，就以「現金短溢」之科目來調整。上例中，若手存現金 $120，單據總額 $2,875，差額以**現金短溢**(Cash Over and Short)科目記錄。此科目為雙重性質，在借方表示損失，在貸方表示收益。此次盤點少了 $5，其分錄如下：

5/31	郵資費用	75	
	水電費用	1,100	
	交通費用	730	
	電話費用	770	
	雜項費用	200	
	現金短溢	5	
	現金		2,880

5. 零用金增減

零用金制度設立之後，常因額度不足或過多，可酌予增加或減少。例如上例零用金額度減少為 $2,500，則分錄為：

現金	500	
零用金		500

6. 期末處理

會計年度結束時，由於所有費用均須認列，因而零用金帳戶無論多寡，都須依權責發生制做撥補分錄，使得正確認列費用。

5.3 銀行存款調節表 (Bank Reconciliation)

企業每日將收到的現金全數存入銀行，每筆支出均以支票支付。此為內部控制的要求，既安全又可免除保管現金的工作。

銀行於每月初，即將支票存款戶上月往來的情形，寄發**銀行對帳單**(Bank Statement)給客戶。銀行對帳單之內容包括該月存入款項、支付款項、其他借項、貸項記錄以及期初、期末餘額。所謂**借項通知單**(Debit Memo)，表示銀行減少存款的通知單，如代扣手續費。所謂**貸項通知單**(Credit Memo)，表示銀行增加存款的通知單，如委託銀行代收的票據已收現等。銀行對帳單上尚有其他符號，如 SC (Service Charge)服務費；CC (Certified Check)保付支票，銀行保證付款的支票，即銀行同意保付時，即已將客戶存款中預先扣留；OD (Overdraft)透支，企業須事先與銀行訂立契約，在存款不足時，銀行會讓客戶透支，其額度及利率須先商訂，此為企業之流動負債。銀行存款對帳單如表 5.1 所示。

▼ 表 5.1

銀行存款對帳單

戶名：北宜公司　　　　　　　　　　　帳號：2002108823
地址：××××

××銀行

×2年	支票號碼	摘要	支票金額	摘要	存入金額	餘額
2/1						36,150.00
2/3					142,500.00	178,650.00
2/4	1110		2,405.00			176,245.00
2/5	1111		63,125.00		81,000.00	194,120.00
2/8	1113		7,400.00			186,720.00
2/14	1115		2,700.00			184,020.00
2/18	1114		4,120.00	票據代收	3,200.00	183,100.00
2/22		服務費	100.00			183,000.00
2/23	1117		10,753.00		42,000.00	214,247.00
2/25	1116		3,600.00			210,647.00
2/26					17,000.00	227,647.00
2/28	1149		6,200.00			221,447.00

企業取得當月份銀行對帳單之後，連同上月份銀行存款調節表、本月份現金收入簿、現金支出簿以及現金分類帳的帳面餘額，然後核對雙方帳面記錄的處理。首先確定上月份銀行存款調節表的在途存款，在本月份銀行對帳單上是否已入帳以及上月份未兌現支票是否在本月已兌現。

　　一一核對現金收入簿和銀行對帳單的存入欄，相符金額均以「✓」在金額旁做記號。同樣地，現金支出簿與銀行對帳單的支票兌現金額，一一核對，相符金額以「✓」在兩邊金額旁做記號。凡未被勾記的，要小心檢查，是什麼原因所造成。

　　理論上而言，企業之現金餘額與銀行對帳單上之餘額應相符合，但事實上並不相等，故須編製銀行存款調節表，以瞭解差異發生之原因，及計算正確現金之餘額。

　　企業現金帳和銀行帳上餘額發生差異的原因有二：

1. 未達帳 (時間差異)

　　公司或銀行一方已記帳，而另一方尚未記帳。

◆ **銀行方面 ── 公司已記帳，銀行尚未記帳。**

(1) **在途存款**(Deposit in Transit)：公司已將款項匯入銀行，但銀行尚未收到(在銀行報表截止日)，故未入帳。調整時為銀行存款之加項。

(2) **未兌現支票**(Outstanding Checks)：企業已開支票支付某款項，但客戶未將支票存入銀行兌現，銀行方面當然未扣除。調整時為銀行存款之減項。

◆ **公司方面 ── 銀行已記帳，公司尚未記帳。**

(1) **銀行代收款、利息收入等：**銀行因企業委託收取之款項，銀行已直接加入帳上，企業因未接獲通知，尚未入帳。常見的託收票據、利息收入等均屬之。調整時為公司現金之加項。

(2) **銀行代付款：**銀行常替企業代付某些費用，如水電費、保險箱租金等。銀行已直接從企業帳上扣除，而企業還未入帳扣除。調整時為公司現金之減項。

(3) **存款不足支票**(Not Sufficient Fund，簡稱 N.S.F. Check)：企業存入他人開立之支票，卻因存款不足而遭退票，事實上企業存入支票時，已記錄銀行存款之增加，現支票遭退回，存款並未增加。企業卻因未接獲通知，故未從現金帳內扣除。調整時為公司現金之減項。

2. 錯誤事項

　　雙方或一方記錄有誤。調整時視其錯誤而予以更正。可能的情況如銀行誤將其他公司開立之支票誤以為本公司開立，而由本公司帳戶存款內扣除，此時銀行應加回。也可能本公司開立一張支票 $486，銀行誤扣 $468，調節時，銀行必須還要扣除 $18。或是公司開立一張支票 $534，在記入現金支出簿時，誤記為 $543，此時應由公司加回 $9。

> 提示：
> (一) 銀行要調整部份：
> 　　B＋　1. 在途存款
> 　　B－　2. 未兌現支票
> (二) 公司要調整部份：
> 　　C＋　1. 銀行代收款，利息收入等
> 　　C－　2. 銀行代付款等
> 　　C－　3. 存款不足支票

釋例(一)

　　北宜公司在××銀行開立支票存款帳戶，該公司所有現金均存入銀行帳戶，所有支出均以支票支付(零用金除外)。該公司 2 月份的現金收入簿、現金支出簿資料如表 5.2 及表 5.3 所示。

　　根據編製銀行存款調節表程序，針對北宜公司在本月份的銀行對帳單(表 5.1)及現金簿(表 5.2、表 5.3)等帳面資料予以確實查明，其應調整項目，包括：

1. 2 月 28 日存款 $34,500，銀行尚未入帳。
2. 2 月份簽發的支票，其中 #1112 支票 $832、#1118 支票 $220、#1120 支票 $1,050、#1121 支票 $2,430，四張支票，共計 $4,532，銀行尚未支付，列為未兌現支票。
3. 銀行對帳單上有借項通知單為 2 月 22 日銀行扣除服務費 $100，另有貸項通知單為 2 月 18 日委託銀行代收票據 $3,200，已收現。

表 5.2

現金收入簿

×2年	摘　要	收入金額	存款餘額
2/1		22,500.00	
2/2		120,000.00	142,500.00
2/4		81,000.00	81,000.00
⋮	省略		
2/22		42,000.00	42,000.00
2/24		7,000.00	
2/25		10,000.00	17,000.00
2/28		34,500.00	34,500.00
		317,000.00	317,000.00

表 5.3

現金支出簿

×2年	摘　要	支票號碼	金　額
2/1		1110	2,405.00
2/2		1111	63,125.00
2/4		1112	832.00
2/6		1113	7,400.00
2/9		1114	4,120.00
2/12		1115	2,700.00
2/14		1116	3,600.00
2/15		1117	10,753.00
⋮	省略		
2/25		1148	220.00
2/26		1149	6,200.00
2/27		1150	1,050.00
2/28		1151	2,430.00
			104,835.00

根據上述核對資料，編製北宜公司 2 月份銀行存款調節表，如下：

北宜公司
銀行存款調節表
×2 年 2 月 28 日

銀行對帳單餘額			$221,447
加：在途存款			34,500
小計			$255,947
減：未兌現支票：			
	#1112	$ 832	
	#1148	220	
	#1150	1,050	
	#1151	2,430	4,532
正確餘額			$251,415
公司帳面餘額			$248,315
加：代收票據			3,200
小計			$251,515
減：銀行服務費			100
正確餘額			$251,415

銀行對帳單餘額 $221,447(表 5.1)。

公司帳面餘額在表 5.1，上月現金餘額為 $36,150，本月現金收入為 $317,000 (表 5.2)，現金支出為 $104,835(表 5.3)。故本月現金帳餘額為：$36,150 + $317,000 − $104,835 = $248,315。

銀行存款調節表編製完之後，須進一步對未入帳的項目做補記分錄。如有錯誤的事項則加以更正，如此帳面餘額經過調整入帳之後，才是正確餘額。惟分錄僅做公司部份，銀行部份由銀行自行補正，與公司無關。其有關之補正分錄如下：

2/28	現金	3,200	
	應收票據		3,200
	銀行服務費	100	
	現金		100

實務上，上述分錄亦可合併成一個分錄處理。通常題目都予以簡化，現再舉一例說明之。

釋例 (二)

台北公司在金山銀行開立支票存款戶，×2 年 7 月底銀行對帳單餘額為 $10,880，公司帳上餘額為 $7,110。經仔細核對後，發現下列事項：

1. 公司在 7 月 31 日存入 $450，銀行對帳單並未有這一筆存款。
2. 公司本月所簽立支票，有三張尚未至銀行兌現：

支票號碼	金　額
#10320	$　500
#10341	2,100
#10372	1,200

3. 銀行代收票據 $1,000 及利息 $50 已入帳，而公司尚未入帳。
4. 銀行扣除手續費 $40。
5. 客戶張大明償付欠款 $320 的支票，因存款不足遭銀行退票。
6. 銀行對帳單中 7 月 16 日錯記存款 $580，公司實際存入金額為 $850。

根據上述資料，編製 7 月份銀行存款調節表如下：

台北公司
銀行存款調節表
×2 年 7 月 31 日

公司帳上餘額		$ 7,110
加：票據代收		1,050
小計		$ 8,160
減：手續費	$ 40	
存款不足退票	320	(360)
正確餘額		$ 7,800
銀行對帳單餘額		$10,880
加：在途存款	$450	
銀行誤記存款 $850 為 $580	270	720
小計		$11,600
減：未兌現支票		
#10320	$ 500	
#10341	2,100	
#10372	1,200	(3,800)
正確餘額		$ 7,800

補正分錄：

7/31	現金	1,050	
	應收票據		1,000
	利息收入		50
	銀行手續費	40	
	現金		40
	應收帳款—張大明	320	
	現金		320

　　銀行存款調節表可由企業現金帳上餘額調整至銀行對帳單餘額，亦可由銀行對帳單餘額調整至現金帳上餘額。在實務上，兩邊調整至正確餘額方式較常被使用，因此法較易瞭解，亦方便做補正分錄。

作業

一、問答題

1. 試說明「現金」之意義與內容。
2. 何謂零用金？
3. 說明內部控制之目的。
4. 何謂現金短溢？
5. 編製銀行存款調節表的目的何在？
6. 銀行存款調節表的意義為何？

二、是非題

(　　) 1. 以零用金支付費用，支付時，應立即在日記簿內，借記費用，貸記零用金。
(　　) 2. 收到即期支票應視同現金，記入現金帳戶。
(　　) 3. 增加零用金時，應在日記簿中，借記零用金，貸記現金或銀行存款。
(　　) 4. 現金管理控制，首要在收到現金後立即記錄。
(　　) 5. 郵票屬於現金中之一項。
(　　) 6. 在零用金撥補時，須貸記零用金。
(　　) 7. 採用零用金制度時，以零用金支付時不必做分錄。
(　　) 8. 指定用途而專戶儲存的現金是基金。
(　　) 9. 在會計期間結束時，零用金未及時撥補，對財務報表沒有影響。
(　　) 10. 所謂存款不足退票，可能是顧客開的支票被退票，也有可能是本公司開的支票被退票。

三、選擇題

(　　) 1. 在編製銀行存款調節表時，發現錯誤，應將錯誤更正在
(1) 公司帳上　　　　(2) 銀行帳上
(3) 銀行及公司帳上　(4) 視錯誤的種類而定。

(　) 2. 有效的現金管理控制，應包括
　　　(1) 現金出納及會計由同一人擔任
　　　(2) 避免持有過多的閒置現金
　　　(3) 由同一人同時掌管現金收入與支出交易
　　　(4) 以上皆非。

(　) 3. 以下何者可包含於「現金」項目中？
　　　(1) 償債基金中之現金　　(2) 硬幣
　　　(3) 郵票　　　　　　　　(4) 客戶遠期支票。

(　) 4. 在何種情況下，零用金項目須入帳？
　　　(1) 設置時　　　　　　　(2) 增加時
　　　(3) 減少時　　　　　　　(4) 以上皆是。

(　) 5. 採用零用金制度時，何種情況不須做分錄？
　　　(1) 設立帳戶時　　　　　(2) 實際支付時
　　　(3) 零用金數額增減時　　(4) 補充時。

(　) 6. 如採零用金制度，期末時未補充，對財務報表之影響為何？
　　　(1) 費用低估，現金低估　(2) 費用低估，零用金高估
　　　(3) 費用低估，零用金無誤(4) 費用低估，現金無誤。

(　) 7. 在可能的狀況下，銀行存款調節表應由何人編製，才能達到最好的內部控制？
　　　(1) 公司出納　　　　　　(2) 處理零用金之人
　　　(3) 核准及簽發支票之人員(4) 以上皆非。

(　) 8. 銀行發出貸項通知，通常代表存款人之帳戶會
　　　(1) 增加　　　　　　　　(2) 減少
　　　(3) 無影響　　　　　　　(4) 以上皆非。

(　) 9. 銀行存款調節表編完後，下列哪一項交易不須做修正分錄？
　　　(1) 銀行代收票據　　　　(2) 銀行扣減保險箱租金
　　　(3) 存款不足支票　　　　(4) 在途存款。

(　　) 10. 現金短溢如是貸方餘額，應在
　　　　(1) 損益表上列為費用　　　(2) 損益表上列為收益
　　　　(3) 資產負債表上列為負債　(4) 資產負債表上列為資產。

四、計算題

1. 日月公司有關×2年10月份零用金之各種交易事項如下：

    (1) 10月1日提撥$500，設立零用金。

    (2) 10月零用金支出情形：

    　　10月 2日　付差旅費$200。
    　　10月 5日　付郵資$70。
    　　10月11日　付雜項費用$40。
    　　10月20日　付文具用品$50。
    　　10月27日　付計程車資$120。

    (3) 10月31日檢查零用金，手中尚存$20，當日補充。

    試作：上列資料有關分錄。

2. 玉山公司×2年7月份有關零用金交易事項如下：

    7月 1日　開立支票$1,000，設置零用金。
    　　 4日　支付郵費$80。
    　　 8日　支付計程車資$250。
    　　15日　支付雜費$160。
    　　22日　支付計程車資$260。
    　　29日　支付清潔費$210。
    　　31日　檢查零用金，手存現金$45，當日補充。

    試根據上列資料做有關分錄。

3. 美美公司在×2 年 4 月的銀行對帳單，月底結存數為 $39,158，而該公司帳面結存數為 $40,277。經查不符原因如下：

   (1) 4 月 30 日匯寄銀行 $4,000，而銀行尚未入帳。
   (2) 4 月份公司開出支票中有三張尚在流通中，還未兌現，為支票號碼 #2015 的 $325，#2021 的 $1,100，#2032 的 $733。
   (3) 公司開出的支票 #2020 用來支付文具用品 $485，在現金支出簿記為 $458。
   (4) 銀行對帳單上列記託收票據面額 $1,200 外加利息 $100，另扣除手續費 $50。
   (5) 4 月 10 日存進客戶台美商行償還欠款 $500 之支票，被銀行註明「存款不足」退回。

   試作：(1) 編製 4 月 30 日之銀行存款調節表。
   　　　(2) 4 月份必要之補正分錄。

4. 南台公司在×2 年 11 月的銀行對帳單，帳列餘額為 $26,390，月底公司帳上餘額為 $22,180。檢查不符原因為：

   (1) 在途存款 $3,140。
   (2) 未兌現支票五張，共 $4,530。
   (3) 銀行代收公司票據 $3,000，扣除手續費 $30。
   (4) 銀行直接在帳戶扣除本月份保險箱租金 $150。

   試作：11 月份銀行存款調節表及必要之補正分錄。

5. 安美公司×2 年 6 月份銀行往來資料如下：

   (1) ×2 年 6 月 30 日公司存款餘額為 $17,800。
   (2) ×2 年 6 月 30 日銀行對帳單餘額為 $21,732。
   (3) 6 月份在途存款為 $2,100。
   (4) 銀行對帳單中扣除美美公司支票 $518，銀行誤記為本公司開立之支票。
   (5) 6 月未兌現支票共 $6,350。
   (6) 存款利息 $200，銀行已直接記入公司存款中，公司還未入帳。

   試作：6 月份銀行存款調節表及必要之分錄。

6. 下列係花蓮股份有限公司於×2年度零用金相關會計事項：

   (1) 1月5日開具銀行存款支票乙紙 $50,000，設立零用金。
   (2) 1月11日用零用金支付水電費 $15,325。
   (3) 1月21日用零用金支付旅費 $7,600。
   (4) 1月31日用零用金支付文具用品費 $25,000。
   (5) 2月1日補充零用金(手存現金尚存 $2,000)。
   (6) 3月1日零用金額度增為 $60,000。

   試作：花蓮股份有限公司零用金相關之會計分錄。

   [91年四等特考]

7. 君芬公司將每日所收現金全數存入銀行，所有支出均以支票支付。在7月底，現金帳戶顯示有 $12,510，在7月份的銀行對帳單顯示有存款 $12,534。另有：

   (1) 未兌現支票在7月底尚有 $3,200。
   (2) 有兩項借項通知單在銀行對帳單上，一為銀行手續費 $70，另一為保險箱租金 $100。
   (3) 在註銷支票中，有一支票號碼313是付水電費，帳單正確開出 $523，記帳員誤記為 $532。
   (4) 在7月31日有一筆存款 $3,015匯寄給銀行，因而在7月份銀行對帳單未顯示此筆記錄。

   試作：×2年7月份銀行存款調節表及必要的分錄。

第 6 章

買賣業會計

國際財務報導準則 (IFRS) 與一般公認會計原則 (GAAP) 不同之處

	IFRS	GAAP
1. 損益表格式	未提及何種格式但編表格式類似 GAAP 之多段式。	單站式或多站式均可。
2. 費用分類	費用可按功能別或性質別分類。若按性質別分,如折舊費用、租金費用、薪資費用。若按功能別分,如銷售或管理費用,但此時須在報表的附註說明費用之性質。	按功能別分類,如銷售或管理費用。

企業之組織型態，按其業務性質可分為服務業、買賣業及製造業等三種。所謂服務業是以提供勞務產生收益的行業，如：會計師、律師、仲介公司等；買賣業則是買進現成的商品出售後產生收益的行業，如：服裝店等；製造業則是買進材料、加工、做成商品再出售的行業，如：紡織廠等。

本章主要是介紹買賣業有關商品存貨買進賣出相關名詞與記帳處理等程序。商品存貨處理方式分為定期盤存制與永續盤存制。除了比較兩種制度之異同外，並介紹分類財務報表的編製。

6.1 買賣業業務

買賣業與服務業基本的會計處理程序是相同的。只是買賣業係以買進現成的商品再出售，會計記錄中必須增添一些有關商品買賣的交易帳戶。關於商品由製造商到消費者的流程，可以下圖表示：

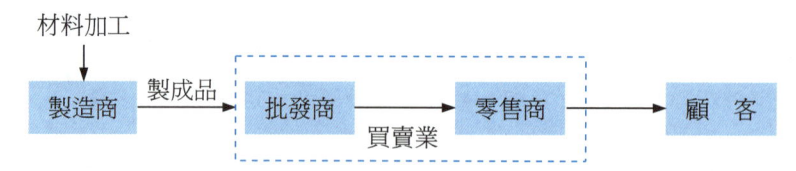

製造商將材料加工做成產品(製成品)，再出售給批發商。批發商買進商品，再將商品批售給散佈各地之零售商。零售商買進商品之後，再賣給最後之顧客。批發商與零售商都是買進現成的商品再出售，故都屬於買賣業。

買賣業的營業循環與服務業有些不同，茲以圖表列示：

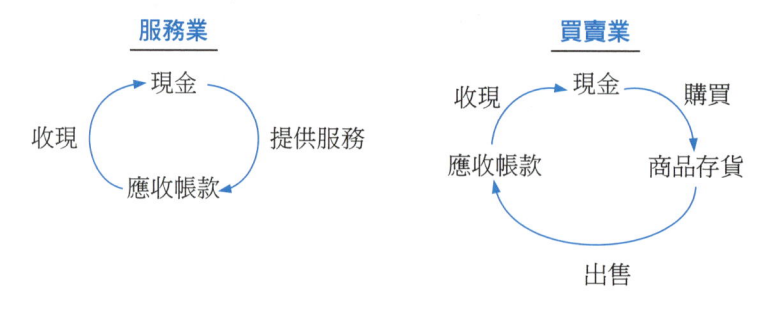

通常買賣業營業循環的期間會長於服務業，兩者最大區別，在於買賣業多了商品存貨帳戶(可簡稱存貨)，列示於資產負債表之流動資產中。

買賣業會計

關於商品存貨之買賣處理，有兩種制度，一為**定期盤存制**(Periodic Inventory System)，一為**永續盤存制**(Perpetual Inventory System)。

1. 定期盤存制

每一種商品均未設立存貨卡，平時對進貨交易予以記錄。銷售時，不記錄存貨之減少，而待期末時加以盤點，以決定期末存貨，再決定銷貨成本。此制度就盤存時間而言，稱定期盤存制；就盤存方法而言，稱實地盤存制。在此方法下，銷貨成本之決定有三個步驟：(1) 決定本期之期初存貨成本；(2) 加上本期淨購貨之成本；(3) 減掉期末存貨成本。

2. 永續盤存制

對於每一種商品分別設置存貨卡，當商品存貨發生增減變動時，隨時在存貨卡上加以記錄。亦即買進商品存貨時，存貨量就會增加；賣出時，存貨量則會減少，因而可就帳簿記錄瞭解銷貨成本及期末存貨。就盤存時間而言，稱永續盤存制；就盤存方法而言，稱帳面盤存制。在永續盤存制之下，每一次銷貨都要決定此次銷貨之成本。

永續盤存制之所以稱永續，是因為其會計記錄是永遠在隨時更新記錄，因而可隨時瞭解在手上有多少數量的商品存貨及成本。故永續盤存制在內部控管方面比定期盤存制來得好。

定期盤存制記帳較永續盤存制簡單，故在 6.2、6.3、6.4 節都是以在定期盤存制假設下，來討論進貨及銷貨之處理。6.5 節才討論永續盤存制。

6.2　進貨(Purchases)

在定期盤存制下，買賣業是先從供應商(或製造商)處買進商品存貨(Merchandise Inventory)，再賣給客戶。前期未賣完的商品(**期初存貨**)，加上本期添購之商品(**進貨或購貨**)，即為本期可供出售之商品總額；到了期末再結算手中還剩餘多少商品(**期末存貨**)，其差額即為賣出商品，稱**銷貨成本**。

商品存貨在買進時為資產，賣出時則轉為費用，稱銷貨成本，必須從銷貨收入中扣除，賺取差價。其關係可見下表：

期初存貨	$ 2,000
＋本期進貨(淨額)	15,000
可供銷售商品成本	$ 17,000
－期末存貨	3,000
銷貨成本	$ 14,000

6.3 進貨成本之決定

買進商品之成本，即是使商品達到可供銷售狀態及地點的一切合理而必要的支出，包括發票價格、運費、訂購成本、倉儲成本等。惟實務上，常將訂購成本、檢驗及倉儲成本等作為當期費用處理。

1. 買進商品

存貨通常有兩種方式，現金購買或者用賒欠方式。當進貨成本確定時，凡購進商品則應借記「進貨」。現金購買時其分錄如下：

進貨	10,000	
現金		10,000

買進商品存貨用賒欠方式(簡稱賒購)，其分錄為：

進貨	10,000	
應付帳款		10,000

2. 進貨運費 (Freight-in)

商品由供應商處(賣方)運回企業所在地時的運費，視其交易條件，來決定運費應由買方或賣方支付。通常交易條件中會註明商品之交付條件，如**起運點交貨**(FOB Shipping Point) 或**目的地交貨**(FOB Destination)。若商品是起運點交貨，則運費是由買方負擔。若為目的地交貨，則運費是由賣方負責。平時進貨，買方須付運費時，則為進貨成本的一部份，作為進貨之加項處理。假設現付進貨運費 $200，付費時分錄如下：

進貨運費	200	
現金		200

3. 進貨退出與讓價(Purchase Returns and Allowances)

買進商品時，常因瑕疵品或規格不符等問題，必須退回給賣方，此為進貨退出。有時商品品質不良，買方可要求賣方在價格上予以減價，而保有商品，是為進貨讓價。買方退貨時發出借項通知單，讓賣方知道買方已減少(借記)應付帳款債務。進貨退出與進貨讓價並不相同，但因其帳務處理一樣，故通常將其合併為一個會計科目──進貨退出與讓價，為進貨之減項。如退回有瑕疵之商品 $500，其分錄如下：

應付帳款	500	
進貨退出與讓價		500

4. 進貨折扣(Purchase Discounts)

當有賒購商品時，賣方為鼓勵買方早日付現，往往給予折扣，稱為現金折扣。對賣方來說稱銷貨折扣，對買方來說是進貨折扣，其關係如下表：

賣　方		**買　方**
銷貨折扣 ←	現金折扣	→ 進貨折扣

進貨折扣是進貨成本之減少。通常表達方式如 2/10，n/30，其意思是指買方在發票日後十日內付款，給予進貨價 2% 之折扣，第十一日至三十日授信期間內付款則無折扣，就須支付全部貨款。故進貨折扣與進貨退出與讓價，均為進貨之減項。如 6 月 1 日買進商品 $10,000，付款條件為 1/10，n/30，其分錄如下：

6/1	進貨	10,000	
	應付帳款		10,000

上述帳款如在 6 月 11 日付清，其分錄為：

6/11	應付帳款	10,000	
	現金		9,900
	進貨折扣($10,000×1%)		100

若買方未能在折扣期限內付款，則分錄如下：

6/30	應付帳款	10,000	
	現金		10,000

現舉一完整買進商品存貨相關交易之例子。

釋例 (一)

聖文公司在×2年8月份有關商品買進之交易如下：

8月 2日　現購商品 $52,000。
8月 4日　向太陽公司賒購商品 $80,000。付款條件 1/10，n/30。
8月 7日　付泛美貨運行4日之商品之運費 $700。
8月 8日　退回4日買進商品中有瑕疵之貨品 $12,000。
8月14日　償付太陽公司4日之貨款。

試求：(1) 做上述交易之分錄。
　　　(2) 如8月14日未能償付上述貨款，而改在9月3日償付欠款。

(1)　　×2年8月2日　　進貨　　　　　　　52,000
　　　　　　　　　　　　　現金　　　　　　　　　　　52,000

　　　　　　　4日　　進貨　　　　　　　80,000
　　　　　　　　　　　　　應付帳款　　　　　　　　　80,000

　　　　　　　7日　　進貨運費　　　　　　　700
　　　　　　　　　　　　　現金　　　　　　　　　　　　700

　　　　　　　8日　　應付帳款　　　　　12,000
　　　　　　　　　　　　　進貨退出與讓價　　　　　　12,000

　　　　　8月14日　　應付帳款　　　　　68,000
　　　　　　　　　　　　　現金　　　　　　　　　　　67,320
　　　　　　　　　　　　　進貨折扣　　　　　　　　　　680

(2)　　　9月 3日　　應付帳款　　　　　68,000
　　　　　　　　　　　　　現金　　　　　　　　　　　68,000

進貨成本經上述事項調整之後，其資料表達如下：

進貨		$132,000
－進貨退出與讓價	$12,000	
－進貨折扣	680	12,680
進貨淨額		$119,320
＋進貨運費		700
進貨成本淨額		$120,020

6.4　銷貨與銷貨相關項目之會計處理

1. 銷貨收入(Sales Revenue)

　　買賣業以銷售商品為主要收入。當買進商品之後，再轉售給顧客，所獲得的收入稱**銷貨收入**，簡稱**銷貨**。根據應計基礎，當商品運交顧客之後，不論是否收到現金，會計上即認為收入業已實現。如現銷商品 $30,000，其分錄為：

　　　　現金　　　　　　　　　　　　30,000
　　　　　　銷貨收入　　　　　　　　　　　　30,000

如賒銷商品 $25,400，其分錄為：

　　　　應收帳款　　　　　　　　　　25,400
　　　　　　銷貨收入　　　　　　　　　　　　25,400

　　企業有時會將不再使用的資產出售，如將過時的機器一部出售，此時不可做銷貨處理，而應貸記「機器」。因為銷貨帳戶僅限於商品的出售。

2. 銷貨退回與讓價

　　銷售商品給顧客後，顧客檢查可能發現規格不合、損壞、品質不良或有瑕疵等，而將商品退還，此種情形稱為銷貨退回。賣主此時應編製一貸項通知單，通知顧客已將其欠款做一減少之調整，即已貸記對買方之應收帳款。

　　有時顧客在收到商品時，雖有不滿意，但因企業同意將售價減少一些，顧客願意接受而不退回商品。此種價格的調整，稱為銷貨讓價。

　　銷貨退回等於是銷貨的取消，銷貨讓價則為銷貨的減少，通常將其合併為一個帳戶——銷貨退回與讓價，是銷貨的減項。

　　假設賒銷後，顧客退回部份有瑕疵商品 $2,000，其分錄為：

　　　　銷貨退回與讓價　　　　　　　2,000
　　　　　　應收帳款　　　　　　　　　　　　2,000

3. 銷貨折扣

　　在這競爭時代，企業要爭取顧客增加銷貨數量，必須給予顧客賒借。

　　銷貨後，賣方為了鼓勵買方早日付現，願意在價格上給予優惠，亦即企業為

求早日收現,減輕利息負擔,並避免預期信用減損損失之風險,常就發票金額減少若干百分比之價款,是為銷貨折扣。如 6 月 1 日賒銷商品 $10,000 給顧客,條件為1/10,n/30。6 月 2 日付**銷貨運費** (Freight-Out) $300。6 月 11 日收到上述貨款。其相關分錄如下:

6/1	應收帳款	10,000	
	銷貨收入		10,000
6/2	運輸費用(銷貨運費)	300	
	現金		300
6/11	現金	9,900	
	銷貨折扣	100	
	應收帳款		10,000

上述銷貨退回與讓價、銷貨折扣均屬銷貨收入之抵銷科目,在損益表內列為銷貨收入之減項,扣除後稱為**銷貨收入淨額**(Net Sales),又稱淨銷貨。而銷貨運費是銷售費用之一,屬於營業費用。關於淨銷貨在損益表上的表達方式如下:

銷貨收入		$300,000
減:銷貨折扣	$ 25,000	
銷貨退回與讓價	8,000	33,000
銷貨收入淨額		$267,000

綜合來說,定期盤存制有其優點:商品出售時,不須記錄商品存貨之減少,待期末盤點時一併計算,可簡化平時記帳工作。其缺點為:平時不知商品存貨現況,期末盤點後,也無法比較,存貨管理較為鬆散。

6.5　永續盤存制下商品之會計處理

永續盤存制對於每一種商品都設置了存貨卡,當商品買進或賣出時,隨時要更新帳簿記錄,因而買進商品時,直接借記「商品存貨」或「存貨」。進貨時所支付的運費,會增加商品的成本,也直接借記商品存貨。而進貨退出與讓價以及進貨折扣都是商品存貨的減項,故在商品存貨項下直接減掉。銷售要記錄商品存貨之減少。現舉例如下:

6月1日買進商品 $10,000，付款條件為 1/10，n/30，其分錄如下：

| 6/1 | 商品存貨 | 10,000 | |
| | 應付帳款 | | 10,000 |

6月5日退回1日買進商品中之部份有瑕疵商品 $1,000，其分錄為：

| 6/5 | 應付帳款 | 1,000 | |
| | 商品存貨 | | 1,000 |

6月11日付清上述款項，其分錄如下：

6/11	應付帳款	9,000	
	現金		8,910
	商品存貨		90

若6月11日未付上述款項，而是於6月30日付清欠款，其分錄為：

| 6/30 | 應付帳款 | 9,000 | |
| | 現金 | | 9,000 |

若7月1日銷售商品 $8,000，條件為 2/10，n/30，這批貨的成本為 $4,000。此時，須做兩筆分錄，除記錄銷貨收入外，尚須做商品存貨減少，轉成銷貨成本的分錄。

7/1	應收帳款	8,000	
	銷貨收入		8,000
	銷貨成本	4,000	
	商品存貨		4,000

7月4日顧客退回商品一批售價 $2,000，成本 $1,000，其分錄為：

7/4	銷貨退回與讓價	2,000	
	應收帳款		2,000
	商品存貨	1,000	
	銷貨成本		1,000

7月11日收到1日之貨款，其分錄如下：

7/11	現金	5,880	
	銷貨折扣	120	
	應收帳款		6,000

由上述例子，永續盤存制有下列幾個優點：

(1) 隨時由帳簿上可得知存貨現況資料。
(2) 出售商品時，已計算銷貨成本，即可知銷貨毛利資料。
(3) 實地盤點商品存貨後，可與帳上存貨比較，而得知存貨是否有短少或舞弊之事。

其缺點為：隨時要更新帳簿，其記帳工作及成本增加。

6.6 定期盤存制與永續盤存制之比較

定期盤存制與永續盤存制的會計帳務處理有兩點不同：一為在定期盤存制下，所有的進貨、進貨退出與讓價、進貨折扣與進貨運費科目，在永續盤存制下做分錄時，全部改成商品存貨；二為在定期盤存制下，銷貨時，不記錄商品存貨之減少。而在永續盤存制下，銷貨時，要多做一筆銷貨成本增加及存貨之減少的分錄；銷貨退回時，同樣地要多做一筆存貨增加的分錄。現舉例如下：

(1) 在 5 月 5 日 S 公司向 P 公司購買商品 $18,000，購貨條件為 1/10，n/30，起運點交貨。
(2) 5 月 7 日付買進商品運費 $300。
(3) 5 月 9 日 S 公司退回部份有瑕疵商品 $2,400。
(4) 5 月 15 日 S 公司付清上述貨款。
(5) 5 月 16 日 S 公司銷售一批商品 $6,000 給 H 公司，賒銷條件 1/10，n/30，此批商品成本為 $3,000。
(6) 5 月 20 日顧客退回部份規格不符之商品售價 $1,000，成本為 $500。
(7) 5 月 26 日 S 公司收到 H 公司交來貨款，償付貨欠。

兩種制度之分錄如下：

		定期盤存制		永續盤存制	
(1)	5/5	進貨	18,000	商品存貨	18,000
		應付帳款	18,000	應付帳款	18,000
(2)	5/7	進貨運費	300	商品存貨	300
		現金	300	現金	300

(3)	5/9	應付帳款	2,400		應付帳款	2,400		
		進貨退出與讓價		2,400	商品存貨		2,400	
(4)	5/15	應付帳款	15,600		應付帳款	15,600		
		進貨折扣		156	商品存貨		156	
		現金		15,444	現金		15,444	
(5)	5/16	應收帳款	6,000		應收帳款	6,000		
		銷貨收入		6,000	銷貨收入		6,000	
					銷貨成本	3,000		
					商品存貨		3,000	
(6)	5/20	銷貨退回與讓價	1,000		銷貨退回與讓價	1,000		
		應收帳款		1,000	應收帳款		1,000	
					商品存貨	500		
					銷貨成本		500	
(7)	5/26	現金	4,950		現金	4,950		
		銷貨折扣	50		銷貨折扣	50		
		應收帳款		5,000	應收帳款		5,000	

綜合結論永續盤存製與定期盤存制，不同之點有二：

(1) 在定期盤存制下，進貨與其加項進貨運費，減項進貨折扣與進貨退出與折讓科目，在永續盤存制下，全改為商品存貨。

(2) 在定期盤存制下，銷貨時只記錄銷貨收入增加之分錄。而永續盤存制下，除記錄銷貨收入增加外，要多做一筆分錄，即銷貨成本增加，存貨之減少。同時退貨時也多做一筆分錄，即借記商品存貨，貸記銷貨成本。

國內外公司大多採行永續盤存制，因目前商品包裝上都有條碼(bar code)，經過機器判讀，可從電腦記錄存貨的進出，目前科技技術已解決永續盤存制制度之困難，同時可達到存貨內部控制之需求。

6.7 財務報表及結帳處理

1. 損益表

買賣業及製造業可依前述編製單站式損益表或多站式損益表，而後者可提供

報表使用者更多之資訊。

單站式損益表是將所有收入項目放一起,再減掉全部費用,以定期盤存制為例,格式如表 6.1 所示。

表 6.1

美美公司
損益表
×2 年度

銷貨收入淨額		$267,000
租金收入		50,000
收入總額		$317,000
減費用:		
銷貨成本	$221,000	
折舊費用	20,000	
薪資費用	70,000	
利息費用	8,000	
水電費用	7,000	(326,000)
本期淨損		$ (9,000)

多站式損益表是將損益表做多階段之劃分,通常先由銷貨淨額減銷貨成本,等於銷貨毛利;再減營業費用,得出營業淨利;再加其他收入(營業外收入),減其他費用(營業外費用),以求得本期淨利。現就其組成份子細述如下:

(1) 銷貨毛利指銷貨收入淨額減去銷貨成本;如為負值,稱為銷貨毛損。
(2) 營業費用分為銷售費用與管理費用,統稱為銷管費用。銷售費用指與銷售商品有關的費用,如銷售人員薪資、廣告費、折舊費用—店面、差旅費等。管理費用指與處理企業一般管理工作而發生的費用,如水電費、折舊費用—辦公大樓、保險費用等。
(3) 營業純益指銷貨毛利減去銷管費用,得之。
(4) 營業外收益及費用指非主要的營業活動所產生之收益及費用,如租金收入、利息收入、利息費用等。
(5) 稅前純益指營業純益加上非營業收益減非營業費用。

(6) 所得稅費用指依據稅前純益計算應繳之所得稅。[1]
(7) 純益即稅前純益減去所得稅費用,即為本期純益。

茲以美美公司為例,編製多站式損益表如表 6.2 所示 (數字為假設)。此表以定期盤存制為主。

國際會計準則要求某些資產期末要用公允價值來列記,因而產生了未實現利得或損失。這些未實現利得或損失在某些情況下不包含在損益表,而列記在綜合淨利中。如透過損益按公允價值衡量之金融資產所產生的未實現利得或損失,則如下表:

綜合損益	
淨利	$××
其他綜合損益	
綜合損益	××
綜合淨利	$××

2. 資產負債表

在資產負債表,商品存貨列在流動資產之應收帳款之下。因商品存貨必須賣掉才能轉變成應收帳款,故其流動性小於應收帳款,故列於其後。現舉一部份資產負債表為例,因其餘部份和前面章節並無不同。如表 6.3 所示。

在定期盤存制之下,期末時,將所有與進貨有關之加項與減項科目結轉至銷貨成本,此可視為調整,亦可視為結帳程序。如以表 6.2 為例,其調整分錄為:

存貨(期末)	2,500	
進貨退出與讓價	500	
進貨折扣	100	
銷貨成本	20,100	
進貨		20,000
進貨運費		200
存貨(期初)		3,000

---

[1] 在美國,獨資及合夥企業不用繳營利事業所得稅,而是併入股東個人所得去申報所得稅。在台灣,獨資、合夥及公司均須繳納營利事業所得稅。

▽ 表 6.2

美美公司 損益表 ×2年度				
銷貨收入總額				$39,200
減：銷貨退回與讓價			$ 1,100	
銷貨折扣			520	(1,620)
銷貨收入淨額				$37,580
銷貨成本				
期初存貨			$ 3,000	
本期進貨		$20,000		
減：進貨退出與讓價	$ 500			
進貨折扣	100	(600)		
合計		$19,400		
加：進貨運費		200		
進貨成本淨額			19,600	
可供銷售商品成本			$22,600	
期末存貨			(2,500)	
銷貨成本				(20,100)
銷貨毛利				$17,480
營業費用				
銷售費用				
廣告費		$3,000		
銷貨運費		1,100		
薪資—銷售人員		4,000	$ 8,100	
管理費用				
薪資—管理人員		$3,000		
水電費		700	3,700	(11,800)
營業淨利				$ 5,680
營業外收益及費用				
利息費用				(1,200)
稅前淨利				$ 4,480
所得稅費用				(1,344)
淨利				$ 3,136

▼ 表 6.3

美美公司 資產負債表(部份) ×2 年 12 月 31 日			
資產			
流動資產			
現金		$ 46,100	
應收帳款		12,000	
商品存貨		43,000	
預付保險		26,000	
流動資產小計			$ 127,100
不動產、廠房及設備			
土地		$1,240,000	
建築物	$840,000		
減：累計折舊	(240,000)	600,000	1,840,000
資產總額			$1,967,100

　　買賣業不論定期盤存制或永續盤存制，期末時須將所有之銷貨、銷貨折扣與銷貨退回與讓價以及銷貨成本等科目都須予以結清，其結帳過程如同服務業結帳方式。以表 6.2 為例，其結帳分錄為：

銷貨收入	39,200	
銷貨退回與讓價		1,100
銷貨折扣		520
損益彙總		37,580
損益彙總	34,444	
銷貨成本		20,100
廣告費		3,000
差旅費		1,100
薪資—銷售人員		4,000
薪資—管理人員		3,000
水電費		700
利息費用		1,200
所得稅費用		1,344

損益彙總	3,136	
保留盈餘		3,136
保留盈餘	1,000	
股利		1,000

結帳分錄之第一及第二筆分錄，亦可改為第一筆分錄將損益表所有貸方餘額科目結轉至損益彙總；第二筆分錄將損益表所有借方餘額科目結轉損益彙總。最後純益(或純損)結轉至保留盈餘是一樣的。如：

銷貨收入	39,200	
損益彙總		39,200
損益彙總	36,064	
銷貨退回與讓價		1,100
銷貨折扣		520
銷貨成本		20,100
廣告費		3,000
差旅費		1,100
薪資—銷售人員		4,000
薪資—管理人員		3,000
水電費		700
利息費用		1,200
所得稅費用		1,344
損益彙總	3,136	
保留盈餘		3,136
保留盈餘	1,000	
股利		1,000

如前所述之營業循環，是企業投入現金買得商品，出售給客戶，產生帳款，再收取現金，所需之平均循環時間。故可以企業的銷貨天數加上收回帳款所需的天數即可求出營業循環，亦稱營業週期，以上述資料為例，營業循環的計算如下：

$$銷貨天數 = 365\ 天 \div \frac{銷貨成本}{平均存貨}$$

$$= 365\ 天 \div \frac{\$20,100}{(3,000+2,500)/2}$$

$$= 365\ 天 \div \frac{\$20,100}{\$2,750}$$

$$= 365\ 天 \div 7.31$$

$$= 49.93\ 天 \cong 50\ 天$$

收現天數為商品出售後，產生應收帳款，再從應收帳款收回現金的期間。

$$收現天數 = 365\ 天 \div \frac{銷貨}{平均應收帳款}$$

$$= 365\ 天 \div \frac{\$37,580}{12,000}$$

$$= 365\ 天 \div 3.13$$

$$= 116.61\ 天 \cong 117\ 天$$

營業循環即銷貨天數加上收現天數。

$$營業循環 = 銷貨天數 + 收現天數$$

$$= 50\ 天 + 117\ 天$$

$$= 167\ 天$$

作業

一、問答題

1. 何謂現金折扣？
2. 銷貨淨額在損益表上應如何表達？
3. 何謂「可供出售商品總額」？
4. 多站式損益表之內容，可分為哪五大類？
5. 何謂永續盤存制與定期盤存制？
6. 買賣業與服務業的損益表，最主要之不同為何？
7. 購貨運費是否應計入購貨成本？理由為何？
8. 定期盤存制與永續盤存制會計帳務處理有何不同點？

二、是非題

(　　) 1. 銷貨運費是銷貨收入之加項。
(　　) 2. 進貨折扣的餘額在貸方，故在損益表中列作收益。
(　　) 3. 進貨運費是屬於進貨成本之一。
(　　) 4. 現金折扣是在進貨時，如用現金購買所給予之折扣。
(　　) 5. 會計師事務所屬於買賣業的一種。
(　　) 6. 在定期盤存制之下，企業可隨時得知存貨成本。
(　　) 7. 在永續盤存制之下，存貨不須設立存貨卡，到期末才去盤點存貨。
(　　) 8. 定期盤存制在內部控制方面來說，比永續盤存制來得好。
(　　) 9. 進貨時條件是目的地交貨，亦即是買方付運費。
(　　) 10. 銷貨時條件是起運點交貨，亦即是買方付運費。

三、選擇題

(　　) 1. 企業採定期盤存制之會計處理，則
      (1) 買進商品時，借記「存貨」
      (2) 買進商品時，借記「商品存貨」
      (3) 買進商品時，借記「進貨」
      (4) 退回商品時，貸記「進貨」。

(　　) 2. 現銷之商品發生退回時，應做之分錄為
      (1) 貸記現金　　　　　(2) 貸記應收帳款
      (3) 借記銷貨　　　　　(4) 貸記銷貨退回與折讓。

(　　) 3. 存貨的成本，應包括
      (1) 只包括進貨成本
      (2) 進貨成本加上運費
      (3) 只要與銷貨有關的費用
      (4) 所有取得並使商品達到可供銷售狀態之成本。

(　　) 4. 若銷貨收入 $720,000，銷貨成本 $450,000，銷貨折扣 $20,000，則銷貨毛利為
      (1) $270,000　　　　　(2) $290,000
      (3) $250,000　　　　　(4) 以上皆非。

(　　) 5. 買賣業之損益表上，營業費用不包括
      (1) 銷貨運費　　　　　(2) 進貨運費
      (3) 保險費用　　　　　(4) 維修費用。

(　　) 6. 明星商店買進 $100,000 之商品，付款條件 2/10，n/30。若明星商店於折扣期限內支付貨款，則應付
      (1) $100,000　　　　　(2) $80,000
      (3) $98,000　　　　　(4) 以上皆非。

(　　) 7. 如期初存貨與期末存貨數量相等，則
      (1) 銷貨毛利等於營業淨利　(2) 進貨大於銷貨數量
      (3) 進貨與銷貨數量相等　　(4) 不一定。

(　　) 8. 銷貨運費在損益表上應列入
　　　　⑴ 營業外費用　　　　⑵ 銷售費用
　　　　⑶ 銷貨成本　　　　　⑷ 期末存貨成本。

(　　) 9. A 公司(買方)向 B 公司(賣方)買進商品，訂貨條件為目的地交貨，此運費由哪一方負擔？
　　　　⑴ 買方　　　　　　　⑵ 賣方
　　　　⑶ 貨運公司　　　　　⑷ 以上皆非。

(　　) 10. 銷貨退回與折讓，帳戶之正常餘額在
　　　　⑴ 借方　　　　　　　⑵ 貸方
　　　　⑶ 視情況而定　　　　⑷ 以上皆可。

四、計算題

1. 利用下列資料，試求銷貨成本。

期初存貨	$ 32,000
期末存貨	45,000
銷貨收入	320,000
進貨	180,000
銷貨運費	30,000
進貨運費	25,000
銷貨退回	22,000
進貨退出	21,000
進貨折扣	12,000

2. 山水公司×2 年 11 月份有關商品交易事項如下：

11 月 1 日　賒購商品 $120,000，付款條件 2/10，n/30。
　　　3 日　賒銷商品 $60,000，付款條件 2/10，n/30。
　　　4 日　賒購商品 $30,000，付款條件 1/10，n/30。
　　　5 日　付 4 日商品之運費 $400。
　　　8 日　退回 4 日買進商品 $5,000。
　　　11 日　償付 1 日之貨款。

13 日　收到 3 日之貨款。

18 日　出售商品 $70,000，付款條件 1/10，n/30。

28 日　收到 18 日之貨款。

30 日　付 4 日貨款。

山水公司採定期盤存制。

試作：上述交易之分錄。

3. 下列為美美公司×2 年有關存貨之資料：

4 月 2 日　賒購 $80,000 商品，付款條件 2/10，n/30。

3 日　支付進貨運費 $600。

11 日　賒購設備 $240,000，用來包裝商品之用。

12 日　付清 2 日欠款。

試作：上述交易分錄(採定期盤存制)。

4. 利用相關資料，編製多站式損益表，此為森林公司在×2 年度發生之交易資料彙總。

存貨－1/1	$ 41,000
－12/31	32,000
應收帳款	14,500
應付帳款	28,100
應付票據	30,000
進貨	163,000
進貨運費	12,000
進貨折扣	25,000
銷貨運費	26,000
銷貨折扣	34,200
銷貨退回與讓價	27,000
進貨退出與讓價	16,000
保險費	7,000
銷貨收入	334,500
薪資費用	65,000

水電費		$ 12,000
折舊費用		26,000
利息收入		11,000
利息費用		16,000
銷售佣金		8,000

5. 以下為台北公司在×1年、×2年及×3年三個年度的損益表內容，請自行推算相關數據，並在空白處填入適當金額。

	×1年	×2年	×3年
銷貨收入	(1)	$657,300	$545,000
銷貨成本	$303,000	(3)	$382,000
銷貨毛利	$101,000	$224,000	(5)
營業費用	$56,000	(4)	(6)
淨利(淨損)	(2)	$35,000	$(19,000)

6. 家福公司在×2年5月份發生下列交易：

5月2日　向P公司買進商品$220,000，付款條件為1/10，n/30，F.O.B.目的地交貨。

8日　代付P公司之運費$200，由P公司帳款中扣除。

9日　由於部份貨品於運送途中受損，P公司同意給予$5,000之讓價。

12日　支付P公司之全部貨款。

試作：家福公司上述之分錄，假設採永續盤存制。

7. 平安公司在×2年7月31日之資料如下：

進貨	$142,000
進貨運費	10,000
進貨折扣	6,500
進貨退出與讓價	7,000
銷貨運費	8,000

保險費用	$ 15,000
租金費用	21,000
薪資費用	50,000
銷貨折扣	24,000
銷貨退回與讓價	12,500
銷貨收入	300,000
存貨－7/1	55,000
存貨－7/31	48,000

試編製 7 月份之多站式損益表。

8. 如意公司在×2 年 6 月份發生下列交易：

　6 月 3 日　向好運公司買進商品 $450,000，付款條件為 2/10，n/30，F.O.B. 起運點交貨。
　　　 6 日　支付上述商品之運費成本 $800。
　　　13 日　支付好運公司之全部貨款。

試作：

(1) 在永續盤存制下，做上述交易之分錄。
(2) 假設 6 月 13 日未付好運公司之貨款，而是於 7 月 3 日才支付貨款，試作 7 月 3 日之分錄。

9. 九份公司×2 年 8 月份發生下列交易：

　8 月 4 日　賒銷商品 $78,000 予大甲公司，條件為 1/10，n/30。根據存貨成本資料顯示該批貨物成本為 $52,000，F.O.B. 目的地交貨。
　　　 6 日　支付上述商品運送給大甲公司之運費 $1,000。
　　　 9 日　因部份貨品有瑕疵，九份公司同意給予大甲公司讓價 $12,000。
　　　14 日　收到大甲公司所支付的全部貨款。

試作：上述交易分錄，按永續盤存制。

10. 安安公司在 7 月份發生下列交易：

    7月 1 日　賒購商品 $2,100，條件是 1/10，n/30，起運點交貨，發票日期是 7 月 1 日。
    　　4 日　退回 7 月 1 日買進商品中有瑕疵的一批 $300。
    　　6 日　付 7 月 1 日買進商品的運費 $100。
    　　8 日　賒銷商品給青田公司 $1,200，成本 $800，條件是 2/10，n/30。
    　　11 日　償還 7 月 1 日貨款。
    　　17 日　收到青田公司償付的貨款。

試作：

(1) 在定期盤存制，做上述交易分錄。
(2) 在永續盤存制，做上述交易分錄。

11. 日月公司 ×1 年銷貨收入為 $200,000，銷貨成本為 $120,000，平均應收帳款期末為 $20,000，平均期末存貨為 $30,000，試算本年度的銷貨天數及收現天數？並計算營業週期？

第 7 章

商品存貨

國際財務報導準則 (IFRS) 與一般公認會計原則 (GAAP) 不同之處

	IFRS	GAAP
1. 存貨成本流程假設之後進先出法 (LIFO)	廢除。	(1) 可用。 (2) 基於稅負目的，用後進先出法時，其財務報告亦得用後進先出法。
2. 個別認定法 (Specific Identification Method)	(1) 可用。 (2) 當商品存貨可個別認定時用個別認定法，如不能個別認定，則用成本流程假定法。	(1) 可用。 (2) 沒有規定何種情況須採用。
3. 存貨價值低於成本時	(1) 存貨成本與淨變現價值孰低衡量，淨變現價值即估計售價減估計製造完工成本及銷售費用。 (2) 存貨成本沖銷跌價損失後，在後續期間可回轉至原先成本。	(1) 存貨成本與市價孰低衡量，市價的定義為重置成本。 (2) 存貨成本沖銷跌價損失後，變成新成本，後期不會回轉至原先成本。

存貨通常是企業資產相當重大的一部份。期末存貨的評價，對企業的損益計算及在資產負債表上的資產，都有重　的影響。本章先討論存貨數量的決定，期末存貨成本計算的三種方法(個別認定法、先進先出法及加權平均法)，及期末再採用成本與淨變現價值孰低法對存貨做一評價。最後介紹毛利率及零售價法來估計期末存貨。

7.1　存貨數量之決定

存貨是指正常出售之商品。存貨在買賣業統稱商品存貨，而在製造業則有原料存貨、在製品存貨及製成品存貨。有關存貨的會計處理，均適用於買賣業及製造業之存貨項目，此處仍以買賣業之商品存貨為主。

存貨之數量因行業不同而有所差異。存貨數量如太多則會增加存貨之持有成本；存貨數量如太少，可能影響銷貨。同時，期末存貨如果計算錯誤，不僅影響當期之銷貨成本及本期淨利之正確性，還會影響到下一期之報表。因此對存貨之衡量要非常仔細，除了完整地記錄外，尚須確定存貨的數量。

不論永續盤存制或定期盤存制都須在期末進行存貨盤點，至少每年一次。實地盤點存貨時，必須點算、稱重、丈量或估計每一種存貨項目之實際數量。有些比較難衡量的商品，可請專家估計其庫存數量。

存貨的數量，在期末盤點時，還須注意三點：

1. 在途中之商品

盤點存貨之後，須確認所有手中的存貨是否包括在運送途中之商品。如進貨時，條件為 FOB (Free on Board) 起運點交貨，此時如有一批商品尚在運送途中，但存貨所有權已屬於本企業，故在計算期末存貨時，雖然沒盤點到，但一定要修正加進去。銷貨時，若為 FOB 目的地交貨，商品尚在運送途中，存貨所有權也還屬於本企業所有，期末存貨一定要包含此批存貨。

2. 寄銷品

企業在盤點存貨時，須注意是否有寄銷商品存在。所謂寄銷品，是企業有時將商品寄放在其他公司，請其他公司代為銷售。同樣地，其他公司有時也可能將

商品寄放在本企業代銷。期末盤點時，要將寄銷商品所有權區分，不屬於本企業的，不應包含在期末存貨中。

3. 存貨盤虧或盤盈

在永續盤存制下，仍須定期實地盤點存貨，因帳列數字為應有之數字，但存貨可能因遭竊或損毀，或因帳務處理錯誤，未必一樣。若實際盤點之數量與帳簿數字不符，應調查不符之原因，同時要做一更正分錄。若實際存貨大於帳列數字，稱之存貨盤盈；反之，若實際存貨小於帳列數字，稱之存貨盤虧。如盤點後，存貨短少 $500，則應記錄存貨之減少。如：

銷貨成本	500	
商品存貨		500

若存貨多出 $200，則分錄為：

商品存貨	200	
銷貨成本		200

存貨盤盈或存貨盤虧直接調整銷貨成本之減少或增加。在定期盤存制度，因平時銷貨未記錄存貨的減少，而在期末去推算銷貨成本，故沒有存貨盤盈或盤虧的問題。

7.2 存貨成本流程

存貨的數量決定之後，須乘以每件存貨的單位成本，得到適當的存貨成本。但在一會計期間中，因進貨次數頻繁，因而期末存貨可能是不同時間、不同成本所購得。

一般常見的存貨成本計算，有三種成本流程方法來決定成本，即：(1) 個別認定法；(2) 先進先出法；(3) 加權平均法。個別認定法是按實際貨品流程來決定存貨成本的方法，其餘兩種方法則是根據假設的成本流程來決定存貨成本。[1]

現舉例說明三種成本流程之運用。

---

[1] 後進先出法所計算期末存貨的帳面價值，通常和現時成本有較大差距，會計準則第 10 號公報亦遵循國際財務報導準則 (IFRS) 將後進先出法廢除。同時 IFRS 認為資產負債表的評價應優先於損益表的收益與費損的認列。

新月公司×2 年存貨之進銷情況如下：
在 1 月 1 日期初存貨 100 件，單位成本每件 $10，總成本為 $1,000。其餘資料如下表。

進貨資料

日期	進貨單位	單位成本	總成本
1/20	200	$11	$2,200
3/2	200	12	2,400
6/10	200	13	2,600
10/4	200	14	2,800
12/22	200	15	3,000

銷貨資料

日期	銷貨單位	單位售價
1/25	150	$13
4/28	260	14
8/16	180	14
11/15	250	15
	840	

在介紹三種方法之時，首先須將可供銷售商品總額及成本計算出來。舉例如表 7.1：

▽ 表 7.1　可供銷售商品總額及成本

日期	單位		單位成本		總成本
1/1	100	×	$10	=	$ 1,000
1/20	200	×	11	=	2,200
3/2	200	×	12	=	2,400
6/10	200	×	13	=	2,600
10/4	200	×	14	=	2,800
12/22	200	×	15	=	3,000
可供銷售商品	1,100				$14,000

1. 個別認定法 (Specific Identification Method)

指個別商品以其實際成本，作為領用或出售之成本。因而庫存商品上每次買進的商品都註明不同記號或標籤，以分辨原來成本，來認定銷貨成本及期末存貨。此法在實施上較為困難，尤其在商品數以千計時，會計處理成本較高，同時給予公司有操縱損益之機會。但其優點為以實際成本配合實際收入，可得出實際損益。

此法適用於商品貴重，且項目不多之行業。在商品購入及出售時，均能清楚辨認，才適用。

設新月公司在期末時，認定期末存貨分別是 1 月 20 日之 200 件及 10 月 4 日之 60 件。則期末存貨及銷貨成本為：

期末存貨	1/20	200×$11 =	$2,200
	10/4	60× 14 =	840
		260	$3,040

銷貨成本
　　可供銷售商品及成本　　　　　$14,000
　　期末存貨　　　　　　　　　　　3,040
　　銷貨成本　　　　　　　　　　$10,960

2. 先進先出法 (First-In First-Out Method, FIFO)

先進先出法指早期購入之商品，最先賣出或領用。亦即最先買入的存貨成本變成銷貨成本。期末存貨則是最後買進商品之成本。

期末存貨件數＝可供銷售商品件數－銷貨件數
　　　　　　＝1,100 件－840 件
　　　　　　＝260 件

◆ **定期盤存制**

期末存貨	12/22	200×$15 =	$3,000
	10/4	60× 14 =	840
		260	$3,840

銷貨成本
　　可供銷售商品成本　　　　　　$14,000
　　期末存貨　　　　　　　　　　　3,840
　　銷貨成本　　　　　　　　　　$10,160

◆ 永續盤存制

每一種存貨均設置存貨卡,隨時記載商品之買進、賣出及結餘。舉例如表 7.2。

表 7.2　存貨明細卡(永續盤存制)

(先進先出法)

名　稱：　　　　　　　　　　　　　　　　最高存量：
存放地點：　　　　　　　　　　　　　　　最低存量：

日期		進貨			銷貨(銷貨成本)			結餘		
月	日	數量	單位成本	總額	數量	單位成本	總額	數量	單位成本	總額
1	1							100	10	1,000
1	20	200	11	2,200				{100 / 200}	{10 / 11}	3,200
1	25				{100 / 50}	{10 / 11}	1,550	150	11	1,650
3	2	200	12	2,400				{150 / 200}	{11 / 12}	4,050
4	28				{150 / 110}	{11 / 12}	2,970	90	12	1,080
6	10	200	13	2,600				{90 / 200}	{12 / 13}	3,680
8	16				{90 / 90}	{12 / 13}	2,250	110	13	1,430
10	4	200	14	2,800				{110 / 200}	{13 / 14}	4,230
11	15				{110 / 140}	{13 / 14}	3,390	60	14	840
12	22	200	15	3,000				{60 / 200}	{14 / 15}	3,840
							10,160			(期末存貨)
							(銷貨成本)			

表 7.2 中，因採先進先出法，以 1 月 25 日銷售時，將期初存貨 100 件先賣掉，再賣 1 月 20 日的 50 件，所以結餘是 1 月 20 日的 150 件，單位成本為 $11。以下類推。從上例計算過程中得知，先進先出法無論是定期盤存制或永續盤存制，所得之銷貨成本與期末存貨的成本都是一樣的。如期末存貨都是 $3,840，銷貨成本兩者都是 $10,160。

先進先出法的優點是其成本流程和實際流程相符合，期末存貨和市價接近，在物價上漲趨勢下，計算出之純益最高。缺點則是銷貨成本為早期商品之成本，價格偏低，易造成紙上利潤。

3. 加權平均法 (Weighted Average Method)

企業常將先後買進的同一種商品混合放一起，出售時，通常不能分辨屬於哪一批次的，因而使用加權平均法。計算存貨成本時，也分兩種：

◆ **定期盤存制**

此法是以可供銷售商品成本(期初存貨與本期購買商品之成本總和)，除以可供銷售商品數量之和，所得之平均單位成本(見表 7.1)。銷貨成本及期末存貨的計算均以數量乘以平均單位成本，得之。

$$平均單位成本 = \frac{可供銷售商品成本}{商品數量}$$

平均單位成本　　$14,000 ÷ 1,100 = $12.727
期末存貨　　　　260 × $12.727 = $3,309

銷貨成本
　　可供銷售商品成本　　　　$14,000
　　期末存貨　　　　　　　　　3,309
　　銷貨成本　　　　　　　　$10,691

◆ **永續盤存制**

在永續盤存制下，加權平均法在每逢進貨時，須將上次結餘成本與本次進貨成本相加，除以總數量，求出平均單位成本，作為下次銷貨成本的基礎。因而每次有進貨，就須重新計算新的單位成本，故又稱**移動平均法**(Moving Average Method)。計算方法如表 7.3。

表 7.3　存貨明細卡(永續盤存制)

(移動平均法)

名　稱：　　　　　　　　　　　　　　　　最高存量：
存放地點：　　　　　　　　　　　　　　　最低存量：

月	日	進貨 數量	進貨 單位成本	進貨 總額	銷貨 數量	銷貨 單位成本	銷貨 總額	結餘 數量	結餘 單位成本	結餘 總額
1	1							100	10.00	1,000.00
1	20	200	11	2,200				300	10.67	3,200.00
1	25				150	10.67	1,600.00	150	10.67	1,600.00
3	2	200	12	2,400				350	11.43	4,000.00
4	28				260	11.43	2,971.80	90	11.43	1,028.20
6	10	200	13	2,600				290	12.51	3,628.20
8	16				180	12.51	2,251.80	110	12.51	1,376.40
10	4	200	14	2,800				310	13.47	4,176.40
11	15				250	13.47	3,367.50	60	13.47	808.90
12	22	200	15	3,000				260	14.65	3,808.90
							10,191.10			(期末存貨)
							(銷貨成本)			

在表 7.3 中，期初存貨 100 件，成本 $1,000，在 1 月 20 日買進 200 件，成本為 $2,200。此時，一共 300 件，總成本為 $3,200，單位成本為 $10.67(即 $3,200÷300＝$10.67)。1 月 25 日出售時，銷貨成本則以平均成本 $10.67 去計算，共 $10.67×150＝$1,600。3 月 2 日買進 200 件，成本 $2,400，加上剩餘 150 件，成本 $1,600，共 350 件，總成本為 $4,000，新的單位成本為 $11.43(即$4,000÷350＝$11.43)。以下類推，同樣算法。最後，銷貨部份四次相加，是為銷貨成本 $10,191.10。期末存貨為最後數字 $3,808.90。

評　估

上述三種方法均為一般公認的會計方法。不同的成本流程假設下，求出的結果也不同，也各有其優缺點，很難評定最佳方法。惟為符合**一致性原則**(Consistency Principle)之規定，前後期報表可以相互比較，在選定方法後，應持續使用。

非有正當理由不得變更會計方法。如有變更,應充份揭露變更之理由,並將其影響都要列記出來。

7.3 存貨之後續評價

成本為存貨常用的原始評價基礎,至於存貨後續之評價基礎依國際財務報導準則及我國會計準則均採**成本與淨變現價值孰低法**(Lower of Cost or Net Realizable Value)。所謂淨變現價值是指在正常營業情況下,出售商品存貨的淨額(估計售價減銷售費用之餘額)。評價時,成本高於淨變現價值,則以淨變現價值入帳;反之,淨變現價值大於成本,仍列記成本。此為會計原則中之**穩健原則**(又稱**審慎性原則**)。依此原則,在資產負債表上存貨不會被高估,在損益表上純益也不會被高估。

評價時,應以編表日之淨變現價值與成本逐項比較。另外在某些條件下,亦可使用分類法比較(如同一類別之存貨)(國際財務報導準則和我國同一標準)。現舉例如下:

文山公司為一家電專賣店,×2 年底商品的成本與市價如表 7.4。利用上述方法,對期末存貨做一評價。

▼ 表 7.4

	成　本	淨變現價值	成本與淨變現價值孰低法之期末存貨
電冰箱			
A1	$ 34,000	$ 35,000	$ 34,000
A2	45,000	42,000	42,000
A3	50,000	53,000	50,000
合計	$129,000	$130,000	
電視機			
B1	$ 26,000	$ 27,000	26,000
B2	32,000	31,000	31,000
B3	38,000	34,000	34,000
合計	$ 96,000	$ 92,000	
總計	$225,000	$222,000	$217,000
成本與淨變現價值孰低法之期末存貨			

上述期末存貨淨變現價值如較成本為低,就必須認列備抵存貨跌價,備抵存貨跌價列於資產負債表中存貨之減項。也就是以淨變現價值列記。總成本 $225,000 與總淨變現價值 $217,000 比較,有 $8,000 之損失,其分錄如下:

銷貨成本	8,000	
備抵存貨跌價		8,000

7.4 存貨錯誤

在計算期末存貨時,可能因盤點上的疏忽,也可能在成本流動時的計算錯誤,也可能弄錯了所有權的歸屬,都會造成存貨的錯誤。期末存貨的錯誤會影響損益表、權益變動表及資產負債表。在定期盤存制下,銷貨成本是由期初存貨及期末存貨計算而來的,而本期期末存貨會成為下一期的期初存貨。如本期期末存貨是錯誤的,會造成本期財務報表的錯誤,連帶會影響下期的損益表。存貨的錯誤有下列四種情形:

	①	②	③	④
期初存貨			少記 (低估)	多記 (高估)
＋進貨				
可供銷售商品				
－期末存貨	少記 (低估)	多記 (高估)		
銷貨成本	多記 ↓	少記 ↓	少記 ↓	多記 ↓
淨利	少記	多記	多記	少記

存貨錯誤的影響,如下表:

	① 期末存貨低估	② 期末存貨高估	③ 期初存貨低估	④ 期初存貨高估
銷貨成本	高估	低估	低估	高估
銷貨毛利	低估	高估	高估	低估
淨　利	低估	高估	高估	低估

為了說明期末存貨的錯誤，對財務報表的影響，以×1年及×2年的損益表為例：

×1 年

	錯　誤		正　確	
銷貨收入		$400,000		$400,000
銷貨成本				
期初存貨	$ 55,000		$ 55,000	
本期進貨	200,000		200,000	
可供銷售商品	$255,000		$255,000	
期末存貨	**33,000**	222,000	**30,000**	225,000
銷貨毛利		$178,000		$175,000
營業費用		75,000		75,000
淨　利		$103,000		$100,000

$3,000
(高估)

×2 年

	錯　誤		正　確	
銷貨		$460,000		$460,000
銷貨成本				
期初存貨	**$ 33,000**		**$ 30,000**	
本期進貨	310,000		310,000	
可供銷售商品	$343,000		$340,000	
期末存貨	40,000	303,000	40,000	300,000
銷貨毛利		$157,000		$160,000
營業費用		80,000		80,000
淨　利		$ 77,000		$ 80,000

$3,000
(低估)

比較兩年之損益表，可知×1 年期末存貨高估 $3,000，使淨利高估了 $3,000；×2 年期初存貨高估 $3,000，因而淨利低估了 $3,000。×1 年淨利結轉至

權益，使資本高估了 $3,000；×2 年淨利也結轉至權益，權益會少算 $3,000。但資本帳是實帳戶，所以兩年的錯誤累計後，會自動平衡變為正確。

7.5 存貨之估計方法

企業採用定期盤存制來記錄商品存貨，期末須盤點存貨以計算銷貨成本。但定期盤點存貨是費時費事，企業大多僅一年實地盤點存貨一次，有時為了因應期中報表(月報、季報及半年報)之編製，企業無法及時盤點存貨；在此種情況下，常用估計方式，以帳面資料推算存貨的金額。此外，在定期盤存制之下，平時無存貨之明細記錄，一旦發生火災或其他災害，欲知存貨損失多少，也常用估計方法來估算。現介紹兩種估計存貨方法，一為毛利率法，一為零售價法。

1. 毛利率法

本法依據過去年度的銷貨毛利率(銷貨毛利除以銷貨淨額)，以截至目前為止本期的銷貨淨額為基礎，來推算本期的銷貨毛利。再由本期之銷貨淨額扣除估計之銷貨毛利，得出估計之銷貨成本。接著由可供銷售商品成本中減去估計的銷貨成本，即可求出估計之期末存貨。上述所言，可由下表來看：

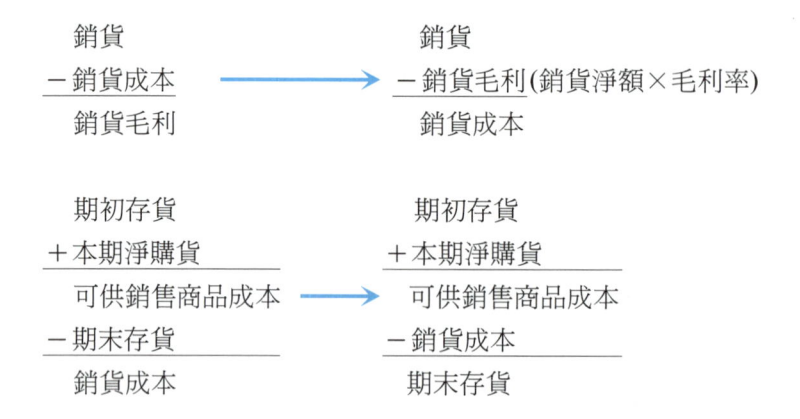

```
    銷貨                      銷貨
  －銷貨成本      ───→     －銷貨毛利(銷貨淨額×毛利率)
    銷貨毛利                  銷貨成本


    期初存貨                  期初存貨
  ＋本期淨購貨                ＋本期淨購貨
    可供銷售商品成本 ───→    可供銷售商品成本
  －期末存貨                  －銷貨成本
    銷貨成本                  期末存貨
```

釋例 (一)

K. Mart 公司過去之毛利率為 25%，預期本年亦同。×2 年度期初存貨為 $120,000，當期進貨淨額 $450,000，銷貨淨額為 $700,000。試求本期期末存貨。

期初存貨		$120,000
本期淨購貨		450,000
可供銷售商品成本		$570,000
減：估計銷貨成本		
銷貨	$700,000	
減：估計銷貨毛利($700,000×25%)	175,000	525,000
估計期末存貨		$ 45,000

用毛利率法估計存貨時，須注意當年度之售價及進貨成本是否已改變，以判定毛利率是否應適度修正。

2. 零售價法

百貨公司及大賣場等商店，在編製期中報表時，無法採用實地盤點存貨。因為盤點不但費時，且可能影響營業，故多採零售價法來估計期末存貨。

採用零售價法時，須先計算本期可供銷售商品的成本和零售價，同時算出成本比率；再以可供銷售商品之零售價扣除銷貨淨額，即可得期末存貨(零售價)；再乘以成本比率，即可得期末存貨之成本。

釋例 (二)

天天公司採用零售價法來編製期中報表。×2 年到 3 月 31 日為止有關資料如下：期初存貨 $40,000，零售價為 $60,000，本期淨購貨 $140,000，其零售價為 $180,000，銷貨淨額為 $200,000。試計算期末存貨。

	成　本	零售價
期初存貨	$ 40,000	$ 60,000
淨購貨	140,000	180,000
可供銷售商品	$180,000	$240,000
銷貨淨額		200,000
期末存貨—售價		$ 40,000

成本比率($180,000÷$240,000＝75%)
期末存貨—成本($40,000×75%)　　　$ 30,000

採用零售價法時須考慮售價之變動而做調整。

作業

一、問答題

1. 「成本與淨變現價值孰低法」中之淨變現價值為何？
2. 個別認定法計算存貨成本之優缺點為何？
3. 存貨的錯誤在兩年之後才發現，應如何處理？
4. 採用先進先出法計算存貨成本之優缺點為何？
5. 何謂毛利率法？
6. 在存貨成本流程假設中，何種方法求出來的結果在永續盤存制與定期盤存制是一樣的？

二、是非題

(　) 1. 存貨在期末盤點時，如有盤盈或盤虧均調整銷貨成本帳戶。
(　) 2. 毛利率法可用來推算被偷竊之存貨成本。
(　) 3. 使用零售價法時，會計記錄所記載的存貨是零售價。
(　) 4. 期末存貨高估，會使淨利低估。
(　) 5. 期初存貨低估，會使銷貨成本高估。
(　) 6. 存貨的錯誤，兩年後會自動抵銷錯誤。
(　) 7. 成本與淨變現價值孰低法的採用是根據穩健原則。
(　) 8. 寄銷品存放在承銷人店中，視同賣出。

三、選擇題

(　) 1. 物價上漲時，淨利最高的是採何種成本流程？
　　　(1) 先進先出法　　　(2) 個別認定法
　　　(3) 加權平均法　　　(4) 以上皆非。
(　) 2. 期末存貨低估，會造成
　　　(1) 淨利高估　　　(2) 淨利低估
　　　(3) 不一定　　　(4) 以上皆非。

(　　) 3. 期初存貨高估，會造成
　　　(1) 銷貨成本高估、淨利高估
　　　(2) 銷貨成本低估、淨利高估
　　　(3) 銷貨成本高估、淨利低估
　　　(4) 銷貨成本低估、淨利低估。

(　　) 4. 期末存貨採成本與淨變現價值孰低法評價時，應採
　　　(1) 總額法　　　　　　　(2) 逐項法
　　　(3) 分類法　　　　　　　(4) 以上皆可。

(　　) 5. 甲公司向乙公司賒購商品，條件為 F.O.B. 起運點交貨。此批商品還在運送途中，如於此時編製報表，這批商品屬於
　　　(1) 甲公司　　　　　　　(2) 乙公司
　　　(3) 應視其他條件而定　　(4) 以上皆非。

(　　) 6. 若期初存貨低估 $1,000，期末存貨高估 $500，將使本期淨利
　　　(1) 少計 $500　　　　　　(2) 少計 $1,500
　　　(3) 多計 $500　　　　　　(4) 多計 $1,500。

(　　) 7. 在移動平均法計算存貨成本時，每一次計算新的單位平均成本，是在
　　　(1) 每一次進貨時　　　　(2) 每一次銷貨時
　　　(3) 每一次進貨或銷貨時　(4) 以上皆是。

(　　) 8. 在何種存貨成本流程中，不論在永續盤存制或定期盤存制，其銷貨成本與期末存貨兩制度都會相等？
　　　(1) 先進先出法　　　　　(2) 加權平均法
　　　(3) 個別認定法　　　　　(4) 以上皆非。

四、計算題

1. 國寶公司在 ×2 年度之相關資料如下：

　　1/1　　存貨　1,000 件　@ $10
　　2/15　進貨　2,000 件　@ $11
　　3/20　銷貨　1,800 件　@ $20
　　5/6　　進貨　1,500 件　@ $12

　　　　8/4　　銷貨　2,200 件　@ $20
　　　　11/21　進貨　1,600 件　@ $13

若國寶公司採定期盤存制，試用下列方法計算期末存貨及銷貨成本：

(1)先進先出法。

(2)加權平均法。

2. 承第 2 題的資料，以永續盤存制，用同樣兩個方法來計算期末存貨及銷貨成本。

3. 宏偉公司有關存貨資料如下：

	成　本	零售價
期初存貨	$ 25,000	$ 36,000
進貨	246,000	364,000
進貨退出	24,000	35,000
銷貨		320,000
銷貨退回		41,000
期末實地盤點	52,000	

試作：(1)用零售價法計算期末存貨。

　　　(2)計算公司存貨短缺數。

4. 佳佳公司×2 年關於商品存貨資料如下：

　　　1/1　　12,000 單位　@ $6.00
　　　2/22　 25,000 單位　@ $6.50
　　　4/30　 20,000 單位　@ $7.00
　　　7/15　 22,000 單位　@ $7.20
　　　11/6　 15,000 單位　@ $8.00

公司採定期盤存制，年底盤存後，有 21,000 單位，試求在不同成本流程下，期末存貨及銷貨成本：

(1)先進先出法。

(2)加權平均法。

5. 明明服飾公司×2年底存貨相關資料如下：

	成　本	淨變現價值
男裝		
大	$1,250	$1,300
中	1,100	1,000
小	950	1,080
女裝		
大	1,200	1,100
中	950	920
小	880	850

試利用成本與淨變現價值孰低法計算期末存貨。

6. 銘遠公司近年來的銷貨毛利率均維持在25%。×2年度期初存貨有$120,000，帳簿顯示當年度銷貨收入淨額為$1,620,000，進貨成本淨額為$1,450,000。

試作：以毛利率法來估計×2年12月31日的期末存貨。

7. 太平公司使用零售價法來估計期末存貨，編製期中報表。存貨相關資料如下：

期初存貨—成本	$ 20,000
—零售價	42,000
進貨—成本	220,000
—零售價	340,000
銷貨淨額	310,000

試求：期末存貨。

8. 國倫公司在×3年4月28日一場大火中燒毀70%存貨，但會計記錄都保存下來。有關資料如下：

	×2 年	×3 年 (1/1～4/28)
銷貨	$540,000	$190,000
進貨	400,000	132,000
進貨運費	20,000	5,000
期初存貨	62,000	55,000
期末存貨	55,000	?

試求：(1) 計算×2 年毛利率。

(2) 計算×3 年存貨火災損失。

第 8 章

應收款項

國際財務報導準則 (IFRS) 與一般公認會計原則 (GAAP) 不同之處

	IFRS	GAAP
應收款項資產減損評估	對應收款項減損採兩段式處理,先個別帳款評估,再合併估計。	未特別規定。

應收款項包含應收帳款、應收票據、應收利息等。應收帳款專指因賒銷商品或提供勞務等產生之應收客帳稱應收帳款。應收票據指發票人或付款人在特定日期無條件支付一定金額的一種書面承諾。兩者的區別在於有票據之債權稱應收票據；無票據之債權稱應收帳款。除此之外，尚有營業外原因產生者，如應收租金、應收利息等應收款項。

本章就應收帳款、信用卡銷貨、應收票據等資產項目予以討論，同時介紹相關的帳務處理。附錄部份介紹總分類帳、明細分類帳及特種日記簿等帳簿組織。

8.1 應收款項之意義及應收帳款之認列

應收款項(Receivables)是企業所有的債權資產，亦即對他人的現金請求權。包括由營業活動所產生的應收帳款與應收票據，通常是因賒銷商品或提供勞務，而產生向客戶應收取之款項。另外還有其他應收款項，如：應收租金、應收利息、應收退稅款等。以上應收款項均屬於流動資產。

應收帳款之會計處理，包含了認列與評估。

企業為促銷商品，提升購買力，常給予顧客先買後付款之優待，是為應收帳款。通常在一年或一營業循環內可收到現金，故視為流動資產。由於賒銷交易產生應收帳款，認列時須符合收益認列原則，於商品銷售時入帳。金額當然是買賣雙方同意之價格入帳。如 11 月 3 日賒銷商品 $15,000 給愛愛公司，其分錄如下：

11/3	應收帳款—愛愛公司	15,000	
	銷貨		15,000

應收帳款應對每一客戶設立明細帳(見附錄)，才能對每一客戶做信用評估，並隨時檢查明細帳，是否有逾期帳款。如有，須儘快收回帳款或找出無法收回之原因。

8.2 應收帳款之變現評估

會計上，應收帳款係以**淨變現價值**(Net Realizable Value)來評價。亦即應收帳款在特定日期可以變現，也就是收回現金的金額。一般而言，應收帳款是否能全數收回，不得而知。應收帳款如無法收回，發生壞帳或呆帳(預期信用減損損失)，是一種損失；因此賒銷時，應事先審核顧客的信用。企業有時為避免發

生壞帳，而採取過嚴的授信政策，導致銷貨收入之減少也非上策，故授信政策須小心設定。

預期信用減損損失(Expected Credit Impairment Loss)為企業正常發生的費用，故屬於營業費用中之銷售費用，因為和銷售有關。也有人主張為管理費用，因和授信管理有關。

減損損失認列的時間及帳務處理的方法有二：一為直接沖銷法，二為備抵法。

1. 直接沖銷法 (Direct Write-off Method)

在此法之下，不須預估預期信用減損損失，一直等到確定某位客戶帳款無法收回時，才認列減損損失。例如，中華公司在 5 月 7 日確定顧客張三的帳款 $430 無法收回。其分錄如下：

5/7	預期信用減損損失	430	
	應收帳款—張三		430

直接沖銷法是等到確定無法收回，再承認損失，將會發生收入在本期承認，但由此項收入所產生之減損損失，卻在下期認列，將違反「配合原則」。**配合原則** (Matching Principle) 是為產生收入之費用，須與收入在同一期間認列。所以除非減損損失很小，或發生機率不高，否則此法不能適用於對外財務報表。

2. 備抵法 (Allowance Method)

備抵法認為預期信用減損損失應於銷貨發生當期認列，因而於期末時，先預估可能發生之減損損失金額。預估時可參考過去的經驗並斟酌目前及未來的經濟情況。事先提列預期信用減損損失，屬預估性質，所以並不確定倒帳之顧客為何許人，金額數也不確定，故在做帳時，不能直接貸記應收帳款，而以備抵損失科目入帳，才稱備抵法。備抵法有三個重點：

◆ 期末預期信用減損損失之調整分錄

預期信用減損損失	××	
備抵損失		××

備抵損失是應收帳款的減項，相減之後餘額稱為應收帳款之淨變現價值。在資產負債表列示如下：

應收帳款	$×××
減：備抵損失	××
淨變現價值	$×××

◆ **確定收不回帳款之沖銷**：第二年實際發生收不回帳款時，不能再借記預期信用減損損失，而須從備抵損失裡沖銷。

備抵損失	××
應收帳款—A	××

◆ **回收**(Recovery)：偶爾會遇到已沖銷之帳款，顧客又恢復償債能力而還款。此時須先將帳款重新設立，再做回收之分錄。

應收帳款—A	××
備抵損失	××
現金	××
應收帳款—A	××

為了維持每位顧客信用記錄之完整，上述兩筆分錄，不得予以合併。

關於第一筆分錄信用損失金額的預估，通常會根據企業內部過去歷史資料、收現經驗並參考目前與未來經濟情況，及客戶之債信，評估客戶的債信來估計信用損失。

現行會計強調資產負債表之觀點，以期末應收帳款為基礎，來預估有多少帳款會無法收回的預期信用損失，即為應收帳款之減損有一簡易的方式提列信用損失，是單一損失率法，是為應收帳款餘額百分比法，又稱資產負債表法。其公式為：

期末應收帳款×信用損失率＝期末備抵損失餘額

利用備抵損失之帳戶原來餘額和期末備抵損失餘額計算出差額，即為本期之預期信用減損損失。

如乙公司×2年底應收帳款為$28,100，信用損失率為5%，備抵損失調整前有貸方餘額$200。利用公式：

應收款項

$28,100 \times 5\% = \$1,405$

```
          備抵損失
              |   200
              | 1,205  → 調整提列之減損損失
              | 1,405  → 備抵損失所需數字
```

×2 年 12/31　　預期信用減損損失　　　1,205
　　　　　　　　　備抵損失　　　　　　　　　1,205

上述資料中，如備抵損失改為借方餘額 $200，則預期信用減損損失須提列 $1,605（即 $1,405 + $200）。

```
          備抵損失
      200   | 1,605  → 調整提列之減損損失
            | 1,405
```

分錄則為

×2 年 12/31　　預期信用減損損失　　　1,605
　　　　　　　　　備抵損失　　　　　　　　　1,605

當採用此法時，調整分錄之金額受到備抵帳戶餘額之影響。

現國際財務報導準則第 9 號主張一種**準備矩陣** (Provision Matrix) 來估計應收帳款的備抵損失，方式為依據個別客戶的信用等級，採不同的提列百分比率，估計應有之備抵損失金額，現舉例如下：

A 公司使用準備矩陣衡量應收帳款組合之存續期間預期信用減損損失。準備矩陣係以應收帳款存續期間所估歷史信用損失率為基礎，並加以調整，舉例如下：

	總帳面金額	存續期間預期信用損失率	存續期間預期信用減損損失
未逾期	$ 750,000	0.3%	$ 2,250
逾期 1-30 天	375,000	1.6%	6,000
逾期 31-60 天	200,000	3.6%	7,200
逾期 61-90 天	125,000	6.6%	8,250
逾期超過 90 天	50,000	12.6%	6,300
	$1,500,000		$30,000

也可運用應收帳款帳齡表，來估計信用損失，即將每一位顧客的帳款，按積欠期間的長短，編製帳齡表，再分別按其帳齡，乘以不同的比率(帳齡愈久，比率愈大)，計算出期末備抵損失所需之數。最後再與原帳戶餘額比較，提列本期之預期信用減損損失。

現舉例說明，乙公司在×2年底應收帳款為$223,500，備抵損失為貸餘$820(調整前)。經分析所有客戶的賒欠期間，可編製應收帳款帳齡分析表。

應收帳款帳齡分析表

客戶名稱	金額	未到期	到期1～3個月	到期3～6個月	到期6個月以上
甲	$ 14,000		$14,000		
乙	23,000	$ 23,000			
丙	11,100	⋮	⋮	$ 7,000	
丁	⋮	⋮	⋮	⋮	$ 4,100
⋮	⋮	⋮	⋮	⋮	⋮
合計	$223,500	$185,000	$24,200	$ 8,400	$ 5,900
信用損失率		0.5%	1%	3%	10%
備抵損失	$ 2,009	$ 925	$ 242	$ 252	$ 590

此表所求出之$2,009，代表備抵損失在×2年底應有之餘額。

備抵損失

	820
	1,189 → 調整所應提列之預期信用減損損失
	2,009

故期末調整分錄為

| ×2年 12/13 | 預期信用減損損失 | 1,189 | |
| | 　備抵損失 | | 1,189 |

現綜合上述，舉例如下：

釋例(一)

立本公司在×1年2月18日，客戶林謀商行宣告倒閉，公司決定沖銷該筆帳款$10,500。同年9月26日法院拍賣林謀商行後，收回全部帳款。假設立本公司

年底應收帳款餘額為 $41,000，備抵損失調整前餘額為貸餘 $300，信用損失率約為應收帳款餘額的 3%，試作×1 年相關分錄。

×1 年 2/18	備抵損失	10,500	
	應收帳款—林謀商行		10,500
9/26	應收帳款—林謀商行	10,500	
	備抵損失		10,500
	現金	10,500	
	應收帳款—林謀商行		10,500
12/31	預期信用減損損失	930	
	備抵損失		930
	($41,000×3% ＝ $1,230)		

備抵損失

	300
	930
	1,230

應收帳款餘額百分比法，較重視應收帳款評價的正確性，故又稱資產負債表法。此法注重應收帳款的淨變現價值，卻不能使當期的收入與當期的費用配合。

目前國際財務報導準則對於預期信用減損損失估計提列，應以內部歷史資料為基礎，作為估計應收帳款的預期回收金額，亦即對資產負債表法之認同，而不再採用銷貨收入百分比法。我國財務會計準則第 34 號公報規定以內部資料為基礎，提列預期信用減損損失。

8.3　信用卡銷貨

目前**信用卡**(Credit Card)的使用十分普遍，一般公司須支付一定比率手續費給發卡機構，就可免除收取現金的麻煩且避免信用損失之風險。國際信用卡分為二種：一為銀行所發出之信用卡，如 VISA、Master Card 等；另一種為財務公司所發出之信用卡，如 American Express (美國運通卡)等。發卡機構不同，會計處理也會不一樣。

當持卡人到商店消費時,可享受先消費後付款之方式。而賣家接受刷卡後,則可持顧客之簽單送交給信用卡機構,扣除手續費後之銷貨淨額再轉入該企業之存款帳戶內。其會計處理如下:

1. 銀行發出之信用卡,視為現金銷貨

如 11 月 3 日顧客用 VISA 卡來購物 $1,000,手續費為 3%。賣家可將信用卡簽單直接存入銀行,銀行在扣除手續費之後,直接存入賣家之存款帳戶內。

11/3	現金	970	
	信用卡手續費	30	
	銷貨收入		1,000

2. 財務機構發出之信用卡,視為賒銷

如 11 月 5 日,顧客以 American Express 來購物 $2,000,手續費為 4%。此時賣家須將信用卡簽單寄給 American Express 公司處理,AE 公司扣除手續費後,才將銷貨淨額匯給銷貨商,其中要經過好幾個工作天。其分錄如下:

11/5	應收帳款—American Express	1,920	
	信用卡手續費	80	
	銷貨收入		2,000
11/12	現金	1,920	
	應收帳款—American Express		1,920

通常信用卡銷貨之應收帳款與一般銷貨產生之應收帳款不同,故須分開來列示。

3. 公司自己發行信用卡,免手續費

有時商店自己發行信用卡,此卡限定在發卡商店使用而已。如家福公司發行信用卡,假設甲客戶用家福卡買了 $5,000 的商品,家福公司之分錄如下:

應收帳款	5,000	
銷貨收入		5,000

家福公司每月會將帳單寄給客戶,如客戶未在規定 30 天內付款,家福公司將把利息加到欠款上。如年利率為 18%,每月利率則為 1.5%。

應收款項

假定到月底,甲客戶並未付其帳款,家福公司會把 1.5% 之利息 $75 加到欠款上。其分錄為:

應收帳款	75	
利息收入 ($5,000×1.5%)		75

甲客戶的欠款增加為 $5,075,下個月從此數目開始計算利息。

8.4　應收票據

應收票據(Notes Payable)是發票人或付款人在特定日或特定期間,無條件支付一定金額的書面承諾。企業通常允許顧客賒帳時,多半不要求顧客簽立票據,而是在應收帳款到期,顧客無法付現或出售高價商品時,才會要求簽發票據。票據可分為附息票據和不附息票據兩種。附息票據票面上有註明利率及期限;不附息票據實際上是將利息隱含在面額內,而沒有明示。

票據包含本票、匯票、支票等,其定義如下:

1. 本票(Promissory Note)

指發票人簽發一定的金額,於指定到期日由發票人無條件支付與受款人或執票人之票據。

2. 匯　票

指發票人簽發一定的金額,委託付款人於指定到期日,無條件支付受款人或執票人之票據。

3. 支　票

指發票人簽發一定金額,委託金融機構於到期日時無條件支付受款人或執票人之票據。

票據之到期日有兩種表達方式,也影響其利息的計算,茲舉例如下:

釋例(二)

1. 甲票據，面額 $10,000，年利率 6%(如 6% 未註明，則指年息)，發票日 5 月 5 日，3 個月到期。

   到期日：　5 月＋3 月＝8 月，故 8 月 5 日到期
   利息：　　本金×利率×期間＝利息費用
   $$\$10,000 \times 6\% \times \frac{3}{12} = \$150$$

2. 乙票據，面額 $20,000，年利率 6%，發票日為 6 月 6 日，60 天到期。

   到期日：　習慣算法為算尾日不算頭日

6 月 30 天(30－6)	24 天
7 月 31 天	31 天
	55 天
8 月 5 日	＋ 5 天
	60 天

   故 8 月 5 日為到期日。

   習慣上在計算利息時都以 360 天來計算。

   利息：$\$20,000 \times 6\% \times \frac{60}{360} = \$200$

   應收票據常因銷貨或應收帳款到期而收到。當收到票據之時以票面入帳。到期時，通常本金及利息一併收到。如：

釋例(三)

×2 年 3 月 3 日因應收帳款到期，而收到客戶張三開來票據一紙，面額 $10,000，年息 5%，3 個月到期。收到時之分錄：

| ×2 年3/3 | 應收票據 | 10,000 | |
| | 　應收帳款—張三 | | 10,000 |

釋例㈣

×2 年 10 月 21 日出售商品 $30,000，收到李四開立票據一紙，面額 $30,000，年息 6%，90 天到期。公司採曆年制，作 10 月 21 日及 12 月 31 日之分錄：

×2 年 10/21	應收票據	30,000	
	銷貨收入		30,000
12/31	應收利息	355	
	利息收入		355

($30,000 × 6% × $\frac{71}{360}$ = 355)

票據到期之會計處理視發票人付現或拒付來決定。

1. 票據到期收到本金及利息

以釋例㈢為例，其 3 個月到期日為 6 月 3 日。在當日，收到張三還來本金及利息。

6/3	現金	10,125	
	應收票據		10,000
	利息收入		125

($10,000 × 5% × $\frac{3}{12}$ = $125)

以釋例㈣為例，其 90 天到期日為 ×3 年 1 月 19 日。隨即收到李四還來之本金及利息。

×3 年 1/19	現金	30,450	
	應收票據		30,000
	應收利息		355
	利息收入		95

($30,000 × 6% × $\frac{90}{360}$ = $450)

2. 票據到期發票人拒付

所謂拒付，就是發票人違約，不能清償票據之本息。其會計處理，以釋例㈢為例，在 6 月 3 日，張三拒付其票據。

6/3	應收帳款—張三	10,125	
	應收票據		10,000
	利息收入		125

以釋例㈣為例，在×3 年 1 月 19 日，李四之票據違約，無法收現。

×3 年1/19	應收帳款—李四	30,450	
	應收票據		30,000
	應收利息		355
	利息收入		95

若確定該筆帳款收回無望之時，則將其沖銷。其分錄為(以釋例㈢為例)：

備抵損失	10,125	
應收帳款—張三		10,125

附錄一　帳簿組織的概念

1. 帳簿組織的意義

　　帳簿，包括會計工作中所使用的各種帳簿、憑證、表單等。如交易發生時，根據原始憑證(發票、收據等)，記入日記簿、分類帳等主要帳簿，再來編製財務報表。

　　所謂帳簿組織，是指會計帳簿的制度及其結構。在企業編製財務報表須有正確的資料，這些資料的提供經由會計帳簿種類、格式、內容及記帳方法，同時配合職能的劃分及內部的控制，才能發揮最有效的會計功能。

　　基本帳簿組織，必須包括日記簿及分類帳兩種。依照商業會計法的規定，主要帳簿為：

- **序時帳簿**──日記簿，為交易之原始帳簿，按交易的發生先後順序，記入日記簿。
- **總分類帳**──分類帳，是根據日記簿把各項交易所影響的帳戶分類彙總，為一終結記錄。

基本帳簿組織可用下圖來表示：

交易 ──會計憑證──→ 日記簿 ──過帳──→ 分類帳 ──編製──→ 財務報表

2. 帳簿的劃分

　　企業的規模大時，交易繁多，基本帳簿組織通常無法應付繁重之帳務工作。為簡化帳務處理工作及便於分工，因而按交易的性質，將帳簿做合理的劃分，如特種日記簿或傳票等。

　　所謂帳簿的劃分，是把交易中常用到的會計科目(如銷貨、購貨等)，單獨設一帳簿記載。如購貨簿與銷貨簿等，此種由普通日記簿劃分出來，單獨設置的專門帳簿，稱為**特種日記簿**(Special Journal)。在特種日記簿中，將常使用的帳戶，

設置了專供記載的欄次，是為專欄。當記錄分錄時，設有專欄的帳戶，只記載金額，而可不必再記載會計科目。同時設專欄的科目，過帳時，可直接過總數，達到簡化的目的。

分類帳包括以科目為主的總分類帳，以及以細目為主的明細分類帳。有些帳戶如應收帳款和應付帳款等，因交易次數繁多，會使帳戶紊亂，故採變通方法，另設明細分類帳。在總分類帳中只保留單一帳戶的總數，而另外以客戶或供應商之名設置各項明細帳戶，作為記載交易的詳細記錄。設有明細分類帳的總分類帳帳戶，稱為統制帳戶。明細分類帳各帳戶餘額的總數一定要等於統制帳戶的金額。

附錄二　特種日記簿

大規模的企業，交易頻繁，為便於分工，將普通日記簿劃分為幾本日記簿，用來專門記載某一類交易的日記簿，稱為特種日記簿。一般來說，買賣業常見的交易事項以現金收入、現金支出、銷貨及購貨等四種事項為多，故特種日記簿的設置分現金收入簿、現金支出簿、銷貨簿及購貨簿等四種。

特種日記簿設置後，原有的日記簿還是存在，稱為普通日記簿，用以記載不能記入特種日記簿之交易。故企業設四種特種日記簿，加上普通日記簿，就有五種日記簿，分別說明之。

1. 銷貨簿

銷貨簿是用來專記賒銷交易(因現金銷貨記入現金收入簿)。賒銷時，應借記應收帳款，貸記銷貨收入，因而銷貨簿只設了這兩個科目的專欄；因而賒銷時，只要記錄金額即可，會計科目則可省略。現以簡單的定期盤存制為例。

釋例 (五)

×2 年 3 月 3 日　賒銷商品給丁小平先生 $4,800，賒銷條件 1/10，n/30。發票號碼 #1101。

3 月 16 日　賒銷商品予王全民先生 $3,100，賒銷條件 1/10，n/30。發票號碼 #1102。

3 月 22 日　賒銷商品給田世安先生 $1,500，賒銷條件 1/10，n/30。發票號碼 #1103。

3 月 27 日　賒銷商品予丁小平先生 $2,400，賒銷條件 1/10，n/30。發票號碼 #1104。

　　銷貨簿中每一金額代表一筆交易。月底，設有專欄時，加計金額欄，計算出總額。過帳時，直接將總數過入應收帳款的借方及銷貨帳戶的貸方。過帳完，要將這兩帳戶的帳戶號碼(如 110、510)，寫在金額的下方，表示過帳完畢。同時要注意的是設有明細分類帳的統制帳戶，過帳時除過總數外尚須一筆一筆地過入明細帳，如 2 月 3 日要過到頁次 1 的丁小平帳戶的借方 $4,800。過帳時，日頁欄須註明是銷貨簿的第 1 頁轉來的，以(銷 1)來表示，如附表 8.1。

2. 現金收入簿

　　現金收入簿是用以記錄所有現金收入交易的特種日記簿。現金收入常見的來源，如現金銷貨及應收帳款的收現等。為簡化記帳工作，對於經常出現的帳戶，設立專欄。在借方，除了現金外，常出現的有銷貨折扣；貸方則有應收帳款、銷貨及其他欄。現舉例如釋例(六)。

釋例(六)

×2 年 3 月 1 日　現金銷貨 $21,000。

　　3 月 5 日　現金銷貨 $6,500。

　　3 月 13 日　客戶丁小平在折扣限期內還來 3 日之欠款。

　　3 月 26 日　客戶王全民在折扣限期內還來 16 日之欠款。

　　3 月 28 日　收到利息 $4,200，貸記利息收入。

將上述交易記入現金收入簿，如附表 8.2。

　　現金收入簿設有專欄的科目，過帳要過總數，其他帳戶則是按交易日期一筆一筆過到總分類帳。另外應收帳款有明細帳，亦須一筆一筆過到明細帳內。如現金專欄的總數 $39,521，過入現金(帳號 101)之帳戶，銷貨折扣、應收帳款和銷貨

▽ 附表 8.1

銷貨簿　　　　　　　　　　第 1 頁

×2年 月	日	傳票號數	發票號碼	客戶名稱	明細帳頁次	(借)應收帳款 (貸)銷貨
3	3		1101	丁小平	(1)	4,800
	16		1102	王全民	(2)	3,100
	22		1103	田世安	(3)	1,500
	27		1104	丁小平	(1)	2,400
						11,800

110　510

應收帳款　　　　　　　　　頁碼：110

×2年 月	日	摘要	日頁	借方金額	貸方金額	借或貸	餘額
3	31		銷 1	11,800		借	11,800

銷貨收入　　　　　　　　　頁碼：510

×2年 月	日	摘要	日頁	借方金額	貸方金額	借或貸	餘額
3	31		銷 1		11,800	貸	11,800

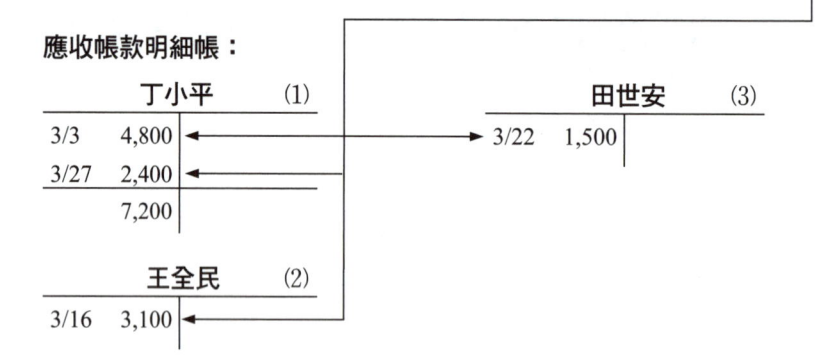

應收帳款明細帳：

　　　丁小平　　(1)　　　　　　　田世安　　(3)
3/3　4,800　　　　　　　　3/22　1,500
3/27　2,400
　　　7,200

　　　王全民　　(2)
3/16　3,100

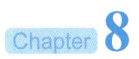

附表 8.2

現金收入簿　　　　　　　　　　第 15 頁

X2年		傳票號數	會計科目及摘要	日頁	借方 現金	借方 銷貨折扣	貸方 應收帳款	(貸方) 銷貨	(貸方) 其他帳戶
月	日								
3	1				21,000			21,000	
	5				6,500			6,500	
	13		丁小平	(1)	4,752	48	4,800		
	26		王全民	(2)	3,069	31	3,100		
	28		利息收入	530	4,200				4,200
					39,521	79	7,900	27,500	
					101	512	111	510	

現　金　　　　　　　　　　頁碼：101

X2年		摘要	日頁	借方金額	貸方金額	借或貸	餘額
月	日						
3	31		現收 15	39,521		借	39,521

應收帳款　　　　　　　　　　頁碼：111

X2年		摘要	日頁	借方金額	貸方金額	借或貸	餘額
月	日						
3	29		普 12		400	貸	400
	31		銷 1	11,800		借	11,400
	31		現收 15		7,900	借	3,500

銷　貨　　　　　　　　　　頁碼：510

X2年		摘要	日頁	借方金額	貸方金額	借或貸	餘額
月	日						
3	31		銷 1		11,800	貸	11,800
	31		現收 15		27,500	貸	39,300

銷貨折扣 　　　　　　　　　　　　　　頁碼：512

×2年		摘要	日頁	借方金額	貸方金額	借或貸	餘額
月	日						
3	31		現收 15	79		借	79

利息收入 　　　　　　　　　　　　　　頁碼：530

×2年		摘要	日頁	借方金額	貸方金額	借或貸	餘額
月	日						
3	28		現收 15		4,200	貸	4,200

應收帳款明細帳：

```
         丁小平          (1)              田世安          (3)
3/3     4,800 | 3/13  4,800       3/22   1,500 |
3/27    2,400 | 3/29    400*
        2,000 |

         王全民          (2)
3/16    3,100 | 3/26  3,100
            0 |
```

＊此 3/29 之數字 $400，是由普通日記簿第 12 頁過帳而來。

帳戶均過總數，過帳日期均是 3 月 31 日。其他帳戶如利息收入則過發生的日期 3 月 28 日。

現金收入簿的資料過完帳之後，應收帳款的餘額必須和明細分類帳各帳戶餘額的總和相等。現編一應收帳款明細表來列示。

應收帳款明細表

丁小平	$2,000
王全民	0
田世安	1,500
合計	$3,500

應收帳款明細表總和為 $3,500，與總分類帳的餘額 $3,500 要相等。

3. 購貨簿

購貨簿是用以記載賒購商品交易的特種日記簿(因為現購商品要支付現金，故記入現金支出簿)。賒購商品，通常是借記購貨，貸記應付帳款。在購貨簿，對上述兩個科目設置專欄，以簡化記帳及過帳。另外在購貨簿內設一專欄來註明購貨條件，以避免誤了折扣期限。

購貨簿的格式、記帳方法及過帳方法與銷貨簿大致相同。現舉例說明，見釋例(七)。

釋例(七)

×2年 3 月 2 日　向全通公司賒購商品 $8,000，賒購條件 1/10，n/30。
　　　3 月 16 日　向美食公司賒購商品 $10,000，賒購條件 1/10，n/30。
　　　3 月 27 日　向大地公司賒購商品 $5,000，賒購條件 2/10，n/30。

將上述交易過入購貨簿，見附表 8.3。

購貨簿的兩個專欄，購貨及應付帳款都是過帳過總數，另外應付帳款必須按交易發生的日期過到明細帳。某些企業有時將賒購設備等也放在購貨簿，因而特種日記簿沒有標準格式，企業多將常出現的科目設置專欄，有多有少，並不一致。

4. 現金支出簿

現金支出簿用來記載現金支出交易的特種日記簿。現金支出的大部份都是去購買商品或支付帳款，因而在借方設了應付帳款以及購貨的專欄，貸方當然設有現金專欄。關於現金支出簿，舉例如釋例(八)。

釋例(八)

×2年3 月 4 日　現金購買設備 $13,000。
　　　3 月 12 日　償還全通公司帳款，在折扣期限內。
　　　3 月 20 日　付本月租金費用 $6,000。
　　　3 月 26 日　償還美食公司帳款，在折扣期限內。

將上述交易過入現金支出簿，見附表 8.4。

附表 8.3

購貨簿　　　　第 3 頁

×2年 月	日	傳票號數	供應商名稱	購貨條件	明細帳頁次	(借)購貨 (貸)應付帳款
3	2		全通公司	1/10，n/30	(11)	8,000
	16		美食公司	1/10，n/30	(19)	10,000
	27		大地公司	2/10，n/30	(4)	5,000
						23,000

　　　　　　　　　　　　　　　　　410　303

購　貨　　　　頁碼：410

×2年 月	日	摘要	日頁	借方金額	貸方金額	借或貸	餘額
3	31		購3	23,000		借	23,000

應付帳款　　　　頁碼：303

×2年 月	日	摘要	日頁	借方金額	貸方金額	借或貸	餘額
3	31		購3		23,000	貸	23,000

應付帳款明細帳：

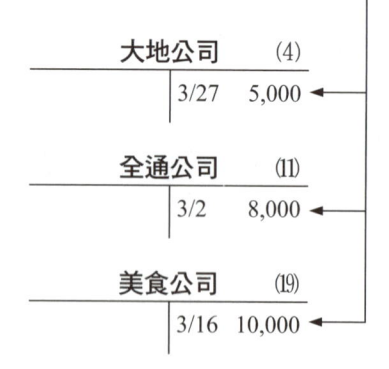

```
           大地公司        (4)
     3/27    5,000

           全通公司       (11)
     3/2     8,000

           美食公司       (19)
     3/16   10,000
```

應收款項

附表 8.4

現金支出簿 第 8 頁

×2年 月	日	傳票號數	會計科目及摘要	日頁	借方其他帳戶	借方應付帳款	貸方購貨折扣	貸方現金
3	4		設備	160	13,000			13,000
	12	(11)	全通公司			8,000	80	7,920
	20		租金費用	406	6,000			6,000
	26	(19)	美食公司			10,000	100	9,900
					18,000		180	36,820
					303	412		101

現　金 頁碼：101

×2年 月	日	摘要	日頁	借方金額	貸方金額	借或貸	餘額
3	31		現收 15	39,521		借	39,521
	31		現支 8		36,820	借	2,701

設　備 頁碼：160

×2年 月	日	摘要	日頁	借方金額	貸方金額	借或貸	餘額
3	4		現支 8	13,000		借	13,000

應付帳款 頁碼：303

×2年 月	日	摘要	日頁	借方金額	貸方金額	借或貸	餘額
3	8		普 12			貸	6,200
	31		購 3		23,000	貸	29,200
	31		現支 8	18,000		貸	11,200

租金費用 頁碼：406

×2年 月	日	摘要	日頁	借方金額	貸方金額	借或貸	餘額
3	20		現支 8	6,000		借	6,000

	購貨折扣				頁碼：412
×2年 月/日	摘要	日頁	借方金額	貸方金額	借或貸	餘額
3/31		現支8		180	貸	180

應付帳款明細帳：

```
           大地公司
                  | 3/27  5,000

           全通公司
 3/12  8,000 | 3/2   8,000
        0

           美食公司
 3/26 10,000 | 3/16 10,000
        0
```

現金收入簿交易過帳過入總分類帳及明細分類帳之後，同樣地，要編一應付帳款明細表，來證明所有明細分類帳的總和要等於應付帳款之餘額。

應付帳款明細表

大地公司	$5,000
白雲公司	6,200*
全通公司	0
美食公司	0
合計	$11,200

*白雲公司帳款係由普通日記簿第 12 頁轉來 $6,200。

應付帳款明細表之總數為 $11,200，與應付帳款的帳戶餘額 $11,200，兩者金額要一樣。

5. 普通日記簿

交易如不能記入上述四種特種日記簿，就必須記入普通日記簿。此類交易如

購貨退出、銷貨退回等,以及期末之調整分錄及結帳分錄等都是記入普通日記簿。舉例如下:

×2年3月 8 日　向白雲公司賒購機器 $6,200。

　　　3月29日　賒銷商品給丁小平在27日之商品,今日部份退回 $400 之商品。

　　　3月31日　設備本月提列折舊 $200。

普通日記簿　　　　　　第12頁

×2年		會計科目及摘要	類頁	借方金額	貸方金額
月	日				
3	8	機器		6,200	
		應付帳款—白雲公司	303		6,200
3	29	銷貨退回		400	
		應收帳款—丁小平	111		400
3	30	折舊費用		200	
		累計折舊			200

普通日記簿過帳和第二、三章完全一樣,就不再舉例。不過,設有明細分類帳的應收帳款和應付帳款的統制帳戶,應將其金額分別過入總分類帳及明細分類帳,並於過帳後,將兩個帳戶的帳號註明於普通日記簿之日頁欄。

附錄三　電腦會計基本概念

特種日記簿的設置是為了簡化會計帳務處理及便於分工,主要是針對人工作業之問題。目前許多大企業已採用電腦處理會計業務。電腦的運用,使得資料的分類、彙總工作得以快速完成,加強了資訊的時效性與多元性。

蒐集及處理交易資料的制度,將財務資訊傳達給有興趣的個體,稱之為會計資訊制度。而使用電腦來處理交易資訊,就是電子資料處理。由於電腦的資料處理能力非常強,會計資訊系統的電腦化是一種必然的趨勢。

有效率的會計資訊制度,必須具有下列特性:

1. 資訊的有用性

資訊要有用,所提供的資訊必須能易於瞭解、攸關、可靠、及時和正確。設計資訊制度時,須考慮不同的使用者有不同的需求。

2. 成本利益原則

資訊制度的設計,必須考慮資訊提供時的成本與該資訊所得的利益,均須權衡輕重,利益一定要大於成本。

3. 彈　性

會計資訊制度設立時,須有彈性,能應付需求的改變。

好的會計制度,必須小心規劃、設計及管理等。設立時,其文書格式、憑證、方法及步驟,甚至於設備的選擇都須考量。制度完成後,人事的訓練以及事後的追蹤都很重要。若有電腦化的會計資訊系統,隨時可提供資訊予決策者。使用者也可依自己的需要,不定期印製各種財務報表或各項明細表。會計資訊的電腦化是不可避免的,但仍需瞭解基本的會計記帳程序及步驟。

作業

一、問答題

1. 已沖銷之預期信用減損損失,再度收回時,應如何處理?
2. 為何已沖銷之預期信用減損損失收回時,須先借記應收帳款,貸記備抵損失?
3. 試計算下列票據到期日。
   (1) 出票日 3 月 3 日,4 個月到期。
   (2) 出票日 4 月 6 日,60 天到期。
4. 試說明備抵損失之性質。
5. 何謂應收款項?
6. 何謂帳齡分析表?
7. 備抵法提列預期信用減損損失金額,有哪些方法?

二、是非題

(　　) 1. 備抵損失是應收帳款的抵銷科目。
(　　) 2. 按應收帳款餘額百分比法提列預期信用減損損失時,對備抵損失帳戶中已有之餘額可不加考慮。
(　　) 3. 採用帳齡分析法估計預期信用減損損失時,對所有欠帳期間的帳款採用同一固定信用損失比率來估計。
(　　) 4. 某張票據發票日為 5 月 5 日,45 天到期,故到期日為 6 月 18 日。
(　　) 5. 當收到附息票據時,應收票據應按其本利和入帳。
(　　) 6. 應收票據到期值即票據面額加利息。
(　　) 7. 張三於 ×2 年 4 月 6 日交來票據一紙,60 天到期,年利率 4%,面額 $20,000,以償還其貨款。其到期日為 6 月 6 日。
(　　) 8. 在備抵法下,期末調整前,備抵損失帳戶出現借方餘額,代表去年預期信用減損損失估計太多。
(　　) 9. 票據時間愈長,則利息會愈小。

三、選擇題

( ) 1. 在備抵法下，應收帳款沖銷時，應收帳款之淨變現價值會
   (1) 增加
   (2) 減少
   (3) 不變
   (4) 不一定。

( ) 2. 收到台美公司票據一紙，償還貨款，面額 $10,000，年息 5%，3 個月到期。到期值為
   (1) $150
   (2) $125
   (3) $10,150
   (4) $10,125。

( ) 3. 當應收票據無法兌現時，則借方應收帳款的金額為何？
   (1) 應收票據到期值加利息
   (2) 應收票據面額
   (3) 應收票據到期值
   (4) 以上皆非。

( ) 4. 收到李四開來票據一紙，面額 $20,000，年息 4%，開票日期為 3 月 9 日，4 個月到期。到期日為
   (1) 7 月 7 日
   (2) 7 月 8 日
   (3) 7 月 9 日
   (4) 7 月 10 日。

( ) 5. 備抵法下，何時應借記預期信用減損損失？
   (1) 實際確定某客戶帳無法收回
   (2) 發生銷貨交易時
   (3) 期末估計減損損失提列
   (4) 應收帳款逾期未收回。

( ) 6. 東風公司本月有甲客戶，用東風公司信用卡刷卡消費$1,000，此卡月利率 1.5%，在約定付款日後一個月，甲客戶並未付款，客戶的欠款為
   (1) $15
   (2) $1,000
   (3) $1,015
   (4) 以上皆非。

( ) 7. A 公司×2 年及×3 年底備抵損失餘額分別為 $60,000 及 $75,000。假設該公司×3 年底有預期信用減損損失$43,000，請問×3 年沖銷多少預期信用減損損失？
   (1) $22,000
   (2) $28,000
   (3) $24,000
   (4) $18,000。

(　　) 8. B 公司×2 年及×3 年底備抵損失餘額分別為 $20,000 及 $45,000。假設 B 公司在×3 年沖銷預期信用減損損失 $37,000，試求×3 年提列之預期信用減損損失為

(1) $60,000　　(2) $62,000
(3) $65,000　　(4) $66,000。

四、計算題

1. 蓮花公司在×1 年 12 月 31 日資產負債表上應收帳款有 $45,000，備抵損失貸餘 $500。×2 年 1 月份發生交易如下：

   (1) 賒銷收入 $72,000。
   (2) 由帳款收現 $68,500。
   (3) 前客戶帳款認定無法收回而沖銷，現又收到 $600。
   (4) 公司從應收帳款帳齡分析後，認定應有 6% 無法收回。

   試作：上述交易分錄及在×2 年 1 月 31 日資產負債表上應收帳款及備抵損失的金額。

2. 山谷公司在×1 年底估計信用損失為當年年底應收帳款 $250,000 之 3.5%，調整前備抵損失餘額為貸額 $250，在×2 年 2 月 5 日客戶四竹公司宣告破產，帳款 $3,000 決定予以沖銷。到 11 月 3 日四竹公司資產拍賣可收回 $900。
   試作：上述交易分錄。

3. ×1 年 12 月 5 日收到客戶為了償還帳款而開立的票據，面額 $50,000，年利率 4%，45 天到期。

   試作：(1) a. 12 月 5 日收到票據之分錄。
   　　　　　b. 12 月 31 日應計利息的調整分錄。
   　　　　　c. 票據到期時，收到票款及利息分錄。
   　　　(2) 上述票據到期時，發票人違約未還款之分錄。

4. 大地公司×1年有關資料如下：

賒銷淨額	$1,500,000
實際發生預期信用減損損失沖銷數	36,000
×1年初備抵損失餘額(貸方)	30,000
×1年底應收帳款餘額	290,000

根據帳齡分析應收帳款，估計有5%無法收回，試作有關的分錄。

5. 綠地公司×2年有關銷貨與收現的資料如下：

4月2日 賒銷商品給大地公司$31,000，條件1/10，n/30。
5月2日 收到大地公司開出45天，年息5%的票據，以抵付帳款到期。
6月16日 大地公司如期支付票據款及利息。

試作：上述相關分錄。

6. 試計算加大公司下列未知數。

應收票據	開立日期	期 間	到期日	本　金	年利率	利息總額
(1)	3月2日	45天	?	$400,000	5%	?
(2)	6月7日	60天	?	240,000	?	1,600
(3)	9月12日	3個月	?	120,000	3%	?

7. 試作公理公司下列交易之分錄。

×2年11月2日　客戶李四之應收帳款到期，故簽開票據一紙償付，面額$10,000，90天到期，年息6%，開票日為11月1日。
　　12月31日　期末調整上述資料。
×3年1月30日　李四付清今日到期之票據。

8. 試作真相公司下列交易之分錄。

×2年 4月5日　賒銷商品給王五，收到票據一紙$6,000，3個月到期，年利5%。
　　　7月6日　王五違約，不能支付昨日到期票據。
×3年5月20日　王五宣告破產，真相公司決定沖銷其帳款。

9. 朝陽公司在×2年12月31日調整前備抵損失有借差 $11,500，該年度銷貨 $1,000,000，銷貨折扣 $20,000，銷貨退回與讓價有 $30,000。公司用應收帳款餘額百分比法來估計信用損失率，估計有 5% 收不回來，或由帳齡表估計收不回來之帳款為 $17,000。

試作，由上述兩個方法，分別計算(1)和(2)：

(1) 計算預期信用減損損失金額。
(2) 提列預期信用減損損失之分錄。

第 9 章

不動產、廠房及設備、天然資源、無形資產

國際財務報導準則 (IFRS) 與一般公認會計原則 (GAAP) 不同之處

	IFRS	GAAP
1. 研究與發展成本		
研究成本	費用化	費用化
發展成本	部份資本化(符合條件者)，部份費用化	費用化
2. 資產重估增值	允許不動產、廠房及設備、無形資產(除了商譽)重估價	不允許資產重估價
3. 組成部份折舊 　　不動產、廠房及設備內之組成部份單獨提列折舊	需要	不需要
4. 資產減損	允許修正(轉回減損損失)	不能轉回
5. 折舊方法改變及使用年限改變	會計估計	會計估計
6. 年數合計法	不採用	繼續採用

企業正常營運中，須使用各種前面介紹的流動資產，如現金、存貨及應收帳款等，本章先介紹的是非流動資產，首先是不動產、廠房及設備等資產，供日常營運使用。這些資產通常具有較長使用年限且有實體存在，此類資產稱**固定資產**(Fixed Assets)或稱**不動產、廠房及設備**(Property, Plant and Equipment)，亦稱廠房資產。有些企業因行業所需，取得煤礦、鐵礦及石油等，此類資源稱之**天然資源**(Natural Resources)。另有一些同樣供營業使用，有較長年限卻無實體存在的非貨幣性資產，這類資產稱為**無形資產**(Intangible Assets)。

本章主要是說明不動產、廠房及設備的會計處理及簡介天然資源與無形資產。

9.1 不動產、廠房及設備

企業不論規模大小，均須有不動產、廠房及設備來從事營運，不動產、廠房及設備通常佔企業資產的絕大部份。現就其特性、成本的決定、內容、成本的分攤、處分及後續支出分六部份來討論。

1. 特　性

不動產、廠房及設備須具備下列三種性質：

⑴ 有實體存在，看得見、摸得到的資產。
⑵ 使用年限超過一年。
⑶ 供營業使用而不準備出售。如有閒置土地，應列為長期投資，而不能歸屬於不動產、廠房及設備。

2. 成本的決定

不動產、廠房及設備之成本，包括使資產達到可使用狀態為止一切合理且必要的支出，如：發票金額、運費、途中保險、安裝等支出，均應包含在成本之內。

3. 不動產、廠房及設備之內容及成本

◆ **土　地**

目前營業使用之土地，成本包含購買價格、過戶費、稅捐等，因其為永久性

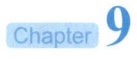

資產，不須攤提折舊。

◆ **土地改良物**

附著於土地之上，如：停車場、照明設備、圍牆等，因其有使用年限，故須提列折舊。

◆ **建築物**

成本包含購買價格、佣金等，所有為取得供營業上使用之自有建築物之支出。

◆ **機器設備**

包括發票價格淨額(不論是否取得現金折扣，一律扣除，若未取得折扣，視為財務費用)、運費、保險費、試車等成本；總之，在正式使用或操作前，一切合理且必要的支出，均屬成本。

有時企業用一筆價款，同時購入多項資產是為整批購買。而資產因性質不同或使用年限不同(土地為永久性資產，不須提列折舊；房屋、機器等均會毀損，故須提列折舊)，須將總價款分攤於各項資產，通常採用相對公允價值模式來分配成本。相對公允價值模式是以每項資產單獨購買時所支付之價格佔全部資產總成本之比例，來分攤到買進時各項資產。現舉例如下：

現以總價 $1,020,000 買入一塊土地及建築物，如單獨購買土地值 $800,000，建築物 $400,000。按相對公允價值，其成本分配如：

	公允價值	比　例	成本分配
土地	$　800,000	8/12	$680,000
建築物	400,000	4/12	340,000
	$1,200,000		$1,020,000

若購入之資產的公允價值無法取得，可以請專業鑑定人來評估各項資產價值，再按相對比例來分配成本。

有時設備資產並非現金購買，而是由本公司股票或其他資產交換而來。此時設備資產的成本，應以換入資產或換出資產之公允價值入帳，兩者中以較為明確者為準。

某些資產雖符合不動產、廠房及設備的三種特性，但因金額很小，基於重大

性原則(當交易事項後果,不會影響決策,其處理方法可以從權處理。也就是說,當性質特殊或金額重大時,視為重大事項,反之則否)。如以 $300 買進一垃圾桶,估計可用三年,雖符合不動產、廠房及設備的三個特性,但因其金額很小,故直接列為費用,對財務報表的表達將無重大影響。

4. 成本之分攤—折舊

不動產、廠房及設備在使用後,由於物質上消耗、損壞或功能上的過時,或不合經濟效益等,資產的價值會往下遞減。因而在取得資產時,須先估計使用年限,在年限內以一種合理而有系統的方法,將成本分攤為費用之程序,稱之**折舊**(Depreciation)。

折舊時須考慮三個因素,即成本、使用年限及殘值。所謂使用年限,是該資產預期貢獻服務的年限,也可以是時間或生產數量。管理當局在估計使用年限時,應考慮各種原因,如維修政策、科技進步、產品更新等因素。所謂**殘值**(Salvage Value),是使用年限屆滿時,資產之處分所得。通常成本減殘值為應提列折舊之總額,稱**可折舊成本**。

提列折舊時,不能直接貸記資產,而是以「累計折舊」科目代替。其用意是保留資產之原始成本,財務報表使用人視累計折舊之金額,即可以瞭解資產的新舊程度。同時累計折舊還得按資產類別分別列示,如累計折舊—機器等。在資產負債表之表達如下:

機器	$××	
減:累計折舊	××	××

常用的折舊方法可分為四種:

◆ **直線法**(Straight-line Method)

依不動產、廠房及設備之估計年限,每期提列相同之折舊費用,又稱平均法。此法將資產成本減殘值,再除以使用年限,就可計算每年之折舊費用。其帳面價值(成本-累計折舊)呈直線遞減,故稱直線法。其公式如下:

$$折舊費用 = \frac{成本-殘值}{估計使用年限}$$

釋例(一)

北台公司在×2年1月2日購買機器一部，成本 $320,000，估計可使用5年，殘值 $20,000，預估在使用年限內可使用 100,000 機器小時。

依直線法計算折舊，代入公式：

$$\frac{\$320,000-\$20,000}{5}=\underline{\underline{\$60,000}}$$

年底調整分錄為：

12/31	折舊費用	60,000	
	累計折舊—機器		60,000

直線法折舊表

年　度	折舊率	折舊費用	累計折舊	帳面價值
×2.1.2	—	—	—	$320,000
×2.12.31	20%	$60,000	$ 60,000	260,000
×3.12.31	20%	60,000	120,000	200,000
×4.12.31	20%	60,000	180,000	140,000
×5.12.31	20%	60,000	240,000	80,000
×6.12.31	20%	60,000	300,000	20,000

每期提列折舊，不得間斷，到第五年底，帳面價值應等於殘值。直線法由於計算簡單、容易瞭解，故廣為採用。

◆ 活動量法 (Activity Method)

依使用不動產、廠房及設備的工作時間或產出量來分攤成本的方法。此法是以可折舊的成本除以該資產之總生產量(作業量)，得出每一單位產品應提列之折舊數，再乘以每年實際之生產量，求得該期之折舊額。公式如下：

$$每單位折舊費用＝\frac{成本-殘值}{估計總產量}$$

$$每期之折舊費用＝本期實際產量×每單位折舊費用$$

利用上例之資料，假設×2年機器作業 22,000 小時，×3 年機器作業 19,000

小時，×4 年機器作業 21,500 小時，×5 年機器作業 19,500 小時，×6 年機器作業 18,000 小時。則折舊費用計算如下：

$$每小時折舊費用 = \frac{\$320,000 - \$20,000}{100,000} = \$3$$

×2 年折舊費用為 $\$3 \times 22,000 = \underline{\$66,000}$

×3 年折舊費用為 $\$3 \times 19,000 = \underline{\$57,000}$

活動量法折舊表

年　度	每小時折舊	實際小時	折舊費用	累計折舊	帳面價值
×2.1.2	—	—	—	—	$320,000
×2.12.31	$3	22,000	$66,000	$ 66,000	254,000
×3.12.31	3	19,000	57,000	123,000	197,000
×4.12.31	3	21,500	64,500	187,500	132,500
×5.12.31	3	19,500	58,500	246,000	74,000
×6.12.31	3	18,000	54,000	300,000	20,000

◆ **倍數餘額遞減法**(Double Declining Balance Method)

倍數餘額遞減法屬於加速折舊法之一種。此法假設每年使用資產服務之成本，隨資產帳面之遞減而逐年減少，故稱餘額遞減法。另因其每年使用之折舊率是固定的，又稱定率遞減法。贊成此法的人認為在資產新的時候效率高，折舊多提一些，維修費用也較少。當資產後期效率低時，折舊少提，此時維修費用則會增加。

倍數餘額遞減法其折舊率通常為直線法折舊率的倍數，可 1.5 倍、2 倍、3 倍等。直線法折舊率為 $1/n$，n 代表使用年限。倍數餘額遞減法折舊率如沒規定，則為兩倍，則為 $2/n$。此法折舊公式為：

每年折舊費用＝資產期初帳面價值×折舊率

用上例之資料，折舊費用計算如下：

$$折舊率為 \frac{2}{n} = \frac{2}{5} = 40\%$$

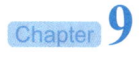

不動產、廠房及設備、天然資源、無形資產

$\times 2$ 年　$\$320,000 \times \dfrac{2}{5} = \underline{\$128,000}$

$\times 3$ 年　$(\$320,000 - \$128,000) \times \dfrac{2}{5} = \underline{\$76,800}$

每年折舊費用會往下遞減，如下表：

倍數餘額遞減法折舊表

年　度	折舊率	折舊費用	累計折舊	帳面價值
$\times 2.1.2$	—	—	—	$320,000
$\times 2.12.31$	40%	$128,000	$128,000	192,000
$\times 3.12.31$	40%	76,800	204,800	115,200
$\times 4.12.31$	40%	46,080	250,880	69,120
$\times 5.12.31$	40%	27,648	278,528	41,472
$\times 6.12.31$	40%	21,472*	300,000	20,000

*$41,472 - $20,000 = $21,472。

此法在計算折舊時，並未先扣除殘值，故在最後一年計算折舊時，要使帳面價值正好等於殘值。同時要補充說明的是此法既是倍數餘額遞減法，所以折舊率可以是直線法的 1.5 倍、2 倍、2.5 倍均可，但若未指明折舊率，通常採 2 倍計算。

◆ **畸零年數之折舊**

有時某些廠房資產，並非全在期初取得，則取得年度使用資產的時間將不足一整年，此時計算折舊時，通常須以全年之折舊乘以持有月數佔全年之比例。以後各年折舊則都是全年計算。現舉例如下：

釋例㈡

台北公司在 $\times 2$ 年 4 月 1 日買進機器一部，成本 $250,000，可使用 5 年，殘值 $10,000，估計可使用 100,000 機器小時。$\times 2$ 年底，該機器共使用 1,200 小時，$\times 3$ 年共使用 2,100 小時。台北公司採曆年制。試用上述三種方法，計算 $\times 2$ 年及 $\times 3$ 年折舊費用。

1. **直線法**

$$\frac{\$250,000-\$10,000}{5}=\$48,000$$

×2 年　折舊費用　$\$48,000\times\frac{9}{12}=\underline{\underline{\$36,000}}$

×3 年　折舊費用　$\underline{\underline{\$48,000}}$

2. **活動量法**

$$\frac{\$250,000-\$10,000}{100,000}=\$2.40(小時)$$

×2 年　折舊費用　$\$2.40\times1,200=\underline{\underline{\$2,880}}$
×3 年　折舊費用　$\$2.40\times2,100=\underline{\underline{\$5,040}}$

3. **倍數餘額遞減法**

×2 年　折舊費用　$\$250,000\times\frac{2}{5}=\$100,000$

$\$100,000\times\frac{9}{12}=\underline{\underline{\$75,000}}$

×3 年　折舊費用　$(\$250,000-\$75,000)\times\frac{2}{5}=\underline{\underline{\$70,000}}$

◆ **折舊之修正**

企業的某些廠房資產有時在使用一段期間後，因使用情況或環境因素的改變，使得估計耐用年限或殘值變化，便須修正折舊。這些估計耐用年限和殘值的改變，稱為「**會計估計的變動**」。當發生廠房資產耐用年限的變動時，不必追溯調整前期折舊費用，僅須重新計算當期及以後各期之折舊。舉例如下：

釋例(三)

北台公司在×1 年初購入機器一部成本 $75,000，估計使用年限 10 年，殘值 $5,000。×4 年初，發現尚可使用 6 年，殘值 $3,000。該公司採直線法提列折舊，試計算×3 年及×4 年之折舊費用。

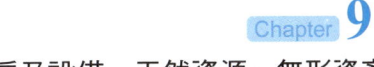

×1、×2、×3 年每年之折舊費用

($75,000 − $5,000) ÷ 10 ＝ $7,000
三年共提列 $7,000 × 3 ＝ $21,000
×4 年初之帳面價值為 $75,000 − $21,000 ＝ $54,000

×4 年後每年之折舊費用

($54,000 − $3,000) ÷ 6 ＝ $8,500

國際會計準則公報對折舊方法，如活動量法改為倍數餘額遞減法，視為會計估計之變動，不須調整以前所提折舊，僅須從當期及以後各期計算新的折舊。我國財務會計準則公報主張亦同。

◆ **組成部份折舊**(Component Depreciation)

國際財務報導準則對不動產、廠房及設備各重大組成部份，有不同的估計使限時，應分別提列折舊，其餘非屬重大部份，則可允許合併提列折舊用年(資產價值減損與重估價，請參考本章附錄)。

5. 不動產、廠房及設備之處分

當不動產、廠房及設備使用一段時間後，會因損壞、陳舊過時或不再需要時，將之處分。處分方式有報廢、出售或交換。不論何種方式處分，都應先決定資產在處分日之帳面價值。舉例如下：

釋例(四)

曉星公司在 ×1 年 1 月 2 日買進一設備 $120,000，估計耐用年限 5 年，殘值為零。公司用直線法提列折舊，採曆年制。其 ×1 年分錄為：

×1 年 1/2	設備	120,000	
	現金		120,000
12/31	折舊費用	24,000	
	累計折舊		24,000

◆ **報　廢**

不動產、廠房及設備因損壞或其他原因不能供營業上使用，且無任何價值時，則予以報廢。此時須將其成本與累計折舊之金額沖銷即可。若兩者之間

尚有差額則須認列處分資產損失。

承釋例 (四)，假設在×5 年 12 月 29 日直接報廢。其分錄為：

×5年12/29	折舊費用($120,000/5)	24,000	
	累計折舊—設備		24,000
	累計折舊—設備	120,000	
	設備		120,000

($24,000×5＝$120,000)

若此設備是在×5 年 6 月 30 日直接報廢。其分錄為：

6/30	折舊費用($24,000×$\frac{6}{12}$)	12,000	
	累計折舊—設備		12,000
	累計折舊—設備	108,000	
	資產處分損失	12,000	
	設備		120,000

($24,000×4.5＝$108,000)

◆ **出　售**

不動產、廠房及設備出售時，應將處分所得與帳面價值間之差額，認列為處分資產損益。

承釋例 (四)，假設設備在 6 月 30 日以 $14,000 賣出，分錄為：

6/30	折舊費用	12,000	
	累計折舊—設備		12,000
	現金	14,000	
	累計折舊—設備	108,000	
	資產處分利益		2,000
	設備		120,000

若此設備在 6 月 30 日以 $7,000 賣出，其分錄為：

現金	7,000	
累計折舊—設備	108,000	
資產處分損失	5,000	
設備		120,000

資產處分利益或資產處分損失列入損益表之其他收入或其他損失。

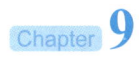

◆ 交　換

交換部份較為複雜，留待中級會計學再進一步討論。

6. 不動產、廠房及設備之後續支出

不動產、廠房及設備取得後之使用期間可能發生若干增添、改良及維修支出等。會計上將取得後之支出分為資本支出與收益支出兩大類。所謂**資本支出**(Capital Expenditures)是指支出所發生的經濟效益及於當期和以後各期者(亦即經濟效益超過一年以上者)。所謂**收益支出**(Revenue Expenditures)，其支出所帶來的效益僅及於當期者。至於所謂經濟效益，包括資產品質的提高、耐用年限的延長、營運效率的維持等。

資本支出的會計處理方法為借記資產帳戶，適用於品質的提高，如擴充、改良等。至於收益支出，則包括例行性維修、檢查等，直接借記費用處理。茲將資本支出及收益支出之處理彙總列表如下：

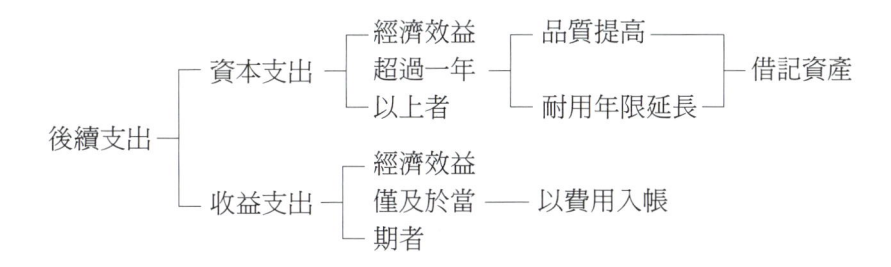

```
                   ┌─ 資本支出 ─┬─ 經濟效益  ┬─ 品質提高 ────┐
                   │            │  超過一年  │                ├─ 借記資產
後續支出 ─────────┤            └─ 以上者    └─ 耐用年限延長 ┘
                   │
                   └─ 收益支出 ─── 經濟效益 ───── 以費用入帳
                                   僅及於當
                                   期者
```

釋例(五)

巴西公司於 6 月 1 日添購汽車用音響設備 $26,000，10 月 4 日又進行汽車例行維修 $2,000。試作：相關分錄。

6/1	運輸設備	26,000	
	現金		26,000
10/4	維修費用	2,000	
	現金		2,000

區分資本支出與收益支出是非常重要的。若資本支出誤記為收益支出的話，則當期費用高估，資產低估，同時還影響以後各期之折舊費用，純益全被誤記了。

若收益支出誤記為資本支出，則影響正好相反。

9.2　天然資源

　　天然資源又稱遞耗資產，包括煤礦、金礦及石油礦等(在國際會計準則認為森林屬生物資產，在開採前，生物資產每年要調整公允價值)，其價值會隨著開採、挖掘等而漸漸耗竭。天然資源經開採後變成存貨，可供出售。天然資源之成本包含取得、探勘及開發等方面。以礦藏而言，其取得成本包括購買礦藏之買價或申請採礦權的成本。

　　天然資源亦須以合理而有系統的方法將成本分攤成費用，稱為折耗費用，通常多採活動量法來攤提。亦即天然資源的成本減去殘值之後，除以估計的總蘊藏量，求出每單位折耗率，再乘以本期開採量，求出本期折耗費用。最後將折耗費用與其他開採成本合併，再轉到存貨總成本中。

釋例(六)

　　金石公司在×2年2月14日買進一礦場 $1,250,000，估計有煤礦蘊藏量500,000噸，無殘值。在×2年共採得煤礦60,000噸。試作：×2年相關之分錄，並列示在資產負債表上。

```
×2年 2/14      煤礦礦藏                    1,250,000
                   現金(或應付帳款)                       1,250,000

        每單位折耗費用    $1,250,000 ÷ 500,000 ＝ $2.50
        本期折耗費用      $2.50 × 60,000 ＝ $150,000

×2年 12/31     折耗費用                      150,000
                   累計折耗—煤礦礦藏                      150,000
```

　　累計折耗代表已分攤或已開採資源的成本。累計折耗與累計折舊一樣，均為資產的抵銷科目，視為天然資源成本的減項。在資產負債上列示如下：

```
天然資源
    煤礦礦藏                          $1,250,000
    減：累計折耗—煤礦礦藏              (150,000)
                                      $1,100,000
```

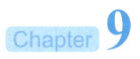

在開採時所用之機器設備等之折舊,須注意兩點:

(1) 機器設備等資產在礦產開採完畢之後,可移往他處使用者,則可照原使用年限提列折舊。
(2) 機器設備等資產在礦產開採完畢之後,別無他用,則須就原資產使用年限與天然資源的開採年限做比較,取其短者。通常附著於天然資源之機器設備,都採活動量法來攤提折舊。

9.3 無形資產

無形資產指可為企業帶來長期利益而不具實體之非貨幣性資產,通常須符合下列三條件:

1. 具有可辨認性

指可與企業分離或與其他權利義務分開,如專利權、特許權等。

2. 可被企業控制

企業須有能力獲取經濟效益,這些能力多來自法律的保障,如版權、專利權等。

3. 具有未來經濟效益

企業因擁有這些資產,須能產生未來現金流入或未來現金流出之減少。

無形資產多為一種權利或競爭上之優勢。無形資產應以實際取得成本為入帳之基礎,且支出能得到未來利益者。無形資產若是外部取得,其成本容易決定;若為內部自行研究發展成功,則須注意其產生過程。研究階段包含新知識的發現,此階段無法證明其未來經濟效益,在發生時認列為費用。發展階段,是將新知識的發現,應用或有商業價值的成果,如能技術可行及有能力完成出售或使用,可帶來未來經濟效益即應資本化,認列無形資產。在技術可行之前,其支出還是列記費用。

企業舉凡專利權、商標權、版權等都是無形資產。其定義如下：

專利權：發明者製造、出售或使用其發明之權利。
商標權：企業所用商品之名稱及圖樣。
版　權：可印刷或發行著作的權利。
商　譽：性質非常特殊的無形資產，因其不可個別辨認和分割的特性。商譽的存在，只有在與整個企業融為一體亦即在併購其他企業時，購買成本的一部份，才有可能認列商譽，因為其多與產品品質優良、地點好、絕佳的服務等因素所造成，通常會給企業帶來超額盈餘。

無形資產之會計處理

無形資產通常按成本入帳，其分類為有耐用年限與不確定耐用年限兩種。有耐用年限之無形資產之取得成本應於其效益期間以合理而有系統的方法予以分攤，稱為**攤銷**。攤銷方法常採直線法，且不考慮殘值。不確定年限之無形資產(如：商譽、商標等)可不予攤提，但每年期末做減損評估其價值，若有降低價值則要沖銷(參考附錄資產減損)。至於有耐用年限的無形資產的攤銷，其耐用年限為合約年限(或法定權限)與經濟年限兩者較短者。現舉例如下：

釋例(七)

鴻運公司於×2年1月3日以$900,000買進一專利權，估計耐用年限10年。×3年間為維護專利權發生訴訟支出$100,000，獲得勝訴。試作：×2年及×3年所有相關的分錄。

×2年1/3	專利權	900,000		
	現金		900,000	
12/31	攤銷費用	90,000		
	專利權		90,000	
×3年12/31	訴訟費用[1]	100,000		
	現金		100,000	
	攤銷費用	90,000		
	專利權		90,000	

---

[1] 無形資產之後續支出(如訴訟支出)，不論勝訴或敗訴，通常都認列為費用。除非有明確證據顯示後續支出所帶來之績效超過原始評估之績效時，才可將此支出資本化。

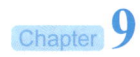

如訴訟失敗，則借記損失，貸記專利權。

在資產負債表的表達方式如下：

<table>
<tr><td colspan="3" align="center">××公司
資產負債表(部份)
×2年12月31日(百萬計)
(數字為假設)</td></tr>
<tr><td>不動產、廠房及設備</td><td></td><td></td></tr>
<tr><td>　土地</td><td></td><td>$35</td></tr>
<tr><td>　建築物</td><td>$22</td><td></td></tr>
<tr><td>　　減：累計折舊</td><td>(4)</td><td>18</td></tr>
<tr><td>　　小計</td><td></td><td>$53</td></tr>
<tr><td>無形資產</td><td></td><td></td></tr>
<tr><td>　專利權</td><td></td><td>2</td></tr>
<tr><td>　　合計</td><td></td><td>$55</td></tr>
</table>

9.4　生物資產與農產品

◆ **生物資產**

指企業農場上所飼養的動物及在農場上所生長之作物及農產品。亦即具有生命之動物與植物。如所飼養的乳牛或是森林之林木及種植的玫瑰花等。

◆ **農產品**

指生物資產之收成品，如飼養之乳牛、雞、鴨等生產之牛奶、雞蛋、鴨蛋等。

附錄　資產價值減損與重估價

1. 不動產、廠房及設備資產價值減損

　　資產減損根據財務會計準則公報第 35 號，認為資產的帳面價值不超過可回收金額。資產帳面價值若超過可回收金額(資產之淨公允價值[2]及其使用價值[3]，取其高者)，即產生資產減損。所謂資產帳面價值指列在資產負債表上的金額，應能透過使用或出售而回收。當確定資產帳面價值大於其可回收金額時，該資產即已發生減損，應將其帳面金額降低至可回收金額，並認列資產減損損失。

　　現舉一簡單的例子說明資產減損之會計處理。假設美華公司在×1 年初買進一設備 $2,000,000，估計可使用 10 年，無殘值。該公司採直線法提列折舊。在×6 年底，預估該設備剩餘年限為 2 年，而未來該設備現金流量的折現值(使用價值)為 $600,000。試作：×6 年底資產減損之分錄及×7 年之折舊分錄。

　　　　折舊費用 $2,000,000÷10＝$200,000
　　　　累計折舊 $200,000×6＝$1,200,000
　　　　帳面價值 $2,000,000－$1,200,000＝$800,000

　　因帳面價值大於可回收現金價值 $600,000，故有資產減損損失 $200,000。其減損分錄為：

×6 年 12/31　　減損損失　　　　　　　200,000
　　　　　　　　　累計減損—設備　　　　　　　200,000

　　減損損失列於損益表之營業外費用，累計減損亦為資產的減項，列為累計折舊底下。表達方式如下：

<table>
<tr><td colspan="3" align="center">甲公司
資產負債表
×6 年 12 月 31 日</td></tr>
<tr><td>資產</td><td></td><td></td></tr>
<tr><td>　⋮</td><td></td><td></td></tr>
<tr><td>設備</td><td>$2,000,000</td><td></td></tr>
<tr><td>　減：累計折舊</td><td>(1,200,000)</td><td></td></tr>
<tr><td>　　累計減損</td><td>(200,000)</td><td>$600,000</td></tr>
</table>

---

[2] 資產出售所得減銷售成本。
[3] 資產使用期間產生淨現金流入之折現值。

第二年經過資產減損之後，設備新帳面價值為 $600,000，剩餘年限為 2 年，故以後每年提列折舊 $600,000÷2＝$300,000。

×7 年 12/31　折舊費用　　　　　　　300,000
　　　　　　　　累計折舊—設備　　　　　　　　300,000

2. 不動產、廠房及設備重估價

國際會計準則公報第 16 號允許對不動產、廠房及設備重估價，若其公允價值能可靠衡量時，可以重估價值列記，我國也允許對營利事業辦理重估價，以確保帳面價值與公允價值無重大差異。若兩者無重大差異，僅需每三年或五年重估一次。若公允價值變動大時，則於報導期間結束日，進行重估價。

釋例(八)

年代公司年初買進機器設備價值 $2,000,000，使用年限 10 年，無殘值，採直線法提列折舊，其分錄為：

　　　　　折舊費用　　　　　　　200,000
　　　　　　　累計折舊—機器設備　　　　　200,000

在第一年年底，提完折舊後，帳面價值為 $1,800,000，獨立評估人決定公允價值為 $1,900,000，此時須做重估價之分錄。

　　　　　累計折舊—機器設備　　　200,000
　　　　　　　機器設備　　　　　　　　　100,000
　　　　　　　其他綜合損益—重估增值　　　100,000

重估價增值(Revaluation Surplus)**列入其他綜合淨利**——不動產、廠房及設備重估價，是重估價的新帳面價值大於原帳面價值之差額，並累計至權益中之重估增值項下。

作業

一、問答題

1. 何謂折耗？
2. 試述無形資產的特質。
3. 何謂加速折舊法？優點為何？
4. 不動產、廠房及設備用於天然資源時，折舊須注意哪些問題？
5. 何謂資本支出？何謂收益支出？
6. 無形資產分為哪兩類？
7. 專利權取得後，發生訴訟，其支出應如何處理？
8. 折舊方法中，何者求出的折舊費用會是前期較多，後期較少？

二、是非題

( ) 1. 凡屬於企業所有之土地，均應視為不動產、廠房及設備之一部份。
( ) 2. 企業創業期間因設立所發生之必要支出均屬開辦費，應於發生時，列為當期費用。
( ) 3. 在倍數餘額遞減法下，每年的折舊費用將隨使用年限之增加而減少。
( ) 4. 由於天然資源之開採情況，非人力所能決定，故不需提列折耗。
( ) 5. 無形資產之使用年限可確定者，其成本應予攤銷；若使用年限不確定者，可不予以攤提。
( ) 6. 用以開採礦產之設備應按其可使用年限提列折舊，且與礦產之折耗一併算入存貨成本。
( ) 7. 無形資產通常都不具實體。
( ) 8. 折舊方法由直線法改為倍數餘額遞減法，視為會計估計之變動。

三、選擇題

( ) 1. 下列何種折舊方法，不需考慮資產殘值？
　　(1) 直線法　　　　　　　(2) 活動量法
　　(3) 倍數餘額遞減法　　　(4) 全部都要。

(　) 2. 折舊的性質為
　　(1) 反映該資產當年度之使用價值
　　(2) 提供未來資產重置所需資金
　　(3) 一種將成本攤銷為費用的步驟
　　(4) 用來使資產的帳面價值與市價相當的方法。

(　) 3. 下列方法中，不屬於平均法的是
　　(1) 直線法　　　　　　(2) 倍數餘額遞減法
　　(3) 活動量法　　　　　(4) 以上皆非。

(　) 4. 某一機器成本 $46,000，估計可使用 5 年，殘值 $1,000。在 5 年使用期滿後，予以報廢，會產生損益
　　(1) 損失 $1,000　　　　(2) 利益 $1,000
　　(3) 0　　　　　　　　(4) $9,000。

(　) 5. 下列哪一種方法最常用以計算無形資產之攤銷？
　　(1) 直線法　　　　　　(2) 活動量法
　　(3) 倍數餘額遞減法　　(4) 以上皆是。

(　) 6. 購買土地後，於其上規劃停車場而做之支出應視為
　　(1) 土地之成本　　　　(2) 當費用處理
　　(3) 租賃資產　　　　　(4) 土地改良物。

(　) 7. 收益支出是借記
　　(1) 累計折舊帳戶　　　(2) 資產帳戶
　　(3) 費用帳戶　　　　　(4) 收益帳戶。

(　) 8. 某一設備估計使用年限為 5 年，採直線法提列折舊，無殘值。在使用到 4 年後，累計折舊為 $44,000，試問該設備之成本為何？
　　(1) $44,000　　　　　　(2) $55,000
　　(3) $11,000　　　　　　(4) 以上皆非。

四、計算題

1. 明星公司於 ×1 年 10 月 1 日買進機器一部，成本 $600,000，估計可使用 5 年，殘值 $50,000，該部機器預估可生產 100,000 件產品，公司採曆年制。×1 年生產 5,500 件產品，×2 年生產 18,600 產品。試以：

(1) 直線法

(2) 活動量法

(3) 倍數餘額遞減法

計算×1年及×2年折舊費用。

2. 中台公司×1年初購入機器 $220,000，估計可用 5 年，殘值 $20,000，採直線法提列折舊。

試作：(1) ×4 年底帳面價值。

　　　(2) ×5 年 6 月 30 日處分此機器，試以下列情況分別做分錄。

　　　　(a) 機器報廢。

　　　　(b) 機器以 $20,000 出售。

　　　　(c) 機器以 $45,000 出售。

3. 德明公司有三部機器，有關資料如下，試計算×3年底之帳面價值。

機器	成　本	殘　值	耐用年限 (使用時數)	折舊方法	啟用日期
甲	$500,000	$50,000	5 年	直線法	×1.3.1
乙	400,000	40,000	9 年	倍數餘額遞減法	×1.1.1
丙	300,000	20,000	5 年 (10,000 小時)	活動量法	×1.10.1

補充資料： ×1 年丙機器共使用 540 小時，×2 年使用 2,200 小時，×3 年使用 1,980 小時。

4. 貝克公司在×5年度發生之交易如下：

1 月 1 日　報廢一部在×1年初買進的機器，成本 $60,000，估計使用年限 4 年，無殘值。

6 月 30 日　將×2年初買進的設備出售，成本 $35,000，估計使用年限 8 年，無殘值，此設備以 $18,000 出售。

12 月 31 日　將×1年初買進之汽車一部，今日報廢。汽車成本 $40,000，估計可使用 6 年，殘值 $4,000。

試作：上述有關分錄，假設貝克公司採用直線法提列折舊。(採曆年制)

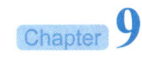

5. 銘傳公司於×2年1月2日買進一項專利權$32,000，估計尚有8年經濟年限。×3年7月1日公司花費$10,000成功地防衛了專利權的訴訟。試作：有關×2、×3年有關之分錄。

6. ×2年11月3日買進一座礦山$2,000,000，估計此礦山含有1,000,000噸的煤礦，×2年度共開採了30,000噸煤礦，當礦藏開採完畢時，土地尚值$220,000。試計算×2年之折耗及相關分錄。

7. 二水公司×3年初買進一機器，成本為$12,000，耐用年限5年，殘值$2,000。×5年初因機器狀況極佳，認為此機器尚可使用4年，殘值為$1,000。

   試作：×3年到×5年相關分錄。

8. 德川公司在×2年發生下列事項：

   2月1日　買進一小公司，記錄商譽$90,000，其耐用年限為不確定。
   5月1日　買進$50,000專利權，法律年限還有8年，估計尚可使用5年(經濟年限)。

   試作：12月31日之調整分錄。

9. ×1年1月2日明珠公司買進一機器，成本$42,000，估計可用5年，殘值$2,000，採直線法提折舊。

   試求：(1) 機器在×4年12月31日之帳面價值。
   　　　(2) 假設在×5年4月1日將處置此機器，做此日之折舊分錄。
   　　　(3) 機器在×5年4月1日，以下列各種方式處置：
   　　　　(a) 機器以$10,000賣出。
   　　　　(b) 機器以$2,000賣出。

10. 明珠公司在×1年中將一成本$58,000之設備報廢。試以下列情況分別做設備報廢之分錄。

    (1) 此設備已提完折舊，累計折舊已提到$58,000。
    (2) 此設備在報廢時，累計折舊已提列$54,000。

第 10 章

負 債

國際財務報導準則 (IFRS) 與一般公認會計原則 (GAAP) 不同之處

	IFRS	GAAP
1. 或有負債 (Contingent Liability)	對「或有負債」名詞,保留使用,只在有「潛在義務」時,同時不會認列在財務報表,只會附註揭露。	如「或有負債」很有可能發生,且金額可合理估計,會在財務報表認列入帳。如不符合兩項條件,則在報表附註揭露。
2. 負債準備	使用「負債準備」(Provisions)是對不確定時間或金額的負債,如產品售後服務保證。	對很有可能發生的負債,有不確定時間或金額,列記於「或有負債」(Contigent Liability)。
3. 公司債溢、折價	(1) 限定使用有效利息法來攤銷公司債溢折價。 (2) 公司債溢折價直接從公司債面額加或減,用淨額表示。	(1) 如有效利息法和直線法攤銷溢折價差額不大,則兩者均可。 (2) 單獨設公司債溢價或公司債折價科目。
4. 報表排列順序	編製資產負債表時,有時負債列於資產上方,又有時非流動負債亦可列在流動負債之上。	編製資產負債表照傳統順序排列。

負債是企業因以前交易或事項所產生的經濟義務,必須於未來用經濟資源或提供勞務來償還者。企業在經營中,常因擴張與成長而須融通資金,來達到預期目標。由於負債是未來資產或勞務的償還,而何時償還,區分為流動負債與非流動負債。

本章旨在說明流動負債及非流動負債之意義、分類與會計處理。

10.1　流動負債(Current Liabilities)概述

負債係指過去發生之交易或事件所產生之經濟義務,而在將來須以經濟資源(資產)或提供勞務償還者。負債包含流動負債及非流動負債。

1. 流動負債的意義

流動負債係指:

(1) 因營業而發生的債務,預計在企業之正常營業週期中清償。
(2) 主要為交易目的而持有。
(3) 須於資產負債表日後十二個月內清償。
(4) 企業不能夠自主地延期至資產負債表日後一年以上清償。

企業因營業活動所產生的負債,大多為流動負債,如應付帳款、應付票據、應付薪資等。其他非因營業活動而產生,但在一年內到期者,也屬於流動負債,如短期借款、長期負債一年內到期部份等。

2. 流動負債之評價

理論上流動負債或非流動負債都應以現值評價入帳。但在實務上,營業活動所產生的負債,到期日都不長,故負債的現值與到期值差異不大,因此流動負債多以面值記錄。

3. 流動負債之分類

流動負債按其發生之確定性,可分為:

◆ **確定負債**

負債已確實發生,但其金額又可分為:

(1) 金額已確定者──發生時即入帳，如應付帳款、應付票據、應付利息等。
(2) 金額不確定者──發生時即入帳，金額雖不確定，但可合理估計，如應付所得稅等。

◆ **或有負債**

負債的事實是否存在，目前尚不確定，須視未來某些情況而定，負債也許發生，也許不會發生。

10.2 確定之流動負債

確定負債是企業與外界經由契約或法律規定而產生者，通常是由正常營業活動產生的短期負債或是提供企業短期資金的金融負債。其存在性與金額均已確定。現就常見之確定負債說明如下。

1. 應付帳款

應付帳款是指企業賒購商品或勞務而產生之負債。主要之會計問題為入帳時間及入帳金額的決定。應付帳款之入帳時間通常在收到發票及商品後。但在期末時，須特別注意是否有進貨**起運點交貨** (FOB Shipping Point)。若是，則供應商已將商品交運而尚未收到，此時盤點期末存貨時要包括在內，同時也要及時入帳，否則存貨資產及負債都會低估，而影響淨利。若為**目的地交貨**(FOB Destination)之進貨，則應等商品收到後所有權移轉給買方時，才認列應付帳款。

應付帳款入帳時應注意進貨折扣之處理，在第六章時曾討論進貨折扣之處理。當進貨時按照發票金額記進貨及應付帳款，若在折扣期限內付款，再從應付帳款內扣除進貨折扣，此一方法稱為**總額法**(Gross Method)。另外一種方法是**淨額法** (Net Method)處理進貨折扣，是在進貨時，先扣除折扣數，以淨額入帳，折扣期間內若未取得折扣，則記入折扣損失之帳戶。折扣損失屬於財務費用，為營業費用之一。現在定期盤存制下舉例說明之。

釋例㈠

9 月 2 日　賒購商品 $20,000，付款條件為 2/10，n/30。
9 月 3 日　賒購商品 $12,000，付款條件為 1/10，n/30。

9月12日　付清9月2日之貨款。
10月 2 日　付清9月3日之貨款。

　　在理論上而言，以淨額法較優，因此法下若未取得折扣，管理當局立即會注意到折扣損失，而查明責任歸屬。在總額法若未取得折扣，則不易發現。實務上企業多採總額法，因而若未明示，通常多用總額法。

日期	總額法		淨額法	
9/2	進貨　　　　　20,000		進貨　　　　　19,600	
	應付帳款	20,000	應付帳款	19,600
9/3	進貨　　　　　12,000		進貨　　　　　11,880	
	應付帳款	12,000	應付帳款	11,880
9/12	應付帳款　　　20,000		應付帳款　　　19,600	
	進貨折扣	400	現金	19,600
	現金	19,600		
10/2	應付帳款　　　12,000		應付帳款　　　11,880	
	現金	12,000	折扣損失　　　　120	
			現金	12,000

2. 應付票據

　　應付票據是發票人承諾在特定日期或特定期間，無條件支付一定金額給受款人的書面承諾。應付票據包含商業本票、遠期支票等。應付票據通常有另行支付利息之規定。票據利息之計算公式如下：

　　　　票面金額×利率×期間＝利息費用

通常票據利息因開票方式不同，計算也不一樣。有兩種方式：

(1) 甲票據，面額$10,000，6%，3個月到期。

　　　　$10,000×6%×3/12＝$150

(2) 乙票據，面額$20,000，5%，90天到期。

　　　　$20,000×5%×90/360＝$250

票據以其有無附利息，而分為：

◆ **附息票據**

新新公司於×2年7月5日賒購辦公設備$120,000，開立票據一紙，年息5%，期限 3 個月。其分錄為：

| ×2 年 7/5 | 辦公設備 | 120,000 | |
| | 　應付票據 | | 120,000 |

到期日為 10 月 5 日，新新公司付清票據款。

10/5	應付票據	120,000	
	利息費用	1,500	
	現金		121,500

($120,000×5%×3/12＝$1,500)

◆ **不附息票據**──其利息是隱含於票據面值中。

新新公司在 ×2 年 11 月 1 日向銀行借入現金 $100,000，開立票據一紙 $101,000，銀行利率為 4%，90 天到期，票據上未附利息。其分錄為：

×2 年 11/1	現金	100,000	
	應付票據折價	1,000	
	應付票據		101,000

應付票據折價是負債的抵銷科目，是應付票據的減項，在資產負債表上 11 月 1 日之列示如下：

流動負債：
　應付票據　　　　　　$101,000
　減：應付票據折價　　　1,000　　$100,000

應付票據折價帳戶的餘額代表將來期間的利息費用，當時間經過，利息費用發生時，折價帳戶之餘額漸漸轉入利息費用帳戶。

在期末 12 月 31 日，調整分錄如下：

| 12/31 | 利息費用 | 666.67 | |
| | 　應付票據折價 | | 666.67 |

($100,000×4%×2/12＝$666.67)

到期日×3 年 1 月 30 日，其分錄為：

×3 年 1/30	利息費用($1,000 – $666.67)	333.33	
	應付票據折價		333.33
	應付票據	101,000	
	現金		101,000

3. 短期借款

短期借款指企業向銀行或其他個體借入之款項，其到期日在一年或一個營業週期之內；到期時，須以現金或其他流動資產清償，故為流動負債。另**銀行透支**為企業多與銀行簽訂契約，當企業存款不足無法支付所簽開之支票時，只要在約定額度內，銀行予以墊付。銀行透支仍屬流動負債，不得與其他銀行之存款借餘互相抵銷。如有提供擔保品，應加以註明。

4. 一年內到期之非流動負債

企業之長期債務若將於一年之內到期，則須將此負債從非流動負債轉為流動負債。會計上之處理，只須在編製資產負債表時，予以適當重分類。

5. 其他應付款項

企業的流動負債除了上述幾項外，尚有應付稅捐、應付薪資、應付現金股利、預收收入等，都須以流動資產或提供勞務來償付。

10.3 準備與或有負債

或有事項是指在資產負債表日已經存在的事實，企業可能會產生利得或損失。或有利得必須要實際發生才認列，但或有損失又區分為「負債準備」及「或有負債」兩種。負債準備，要認列入帳，或有負債則不應認列，而在附註揭露。

國際會計準則公報(簡稱 LAS，為 IFRS 前身)將準備定義為未確定時點或金額之負債，亦即準備是負債的一種。根據規定，須符合下列條件，才能認列「負債準備」：

1. 因過去事項所產生的結果，有現時義務，而其存在與否，在於移轉經濟效益「很有可能」之機率大於 50%。

2. 企業很可能有經濟效益資源流出。
3. 該義務金額能可靠地估計。

至於「或有負債」不認列在財務報表,而在附註揭露,其定義如下:
1. 因過去事項所產生的「可能義務」,其存在與否,是由企業無法控制的未來事項發生或不發生來證實。
2. 因過去事項所產生的「現時義務」,但因下列原因,無法認列負債準備者:
   (1)不是很有可能造成經濟效益資源流出。
   (2)該義務的金額,無法可靠衡量。

或有負債的例子有別人借款作保等,這些事項可以不必入帳,但在報表上以附註說明。

由上述定義可知「負債準備」與「或有負債」之差別,在於發生機率的大小,以及金額可否合理估計。如金額可合理估計,符合「負債準備」條件,則可承認入帳。其餘一律列為「或有負債」,則在附註列示即可。

現將常見負債準備舉例如下:

1. 產品售後服務保證

企業售出產品時常附有保證書,在保證期限內產品如有瑕疵或故障,將免費修理或替換零件。此一保證書,使企業產生一或有負債,因顧客將來在保證期限內可能因產品故障要求修理,也有可能無故障而不要求。當產品銷售數量甚多時,顧客要求修理之可能性甚高,至於有多少產品會產生問題,可根據過去之經驗或同業之情形做一合理金額估計,所以此一負債準備應予以入帳。舉例如下:

遠距公司今年銷售家電產品 1,400 件,保證使用一年。假設出售之產品估計 5% 會有瑕疵,每件修理費平均為 $1,000。於期末時應做之調整分錄為:

12/31	產品保證費用	70,000	
	估計產品保證負債準備		70,000
	$(1,400 \times 5\% \times \$1,000 = \$70,000)$		

結帳前如已發生修理費用,可以先沖銷產品保證負債。假設本年度已發生產品修理費 $16,500,其分錄為:

估計產品保證負債準備	16,500	
現金(零組件等)		16,500

每年期末應就估計產品保證負債的餘額檢討修正，下年度實際發生修理時，一樣是從產品保證負債科目借記。

2. 贈品及兌換券

企業在促銷時，會舉辦各種贈獎活動，如產品之瓶蓋、點券等贈送獎品。由於顧客不會全部兌獎，故期末時估計可能兌獎之百分比，來計算並認列推銷費用及應付贈品負債。

10.4 非流動負債之定義與種類

企業常為擴充廠房設備或其他原因，因而需要較大金額，使用較久的長期資金。取得長期資金的方式，通常除了增資發行股票外，就是舉債。企業借入長期資金方式有公司債、長期應付票據、應付租賃款等。

非流動負債的定義為不需於一年或一個營業週期(以較長者為準)之內以流動資產或其他流動負債償還的負債。公司若不發行新股而舉借長期債務的原因，一是避免股權的分散，影響現有的權益，一是希望舉債能產生有利的**財務槓桿**(Financial Leverage)作用。舉債只須付固定的利息費用，而舉債所得資金去運用，得到較高之報酬，則產生有利的財務槓桿作用。

發行股票或發行債券來籌措長期資金，其優缺點如下：

種　類	優　點	缺　點
發行股票	1. 不用定期支付股利 2. 沒有到期日	1. 會影響原有權益 2. 股利不能節稅
發行債券	1. 不會稀釋權益 2. 可能產生較高之每股盈餘 3. 利息費用可以節稅	1. 須定期支付利息 2. 到期還本

由於非流動負債中以公司債較具代表性，故以應付公司債為討論重心。

應付公司債是一種非流動負債，因企業不易向某一特定對象取得大額資金，

故將所需資金向社會大眾籌措，而發行債務證券。公司發行之債券稱為**公司債**，政府發行之債券稱為**公債**。公司債與應付票據性質相同，不同的是公司債債權人數眾多，金額龐大。債券發行者約定於到期日無條件支付票面金額，以及每隔一定期限(半年或一年)，依票面利率支付利息。公司債發行時，因市場利率和票面利率之不同，而影響債券發行價格，高於面額賣出稱溢價發行。反之，則折價發行。

企業將所需的資金劃分為若干單位，每單位金額相等，公司債的發行價格通常以面額的百分比表示，如按 98 發行，即指發行價格為面值的 98% 發行(折價發行)；按 102 發行，則發行價格為面值的 102% (溢價發行)。台灣發行債券，其面額可分為 100 萬、50 萬、10 萬及 5 萬等。

公司債因償還方式、擔保品之有無、發行形式及條件而區分為：

1. 依償還方式區分

◆ **定期還本公司債**(Term Bonds)

債券到期，一次還本。

◆ **分期還本公司債**(Serial Bonds)

全部借款，分期償還。如十年到期公司債 $1,000,000，發行後，自第六年開始每年償還五分之一，即每年償付 $200,000。

2. 依有無擔保品區分

◆ **信用公司債**

無擔保品，以公司的信用為發行條件。

◆ **擔保公司債**

公司以動產或不動產作為擔保品而發行之公司債。

3. 依發行形式及條件區分

◆ **記名公司債**

債券上載明持有人姓名。

◆ **無記名公司債**

債券上不記載持有人姓名。債券上附有息票，憑息票領取利息，又稱息票債券。

◆ **可轉換公司債**(Convertible Bonds)

可轉換公司債給予債券持有人在特定年限後，可將債券轉換成該公司普通股的權利。

◆ **可贖回公司債**

公司在債券發行時訂有贖回條款，公司可在到期日前依約定之贖回價格來償還債務之債券。

10.5　應付公司債之發行及帳務處理

需要資金的公司，以發行債券的方式，向投資者借錢。投資者借錢給發行債券之公司，所要求的報酬率稱為有效利率，又稱為市場利率。企業發行債券時須承諾兩種義務：一為到期還本，一為定期支付利息。利息通常以債券面額的百分比表示，稱為票面利率或名義利率，通常為當時之市場利率。但是由於債券的發行須向主管機關申請，核准之後利率不能改變，且已載明於債券上，故稱票面利率。債券從申請、核准到賣出須經過一段時間，市場利率隨時都會變動，在發行時，市場利率多半和票面利率不同。

債券發行時，若市場利率正好等於票面利率，即平價發行。若市場利率小於名義利率，即票面利率大於市場利率(即投資者所要求的報酬率)，因而可按高於面額出售稱為溢價發行。又若市場利率大於票面利率，債券若不低於面額出售，可能無法賣出，故低於面額發行稱折價發行。發行價格的計算，詳見附錄。現將上述票面利率、市場利率與發行價格的變動彙總如下：

1. 平價發行(票面利率＝市場利率)。
2. 折價發行(票面利率＜市場利率)。
3. 溢價發行(票面利率＞市場利率)。

關於債券發行，相關溢折價的處理有二種方法：一為利息法(又稱有效利息法)，另一為直線法。國際會計準則認為公司債的溢折價攤銷應用利息法。美國一般公認會計原則認為如果利息法和直線法求出的結果，無重大差異，則兩者均可採用。此處介紹利息法。

利息法攤銷溢折價

利息法(Effective Interest Method)又稱**有效利息法**，是根據公司債發行的實際利息(市場利率)，來計算每期的利息費用。其公式為：

　　　　每期利息費用＝期初公司債帳面價值×市場利率

帳面價值等於公司債之面值減去未攤銷公司債折價，或公司債之面值加上未攤銷公司債溢價。公司實際所付之現金利息，與每期利息費用之差額，則為溢價或折價之攤銷數目。

釋例㈡：平價發行(票面利率＝市場利率)

星卉公司在×1年1月1日發行面額$100,000，票面利率4%，3年到期之公司債，付息日為6月30日及12月31日，債券以$100,000賣出，當日市場利率亦為4%。債券以$100,000賣出。試作×1相關分錄。

×1年 1/1	現金	100,000	
	應付公司債		100,000
6/30	利息費用($100,000×4%×$\frac{1}{2}$)	2,000	
	現金		2,000
12/31	利息費用	2,000	
	現金		2,000

釋例㈢：溢價發行(市場利率＜票面利率)

安平公司在×1年1月1日發行面額$80,000，票面利率8.5%，5年到期的公司債，付息日為6月30日及12月31日，債券以$81,625賣出。當日市場利率為8%。試作：×1年相關分錄及編製5年攤銷表。

▼ 表 10.1

溢價攤銷表——利息法

日期	(現金)利息支出	利息費用 4%	溢價攤銷	未攤銷之公司債溢價	帳面價值
×1年 1/1				$1,625	$81,625
6/30	$3,400	$3,265	$135	1,490	81,490
12/31	3,400	3,260	140	1,350	81,350
×2年 6/30	3,400	3,254	146	1,204	81,204
12/31	3,400	3,248	152	1,052	81,052
×3年 6/30	3,400	3,242	158	894	80,894
12/31	3,400	3,236	164	730	80,730
×4年 6/30	3,400	3,229	171	559	80,559
12/31	3,400	3,222	178	381	80,381
×5年 6/30	3,400	3,215	185	196	80,196
12/31	3,400	3,204	196*	0	80,000

*尾數調整。

×1年 1/1	現金	81,625	
	公司債溢價		1,625
	應付公司債		80,000
6/30	利息費用	3,265	
	公司債溢價	135	
	現金		3,400
	($81,625×4%＝$3,265)		
12/31	利息費用	3,260	
	公司債溢價	140	
	現金		3,400
	[($81,625－$135)×4%＝$3,260]		

公司債的溢價發行，是因票面利率大於市場利率，代表了每一期所支付的現金利息太高，溢價發行後，代表了真實的利息費用。

另有一種公司債發行的記錄方法，採淨額法。即發行時將溢、折價金額直接調整其面額。現舉例如下：

×1年	1/1	現金	81,625	
		應付公司債		81,625
	6/30	利息費用	3,265	
		應付公司債	135	
		現金		3,400

在公司債到期時，應付公伺債溢價 $1,625 已全部攤銷完，此時應付公司債之帳面價值已等於面值，故可按面值還本。

釋例 (四)：折價發行(市場利率＞票面利率)

金色公司在×1年1月1日發行面額 $50,000 公司債，票面利率 4%，3 年到期，付息日為 6 月 30 日及 12 月 31 日。債券以 $47,292 賣出。當日市場利率為 6%。試作：債券之攤銷及×1 年之相關分錄。

▽ 表 10.2

折價攤銷表——利息法

日期		(現金)利息支出	利息費用 3%	折價攤銷	未攤銷之公司債折價	帳面價值
×1年	1/1				$2,708	$47,292
	6/30	$1,000	$1,419	$419	2,289	47,711
	12/31	1,000	1,431	431	1,858	48,142
×2年	6/30	1,000	1,444	444	1,414	48,586
	12/31	1,000	1,458	458	956	49,044
×3年	6/30	1,000	1,471	471	485	49,515
	12/31	1,000	1,485	485	0	50,000

×1年	1/1	現金	47,292	
		公司債折價	2,708	
		應付公司債		50,000
	6/30	利息費用	1,419	
		公司債折價		419
		現金		1,000
		($47,292×3%＝$1,419)		

12/31	利息費用	1,431	
	公司債折價		431
	現金		1,000

($47,711×3% = $1,431)

公司債折價發行,是因市場利率大於票面利率,代表了每期所支付的現金利息太低,不能滿足投資人的投資報酬率,所以必須折價賣出。

10.6 公司債解除

公司債解除債務方式,可分為三種:

1. 到期還本公司債

如前面所述,在到期日依面額還本。因不論其溢價或折價發行,到債務到期時,溢價或折價都已攤銷完畢,其帳面價值等於面額。

2. 提前贖回或由公開市場買回

發行公司可於到期日前依約定按贖回價格償還債務(可贖回公司債)。亦可由公開市場按市價買回本公司之債券,通常發行公司會在市價有利時,於公開市場將公司債買回註銷。

3. 可轉換公司債

公司有時為了吸引投資人購買公司債,在發行時附帶有可轉換條款,持有人可於到期日前依約定比例,將所持有之公司債轉換為發行公司或其子公司之股票,是為可轉換公司債。在普通股市價高、獲利大時,債券持有人可以把債券轉換成普通股,而獲得較大的利益。

釋例(五):到期還本

承釋例(四),×3 年 12 月 31 日債券到期,分錄如下:

×3 年 12/31	利息費用	1,485	
	公司債折價		485
	現金		1,000

應付公司債	50,000	
現金		50,000

附錄　現值(Present Value)

　　債券的發行是現在向投資者借錢，允諾在將來定期支付利息及到期還本。將來支付的利息及還本，必先考慮「貨幣的時間價值」。所謂貨幣的時間價值，因有利率的存在，故現在的一塊錢與未來的一塊錢是不等的。

　　現值的觀點在於貨幣的時間價值，也就是說，今天的 $1,000 放在銀行，假設年利率 6%，則一年後這 $1,000 連本帶利會累積成 $1,060，此為**未來值**(Future Value)。換句話說，一年後的 $1,060，在年利率 6% 下，折算成現在的價值，只有 $1,000，稱為現值。

　　因將來的現金換算為現值，須打折扣，是為**折現** (Discounting)，亦即在特定利率(市場利率)下未來一筆金額等於現在的價值。其計算公式為：

$$複利現值 = P_{\overline{n}|i} = \frac{1}{(1+i)^n}$$

i 為利率，n 為期數

實務上可以利用 $1 複利現值表(如附表 10.1)直接找出 n 期後之 $1 在利率為 i 時之複利現值，再乘以公司債之面額，就是該公司債之現值。

　　債券之發行，每期須支付定額之現金利息，在特定利率(市場利率)下，計算其連續支付利息之現值總和，是為年金現值。其計算公式為：

$$年金現值 = P_{\overline{n}|i} = \frac{1-(1+i)^{-n}}{1}$$

附表 10.1

$1 複利現值表

期數	4%	5%	6%	7%	8%	9%	10%	11%	12%
1	0.96154	0.95238	0.94340	0.93458	0.92593	0.91743	0.90909	0.90090	0.89286
2	0.92456	0.90703	0.89000	0.87344	0.85734	0.84168	0.82645	0.81162	0.79719
3	0.88900	0.86384	0.83962	0.81630	0.79383	0.77218	0.75131	0.73119	0.71178
4	0.85480	0.82270	0.79209	0.76290	0.73503	0.70843	0.68301	0.65873	0.63552
5	0.82193	0.78353	0.74726	0.71299	0.68058	0.64993	0.62092	0.59345	0.56743
6	0.79031	0.74622	0.70496	0.66634	0.63017	0.59627	0.56447	0.53464	0.50663
7	0.75992	0.71068	0.66506	0.62275	0.58349	0.54703	0.51316	0.48166	0.45235
8	0.73069	0.67684	0.62741	0.58201	0.54027	0.50187	0.46651	0.43393	0.40388
9	0.70259	0.64461	0.59190	0.54393	0.50025	0.46043	0.42410	0.39092	0.36061
10	0.67556	0.61391	0.55839	0.50835	0.46319	0.42241	0.38554	0.35218	0.32197
11	0.64958	0.58468	0.52679	0.47509	0.42888	0.38753	0.35049	0.31728	0.28748
12	0.62460	0.55684	0.49697	0.44401	0.39711	0.35553	0.31863	0.28584	0.25668
13	0.60057	0.53032	0.46884	0.41496	0.36770	0.32618	0.28966	0.25751	0.22917
14	0.57748	0.50507	0.44230	0.38782	0.34046	0.29925	0.26333	0.23199	0.20462
15	0.55526	0.48102	0.41727	0.36245	0.31524	0.27454	0.23939	0.20900	0.18270

亦可用年金現值表(如附表 10.2)查出其年金現值，再乘以實際每期支付之金額即可。

舉例說明現值的觀念。如 A 公司在×1 年 1 月 1 日發行 $100,000，年利率 6%，5 年期之公司債，付息日為每年 12 月 31 日。

> 提示：
> 發行債券時，須允諾兩件事：一為到期還本，另一為定期支付利息。就此兩項分別計算其現值，並求其總和，即為發行價格。

附表 10.2

$1 年金現值

期數	4%	5%	6%	7%	8%	9%	10%	11%	12%
1	0.96154	0.95238	0.94340	0.93458	0.92593	0.91743	0.90909	0.90090	0.89286
2	1.88609	1.85941	1.83339	1.80802	1.78326	1.75911	1.73554	1.71252	1.69005
3	2.77509	2.72325	2.67301	2.62432	2.57710	2.53129	2.48685	2.44371	2.40183
4	3.62990	3.54595	3.46511	3.38721	3.31213	3.23972	3.16987	3.10245	3.03735
5	4.45182	4.32948	4.21236	4.10020	3.99271	3.88965	3.79079	3.69590	3.60478
6	5.24214	5.07569	4.91732	4.76654	4.62288	4.48592	4.35526	4.23054	4.11141
7	6.00205	5.78637	5.58238	5.38929	5.20637	5.03295	4.86842	4.71220	4.56376
8	6.73274	6.46321	6.20979	5.97130	5.74664	5.53482	5.33493	5.14612	4.96764
9	7.43533	7.10782	6.80169	6.51523	6.24689	5.99525	5.75902	5.53705	5.32825
10	8.11090	7.72173	7.36009	7.02358	6.71008	6.41766	6.14457	5.88923	5.65022
11	8.76048	8.30641	7.88687	7.49867	7.13896	6.80519	6.49506	6.20652	5.93770
12	9.38507	8.86325	8.38384	7.94269	7.53608	7.16073	6.81369	6.49236	6.19437
13	9.98565	9.39357	8.85268	8.35765	7.90378	7.48690	7.10336	6.74987	6.42355
14	10.56312	9.89864	9.29498	8.74547	8.24424	7.78615	7.36669	6.98187	6.62817
15	11.11839	10.37966	9.71225	9.10791	8.55948	8.06069	7.60608	7.19087	6.81086

現以圖表說明。

一開始有現金流入(即向投資者借錢)，5 年後還本，期間定期支付利息。

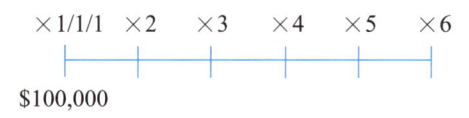

```
        ×1/1/1  ×2   ×3   ×4   ×5   ×6
        ├────┼────┼────┼────┼────┤
        $100,000
```

(1) 5 年後到期還本，折算至今天價值，即複利現值。

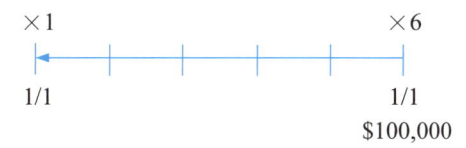

```
        ×1                          ×6
        ├────┼────┼────┼────┼────┤
        1/1                        1/1
                                $100,000
```

(2) 每年年底支付現金利息 $6,000，折算至今天價值，即年金現值。

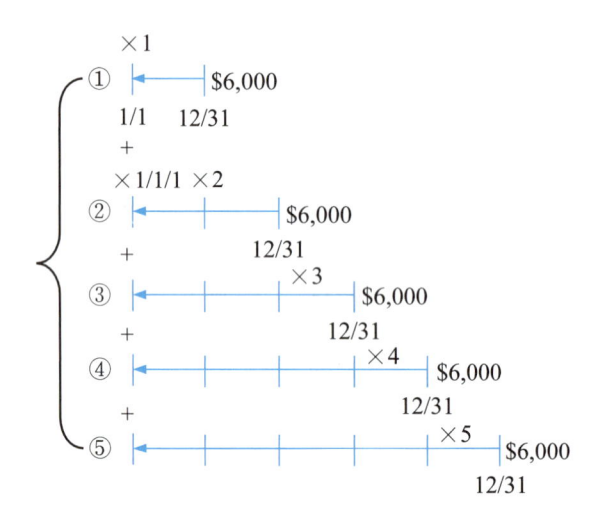

```
         ×1
    ①├────┤ $6,000
     1/1  12/31
   +
       ×1/1/1 ×2
    ②├────┼────┤ $6,000
              12/31
   +              ×3
    ③├────┼────┼────┤ $6,000
                   12/31
   +                   ×4
    ④├────┼────┼────┼────┤ $6,000
                        12/31
   +                        ×5
    ⑤├────┼────┼────┼────┼────┤ $6,000
                             12/31
```

發行價格計算：

1. 票面利率＝市場利率

公司債面額即到期還本的金額，亦即 5 年後還本 $100,000，折現為今天的價值，可代入公式或複利現值表(附表 10.1)，未來 $1 的現值為 0.747258。

$100,000×0.747258＝$74,726

另每年年底支付現金利息 $6,000，連續 5 年，折算為今天的價值，可代公式或年金現值表(附表 10.2)，未來的 $1，利率 6%，5 期的現值為 4.212364。

$6,000×4.212364＝$25,274

發行價格：

複利現值	$ 74,726
年金現值	25,274
	$100,000

債券發行時，票面利率等於市場利率時，其發行價格恰等於面額，是為平價發行。

2. 票面利率＞市場利率

當票面利率大於市場利率，即溢價發行。假設市場利率 4%。溢價多少？計算如下：

發行價格：
　　複利現值($100,000×0.82193)　　　　$ 82,193
　　年金現值($6,000×4.45182)　　　　　 26,710
　　　　　　　　　　　　　　　　　　　$108,903

　　債券發行時，票面利率大於市場利率時，其發行價格將大於面額 $8,903 發行，是為溢價發行。

3. 票面利率＜市場利率

　　當票面利率小於市場利率，即折價發行。假設市場利率 8%，折價多少？計算如下：

發行價格：
　　複利現值($100,000×0.68058)　　　　$68,058
　　年金現值($6,000×3.99271)　　　　　 23,956
　　　　　　　　　　　　　　　　　　　$92,014

　　債券發行時，票面利率小於市場利率時，其發行價格將小於面額 $7,986 發行，亦即發行價格為 $92,014，稱折價發行。

作業

一、問答題

1. 何謂或有負債？
2. 何謂產品售後服務保證？
3. 何謂財務槓桿作用？
4. 進貨折扣處理有總額法與淨額法，何者較優？
5. 何謂銀行透支？
6. 公司債為何折、溢價發行？
7. 公司債債務之解除方式為何？簡述之。
8. 何謂負債？

二、是非題

(　　) 1. 非流動負債將於一年內到期時，在資產負債表上應轉列為流動負債。
(　　) 2. 當估計產品保證費用時，應借記費用，貸記負債。
(　　) 3. 當市場利率大於票面利率時，公司債將溢價發行。
(　　) 4. 公司債折價為應付公司債之評價科目，在資產負債表上列為應付公司債面值之減項。
(　　) 5. 產品保證費用是屬於管理費用之一項。
(　　) 6. 或有事項在有跡象顯示負債之發生時，就須預估入帳。
(　　) 7. 就觀念上而言，估計產品保證負債與預期信用減損損失之觀念一致。
(　　) 8. 應付票據為支付一筆特定金額之書面承諾。

三、選擇題

(　　) 1. 發行公司債時，如當時市場利率小於公司債的票面利率時，則公司債
　　　　(1) 溢價發行　　　　(2) 折價發行
　　　　(3) 按面額發行　　　(4) 以上皆非。

(　　) 2. 公司債以溢價發行，在利息法下，溢價攤銷每年會
　　　　(1) 一樣　　　　　　　　(2) 遞減
　　　　(3) 遞增　　　　　　　　(4) 以上皆非。

(　　) 3. 公司債溢價帳戶在資產負債表上應列於
　　　　(1) 流動負債　　　　　　(2) 流動資產
　　　　(3) 非流動負債　　　　　(4) 以上皆非。

(　　) 4. 溢價發行公司債時，公司負擔的利息費用是
　　　　(1) 現金利息與溢價攤銷之和 (2) 現金利息與溢價攤銷之差
　　　　(3) 利息費用即為現金利息　(4) 以上皆非。

(　　) 5. 若應付公司債帳戶餘額為 $800,000，此時應付公司債折價餘額為 $20,000，則公司債之帳面價值為
　　　　(1) $800,000　　　　　　(2) $820,000
　　　　(3) $780,000　　　　　　(4) 以上皆非。

(　　) 6. 附有產品保證之產品，於次年送修時(尚在保證期間)，必須借記
　　　　(1) 現金、零件等　　　　(2) 預付產品保證費用
　　　　(3) 產品保證費用　　　　(4) 應付產品保證負債。

(　　) 7. 產品保證費用在損益表上列為
　　　　(1) 銷售費用　　　　　　(2) 管理費用
　　　　(3) 銷貨成本之一部份　　(4) 以上皆非。

(　　) 8. 折價發行公司債時，公司負擔的利息費用是
　　　　(1) 現金利息與折價攤銷之和
　　　　(2) 現金利息與折價攤銷之差
　　　　(3) 利息費用即為現金利息
　　　　(4) 以上皆非。

四、計算題

1. 忠孝公司在×2年4月1日向銀行借入現金 $200,000，簽開票據一紙，年利率 4%，一年期。

　　試求：

(1) 計算×2 年利息費用及票據到期值。

(2) 作×2 年及×3 年有關分錄。

2. 光明公司×2 年 1 月 1 日發行面額 $100,000，6%，5 年期之公司債，以面額發行。每年 6 月 30 日及 12 月 31 日付息。

試作：×2 年相關分錄。

3. 林林公司出售電視機時，提供一年期產品免費修理之保證。過去經驗顯示，大約有 5%於保證期中送修，每部電視機的修理成本為人工 $2,000，零件 $1,200。在×2 年時出售了 850 台電視機，每部 $25,000 售價，其中有 12 台於當年送修。

試作：×2 年相關分錄。

4. 白泰公司在×2 年 11 月 1 日向銀行借入現金$100,000，開立票據一紙，面額$100,000，利率 12%，3 個月到期。

試作：

(1) ×2 年 11 月 1 日分錄。

(2) ×2 年 12 月 31 日之調整分錄。

(3) 到期日之分錄(×3 年 2 月 1 日)。

(4) 總財務成本(利息費用)為何？

5. 和平公司採定期盤存制在 9 月份發生下列交易：

5 日　向仁愛公司賒購商品$180,000，付款條件為 2/10，n/30。

12 日　向忠孝公司賒購商品$210,000，付款條件為 1/10，n/30。

15 日　償還 5 日仁愛公司之貨款。

30 日　償還 12 日忠孝公司之貨款。

試以總額法及淨額法分別做上述交易之分錄。

6. 緯來公司於×2年1月1日發行面額$100,000之公司債，年利率12%，5年到期，發行價格為$107,721，每年6月30日及12月31日付息，當時市場利率10%。公司採曆年制，按利息法攤銷公司債溢價。

   試作：×2年公司債之相關分錄。

7. 年代公司於×2年1月1日發行面額$100,000之公司債，年利率12%，5年到期，發行價格為$92,976，每年6月30日及12月31日付息，當時市場利率14%。公司採曆年制，按利息法攤銷公司債折價。

   試作：×2年公司債之相關分錄。

8. 宜嘉公司×2年1月1日發行面額$100,000公司債，以$93,729出售，票面利率4%，市場利率6%，4年到期，每年年底付息一次。

   試作：×2年有關公司債相關分錄。

第 11 章

公司會計

國際財務報導準則 (IFRS) 與一般公認會計原則 (GAAP) 不同之處

	IFRS	GAAP
使用名詞不同：		
股本	Share Capital	Capital Stock 或 Common Stock
股東	Shareholders	Stockholders
資本公積－普通股發行溢價	Share Premium-Ordinary	Paid-in Capital in Excess of Par-Common
庫藏股票	Treasury Shares	Treasury Stock
保留盈餘	Retained Earnings 或 Retained Profits	Retainecl Earrnings
股票股利	未明文規定	小額股票股利採面額法 大額股票股利採公允價值法

企業的組織型態有獨資、合夥外，尚有公司組織。公司是以營利為目的，依照公司法組織、登記、成立之社團法人。依我國公司法規定，非以營利為目的之團體或組織，不得稱為公司。公司之資本額、營業額、員工等通常較獨資、合夥企業為大；三者資產負債表之資產、負債項目大同小異，只有權益部份不同。獨資在權益部份，只有股本帳戶。合夥企業則每一合夥人都有一資本帳戶。在公司組織，業主權益部份改為權益。本章針對公司組織的權益部份做探討，包括股本、資本公積及保留盈餘部份。

11.1 公司概念與權益

公司之組成、會計事務處理都須按公司法及商業會計法之規定。按照規定，分為：

1. 公司的種類

◆ **無限公司**

指兩人以上股東所組織，股東對公司債務負連帶無限清償責任之公司。

◆ **有限公司**

指一人以上股東所組織，各股東就其出資額為限，對公司的債務負責，即責任有限。

◆ **兩合公司**

指一人以上之無限責任股東與一人以上之有限責任股東所組成。無限責任股東對公司債務負連帶無限清償責任，有限責任股東就其出資額為限。

◆ **股份有限公司**

指兩人以上之股東或政府、法人股東一人所組織，全部資本分為股份，股東就其所認股份，對公司負其責任之公司。

以上四種公司，在國內以有限公司家數最多，其次為股份有限公司。規模較大之企業大部份採股份有限公司，目前法令規章也多以股份有限公司為主。因而會計上也都以股份有限公司為探討對象，本文也以此為主。

2. 公司的特質

◆ **股東責任有限**
  股份有限公司的股東對公司的責任以其出資額為限，無需對公司債務負無限連帶清償責任。由於責任有限，投資股份有限公司風險較小。

◆ **獨立之法律個體**
  公司為法人組織，具有獨立人格，以公司名義簽約、訴訟、擁有資產等，是一個獨立的法律個體。

◆ **政府管理嚴格**
  因責任有限，且大部份股東沒有參與公司業務經營，為保障債權人及股東，政府對公司管理較為嚴格。

◆ **股份易於轉讓**
  股東可隨時自由轉讓股份給其他人，不必徵求其他股東同意。合夥企業的入夥及退夥均需徵得全體合夥人同意。

◆ **資金籌集容易**
  公開發行的股份有限公司將資本劃分為許多股份，對外公開募集，更易籌足所需要的資本。投資人因責任有限，金額不大，更願意投資。

◆ **所有權與管理權分開**
  公司所有權人為股東，但總經理並非一定為股東，經營者為具有管理專才之經理人，股東不能干預公司之經營管理，只能透過董事會間接管理公司。所有權與經營權兩者是分開的。

3. 權益之內容

公司資產及負債的會計處理與獨資、合夥一樣，而權益部份因組織特性的不同而不相同。在公司，所有權人為股東，故權益改稱為股東權益。其內容分為：

◆ **投入資本(Share Capital)**
  是股東投入公司的資本，包括股本及超過股票面額的資本公積。

◆ **保留盈餘**(Retained Earnings)

是公司歷年來賺得之盈餘,扣除掉發放之股利。換言之,保留盈餘是公司歷年來保留在公司之盈餘。公司若連年虧損,保留盈餘發生借餘,稱為**虧絀**(Deficit)。其格式如下:

藍天公司	
保留盈餘表	
×2年度	
保留盈餘—期初	$×××
加:本期淨利	××
小計	$×××
減:股利	××
保留盈餘—期末	$×××

權益部份在資產負債表上表達如下:

權益		
投入資本:		
普通股股本	$××	
資本公積	××	$××
保留盈餘		××
權益總額		$××

11.2 股本之概述

股份有限公司向政府主管機關登記之資本總額,即為**額定股本**或**授權股本**(Authorized Stock)。將資本總額劃分成金額相等的許多單位,稱為**股份**(Shares)。表彰該股份之價值者,稱為**股票**(Stock Certificates),持有股票的人稱為**股東**(Shareholders)。額定股本已發行的部份,稱為**已發行股本**(Issued Shares)。有些股票發行在外之後,又由公司收回,稱為**庫藏股票**(Treasury Shares)。因而已發行的股票,未必流通在外,故額定、已發行及流通股本,三者未必相同。

公司發行股票時,依不同標準,可分為下列各種。

1. 記名股票與無記名股票

若股票及股東名簿上有記載股東姓名,稱之記名股票。若股票及股東名簿上均無股東姓名,則稱之無記名股票。兩者之會計處理並無不同。

2. 有面額股票與無面額股票

股票之票面印有面額者稱有面額股票。股票之票面並未印有面額者,稱之無面額股票。每股面額的計算為股本總額除以總股數即可得出。在我國公司法並不允許無面額股票之發行。

3. 普通股與特別股

股票依其股東權利之不同,分為普通股與特別股。如果公司只有一種股票,即為普通股,為公司最基本之股份,股東具有一般之權利及義務。如有第二種股票則為特別股(亦稱優先股)。後者股東的權利有優先權,但也受到某些限制。

普通股東的基本權利有:

◆ **表決權**
股東得出席股東會,有選舉董事與監察人及對重大事項表決的權利。公司所有普通股東都有表決權,每股有一表決權,普通股東透過股東大會行使表決權,間接影響公司的經營。

◆ **盈餘分配權**
公司之盈餘以股利的方式發放給股東,每股可接受同等金額的分配。

◆ **優先認股權**
公司在發行新股時,原有股東可照特定比例優先認購新股,以維持其所有權的比例。

◆ **剩餘財產分配權**
公司清算解散時,資產變現之所得先還給債權人,若有剩餘才能分配給股東。

公司有時為了迎合某些投資人的意願,而另外發行享有特定優先權利的特別股(優先股)。現介紹常見的特別股的性質:

- ◆ **無投票權特別股**

    公司大股東為避免股權分散,通常會發行無投票權之特別股,不能參加選舉或被選舉為董監事,故不會影響公司的經營權。

- ◆ **股利優先特別股**

    特別股每期股利金額固定,或為面額之固定比率。如特別股每股股利 5 元,或 5% 股利率(即每股股利為面額×5%),此時特別股可優先分配股利,分配之後如有餘額,普通股才能分配股利。特別股依其條件又分:

(1) 累積與非累積特別股:在某年度公司若無足夠盈餘,無法分配股利或分配不足,涉及以後年度是否需要補發。如需補發,則為累積特別股;如不必補發,就是非累積特別股。

(2) 參加與非參加特別股:公司分配股利時,特別股分配特定百分比股利後,普通股也分配同比率的股利後,如有剩餘,特別股假設無權再參加分配,則為非參加特別股。如有權參加分配,則為參加特別股。關於累積與參加股利的計算,將在附錄中討論。

- ◆ **優先分配剩餘財產的特別股**

    公司在解散清算時,先償還負債,如有剩餘財產,特別股股東通常有優先分配剩餘財產的權利。

11.3　股票之發行

公司成立登記時,其資本額、股份數量及每股金額都須設定登記。登記資本並未對資產、負債及權益發生影響,故不需做分錄。但在編製資產負債表時,不論普通股或特別股應揭露其額定股數。股份的發行,通常有三個步驟:

1. 額定股份

依我國公司法規定額定發行的股份,第一次至少要認足四分之一,其認股價不得低於面額。

2. 股份的認購

發行股票可直接對投資者發行,也可透過股票承銷商間接發行。公開發行公

司因投資者眾，多採間接發行。承銷商招募認股時，由認股人先繳認股書申請，俟後，再認繳股款。直接發行股票之公司，則由投資者一次繳足股款並立即發行股票；也可讓投資者先認股，俟後，再一次或分期繳納股款。此處介紹一次收齊股款之股票發行之會計處理。

3. 股份之發行

公司完成設立登記後，將於三個月內公開發行股票，各股東正式拿到股東所有權憑證，稱為股票證明書。

公司股票的發行，現以直接發行給投資者為例。

公司發行股票可以現金發行或非現金發行方式。

1. 現金發行股票

◆ **有面額股票**

面額是代表法定資本，發行時可按照面額發行、或溢價發行(大於面額)、或折價發行(小於面額)。惟我國除符合證券管理機構規定者，可折價發行，否則不准折價發行。

釋例(一)

中台公司於×2年3月1日額定發行普通股 100,000 股，每股面額 $10。有三種情況：

1. 按面額發行。

   ×2年 3/1　現金　　　　　　　　　　　1,000,000
   　　　　　　　普通股股本　　　　　　　　　　　　1,000,000

2. 溢價發行：以每股 $12 發行。

   ×2年 3/1　現金　　　　　　　　　　　1,200,000
   　　　　　　　普通股股本　　　　　　　　　　　　1,000,000
   　　　　　　　資本公積─普通股溢價　　　　　　　　200,000

資本公積是權益項目，並按不同原因，不同股份分設明細帳。在此，是股東投資超過面額的部份，轉入資本公積。

3. 折價發行：以每股 $9 發行。

　　×2 年 3/1　　現金　　　　　　　　　　　　900,000
　　　　　　　　資本公積—普通股折價　　　　100,000
　　　　　　　　　普通股股本　　　　　　　　　　　　　1,000,000

股本折價列為股本之減項。但規定折價發行時之原始股東，在公司解散時若不足償債，則須補繳當時折價部份。

特別股的發行如同普通股的發行，如釋例(二)所示：

釋例(二)

中台公司於×2 年 7 月 1 日額定發行特別股 10,000 股時，面額 $10，以每股 $11 發行。

　　×2 年 7/1　　現金　　　　　　　　　　　　110,000
　　　　　　　　　特別股股本　　　　　　　　　　　　　100,000
　　　　　　　　　資本公積—特別股溢價　　　　　　　　10,000

◆ **無面額股票**

面額並不代表實際價值，為了避免投資人混淆，外國有些公司發行無面額股票。無面額股票又分**有設定價值**(Stated Value)及**無設定價值**(No-stated Value)。所謂設定價值，是由董事會指定一定的價值代替面值。現舉例如下：

釋例(三)

南台公司於×2 年 5 月 1 日發行普通股無面額股票 10,000 股，每股 $15 發行。有兩種情形：

1. 無設定價值。

　　×2 年 5/1　　現金　　　　　　　　　　　　150,000
　　　　　　　　　普通股股本　　　　　　　　　　　　　150,000

如普通股為無面額亦無設定價值，故收到的現金認股款全部貸記普通股股本，為法定資本。

2. 有設定價值——設定價值每股 $10。

×2 年 5/1	現金	150,000	
	普通股股本		100,000
	資本公積—普通股溢價		50,000

2. 非現金發行股票

公司有時發行股票來交換技術、土地、房屋或設備，此時應按取得資產或股份的公允市價兩者當中，以比較明確者入帳。若無公允市價可循，則找專家鑑定其價值。

釋例 (四)

北台公司在×2年3月4日發行面額 $10，普通股 30,000 股，交換土地一塊。土地最近無市價可循，但北台公司最近股市交易每股 $120。試作×2年分錄。

×2 年 3/4	土地 ($120×30,000)	3,600,000	
	普通股股本 ($10×30,000)		300,000
	資本公積—普通股溢價		3,300,000

綜合上述討論，可以圖表彙總如下：

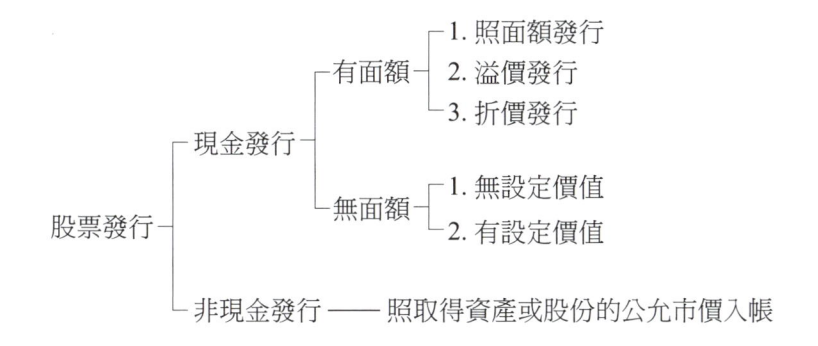

```
                            ┌─ 有面額 ┬─ 1. 照面額發行
                            │         ├─ 2. 溢價發行
                            │         └─ 3. 折價發行
              ┌─ 現金發行 ──┤
股票發行 ─────┤             └─ 無面額 ┬─ 1. 無設定價值
              │                       └─ 2. 有設定價值
              └─ 非現金發行 ── 照取得資產或股份的公允市價入帳
```

11.4　庫藏股票

　　庫藏股票指公司已發行在外之股票，公司予以買回而目前不準備註銷之股票。因而庫藏股票有三個特質：一是自己公司股票，二是已發行過之股票，三是買回而未註銷之股票。公司買入庫藏股票，形同退還資本給股東，是實收股本之

減少。庫藏股票絕非公司之資產。同時庫藏股票無投票權，無分配股利的權益，更無認購新股之權利。在資產負債表上，庫藏股票是權益之減項。

買回庫藏股票之原因有：

1. 減少流通在外股數，提高每股盈餘
因庫藏股票無分配股利的權利，股數減少，每股盈餘就會增加。

2. 活絡公司股票交易，提升市價
公司為了拉抬股價，大量買進，誘使股票市場價格合理化。

3. 員工認股計畫之需求
公司如訂有員工認股計畫，符合條件之員工，可購買自家公司股票作為投資，公司可能自股票市場買回自家股票，再售與員工。

4. 併購其他企業時所需
在併購其他公司時，須交換其股票給其他公司的股東。

5. 分配股票股利
公司為發放股票股利，可能自市場買回股票，以備發放股票股利。

6. 股東捐贈
股東有時捐贈股份給公司，可再發行，以取得資金。

7. 收購異議股東之股票
對於在股東會對重大議案不贊同之股東，得請公司按市價買回。

庫藏股票之會計處理，一般均採成本法。所謂成本法即庫藏股票按收回的成本入帳，其會計處理分三個重點：

1. 取得庫藏股票時
在×2年5月3日買入自己公司股票1,000股，每股$13。

×2年5/3	庫藏股票($13×1,000)	13,000	
	現金		13,000

2. 再發行價格大於庫藏股票成本

×2年7月1日賣出300股庫藏股票，每股$16。

7/1	現金($16×300)	4,800	
	庫藏股票($13×300)		3,900
	資本公積—庫藏股票交易		900

3. 再發行價格小於庫藏股票成本

×2年9月15日賣出400股庫藏股票，每股$11。

9/15	現金($11×400)	4,400	
	資本公積—庫藏股票交易	800	
	庫藏股票($13×400)		5,200

×2年11月3日賣出剩餘的300股庫藏股票，每股以$12賣出。此時資本公積—庫藏股票交易的帳戶餘額為：

資本公積—庫藏股票交易

9/15	800	7/1	900
			100

×2年11/3	現金($12×300)	3,600	
	資本公積—庫藏股票交易	100	
	保留盈餘	200	
	庫藏股票($13×300)		3,900

在11月3日的分錄中，因資本公積—庫藏股票交易科目不得出現借餘，因而不夠的部份由保留盈餘科目沖銷。同時若庫藏股票未全部出售，應視為權益之減項，同時應限制保留盈餘之分配應在附註說明。其目的在保障債權人的權益，維持資本之完整。表達方式參考表11.1。

假設公司在×2年12月31日之權益如下：

▽ 表 11.1

權益		
投入資本：		
普通股，面額 $10，額定 100,000 股，		
發行 80,000 股，78,000 股流通在外		$ 800,000
資本公積		
普通股溢價	$120,000	
庫藏股票交易	40,000	160,000
投入資本總額		$ 960,000
保留盈餘^(附注)		325,000
合計		$1,285,000
減：庫藏股票成本 (2,000 股)		(28,000)
權益總額		$1,257,000

附注：保留盈餘內有 $28,000 部份不得分配股利。

11.5　股利 (Dividends)

　　股利是公司將經營業務所賺取之盈餘分配給股東，作為股東的投資報酬。一般均按持有股份比例分配，分配股利時須有合法的盈餘可供分配。股東會若未宣佈分配股利，公司就無分配股利的義務，就無負債的事實發生。

　　公司發放股利時，造成保留盈餘之減少，發放股利須經四個日期：

◆ **宣告日**
董事會宣佈發放股利之日期，我國須經股東會議通過。此日應付股利之負債正式入帳。

◆ **登記日**
又稱股利基準日，在該日股東名簿上有記載的股東，才可以領到股利。此日無須做分錄。

公司會計

◆ **除息日**

因股票須進行交割,由過戶到登記股東名簿尚需一段期間,故以登記日前數日(我國為前五日)為除息日。在除息日之後買入之股票已來不及登記於股東名簿上,故其價格已不含股息,稱之為除息股。當日無須做任何會計記錄。

◆ **發放日**

實際發放股利的日期。

股利的種類

通常股利的發放是以現金支付,但有時公司無足夠現金發放股利時,可以非現金資產發放。茲分現金股利、股票股利、財產股利、負債股利等。前兩者較為常見,故只討論現金及股票股利。

◆ **現金股利**

現金股利是公司分配盈餘時,以現金方式發放給股東。如×2 年 5 月 2 日宣告發放股利,每股現金股利 $1,加權平均流通在外普通股 100,000 股,6 月 2 日為登記日,發放日為 7 月 25 日。有關分錄如下:

×2 年 5/2	保留盈餘	100,000	
	應付股利		100,000
6/2	不做分錄		
7/25	應付股利	100,000	
	現金		100,000

股利一經宣告,通常短期內都會支付,故應付股利為一流動負債。

◆ **股票股利**

股票股利乃是將公司的盈餘轉為股本增加(盈餘轉增資),亦即將公司的股票發放給股東,作為股利之分配。一方面減少保留盈餘,一方面增加股本,為「無償配股」的一種。

發放股票股利時,通常以某一百分比來表示,假設發放 5% 之股票股利,則表示 1,000 股可發放 50 股。若某公司原有 100,000 股發行且流通在外,某股東持有 1,000 股,佔 1%。當發放 5% 之股票股利時,此股東取得 50 股後,變成 1,050

股，佔公司 105,000 股(即 100,000×1.05)之 1%，股權百分比沒有改變。另外發放股票股利時，保留盈餘減少而投入資本增加。但資產、負債、甚至權益總數也都沒有改變。

公司通常發放股票股利的原因有：

1. 滿足股東要求分配盈餘，卻又不必支付任何資產。
2. 可增加流通在外股數，降低股票市價，增加市場的活絡性。
3. 盈餘轉成永久性資本。盈餘減少了，而股本增加。
4. 維持穩定股利政策表示公司獲利情況良好，股東因持股增加，可預期以後可得之現金股利增加。

有關股票股利之會計處理，有兩種方法：

1. **面額法**(Par Value Method)，以面額作為入帳基礎。
2. **公允價值法**(Fair Value Method)，以宣告時之公允價值作為入帳基礎。

關於股票股利，國際會計準則對於面額法或公允價值法並未有明確規定。依美國 FASB 之規定，小額股票股利(小於 25% 或 20%)應採公允價值法；大額股票股利則採用面額法。我國會計準則並無相關規範，但一般實務均採行面額法。

對於美國股票股利的會計處理因大額或小額股票股利的發放而有所不同。茲分別說明如下：

◆ 小額股票股利

發放股票股利佔流通在外股份的 20% 或 25% 以下時，屬於小額股票股利。通常小額發放不太會影響股票之市價，因此股利之金額是以公允價值來計算。如×2 年 9 月 5 日宣佈發放 5% 之股票股利，流通在外之普通股共 100,000 股，面額 $10，市價每股 $12。×2 年 9 月 30 日為登記日，11 月 20 日為發放日。其分錄如下：

×2 年 9/5　保留盈餘(100,000×5%×$12)　　　60,000
　　　　　　　應分配股票股利　　　　　　　　　　　50,000
　　　　　　　資本公積─普通股溢價　　　　　　　　10,000

9/30	不做分錄		
11/20	應分配股票股利	50,000	
	普通股股本		50,000

應分配股票股利非負債科目，因其不用資產支付，發放時使股本增加，因而應分配股票股利是權益的過渡性科目；在資產負債表中，列在股本的加項(參考表 11.2)。

表 11.2

××商店
資產負債表(部份)
×2 年 12 月 31 日

權益		
投入資本		
特別股，面額 $10，4% 累積，贖回價格 $12，額定 100,000 股，發行且流通在外 80,000 股		$ 800,000
普通股，面額 $10，額定 1,000,000 股，發行 600,000 股，流通在外 580,000 股	$6,000,000	
應分配股票股利—普通股	100,000	6,100,000
小計		$6,900,000
資本公積		
特別股溢價	$ 200,000	
普通股溢價	1,200,000	
庫藏股票交易	40,000	1,440,000
投入資本合計		$8,340,000
保留盈餘（附注）		880,000
投入資本及保留盈餘		$9,220,000
減：庫藏股票成本(普通股 20,000 股)		(240,000)
權益總額		$8,980,000

附注：保留盈餘內 $240,000 不得發放股利。

◆ 大額股票股利

發放股票股利超過 20% 或 25% 以上時，稱為大額股票股利。大額股票股利的發行，容易降低每股市價，因而發行時都使用面額來計算。如×2 年 8 月 6 日宣告發放 30% 之股票股利，加權平均流通在外之普通股當時為 100,000 股，面額 $10，市價每股 $11。9 月 15 日登記，11 月 25 日為發放日。其分錄如下：

×2 年 8/6	保留盈餘 (100,000×30%×$10)	300,000	
	應分配股票股利		300,000
9/15	不做分錄		
11/25	應分配股票股利	300,000	
	普通股股本		300,000

11.6 每股權益

每股權益(Equity Per Share)或稱**每股帳面價值**(Book Value Per Share)是指每一股份應有之權益。公司若僅有一種股票，則普通股每股帳面價值的計算是將權益總額除以加權平均流通在外股數。其公式如下：

$$每股權益(帳面價值) = \frac{權益總數}{加權平均流通在外普通股股數}$$

如以表 11.1 的權益部份為例子，其每股帳面價值的計算如下：

每股帳面價值　$1,257,000÷78,000＝$16.12

公司如有普通股及特別股，則每股帳面價值的計算應先將權益減去特別股權益，得出普通股權益。特別股權益等於特別股之清算價值加上積欠特別股股利。清算價值是指公司在清算時，先償還負債後，其剩餘資產特別股股東可按預定退回之價格。如特別股無清算價值，則以面額計算。其公式如下：

特別股：

$$每股帳面價值 = \frac{特別股權益}{加權平均流通在外特別股股數}$$

普通股：

$$每股帳面價值 = \frac{權益總數－特別股權益}{加權平均流通在外普通股股數}$$

$$= \frac{普通股權益}{加權平均流通在外普通股股數}$$

現舉例如下：

釋例 (五)

台北公司在×2年12月31日之權益如下：

權益	
投入資本：	
特別股，5% 累積，面額 $10，額定 10,000 股，發行且流通在外 10,000 股	$100,000
普通股，面額 $10，額定 100,000 股，發行且流通在外 50,000 股	500,000
資本公積	
特別股溢價	20,000
普通股溢價	100,000
投入資本總額	$720,000
保留盈餘	150,000
權益總額	$870,000

假定特別股清算價值每股 $12。

　　試求：特別股及普通股每股帳面價值。

特別股權益：

$$\$12 \times 10,000 = \$120,000 (清算價值)$$

普通股權益：

$$\$870,000 - \$120,000 = \$750,000$$

每股帳面價值：

特別股　$120,000 ÷ 10,000 = \underline{$12.00}
普通股　$750,000 ÷ 50,000 = \underline{$15.00}

11.7　保留盈餘表及每股盈餘

1. 保留盈餘

　　保留盈餘是公司的盈餘保留在公司而未分配給股東的部份。保留盈餘增減的原因有本期淨利(淨損)、股利發放、前期損益調整、庫藏股票交易損失等，分別解釋如下：

◆ **本期淨利(淨損)**

　　本期淨利是保留盈餘的來源，如為淨損，盈餘則會減少。保留盈餘若有借方餘額，則代表公司已有累積虧損。如公司年底有淨利 $250,000，則結帳分錄為：

　　損益彙總　　　　　　　　　250,000
　　　　保留盈餘　　　　　　　　　　　250,000

◆ **前期損益調整**

　　以前年度收入或費用發生錯誤，到本期才發現，在更正時應修正保留盈餘。如×2年4月10日發現去年折舊費用多提$50,000(暫不考慮稅負)，則更正分錄為：

　　×2年 4/10　累計折舊　　　　50,000
　　　　　　　　保留盈餘　　　　　　　50,000

◆ **庫藏股票交易損失**

　　在庫藏股票再發行時，售價小於成本時，可能就會產生保留盈餘之減少。(參考11.4節庫藏股票部份。)

　　綜合上述，可以下表彙總列示：

(減少)	保留盈餘	(增加)
淨損		淨利
股利		前期損益調整
前期損益調整		
庫藏股票交易損失		

另外還有會造成保留盈餘內部改變，卻不會影響保留盈餘的總額，那就是保留盈餘的指撥。保留盈餘主要用途是發放股利，有時為了某些目的，可能必須限制盈餘不得發放股利，原因有：

◆ **法令規定**

我國公司法規定，公司每年稅後盈餘，應提列 10% 用來彌補未來損失之用，稱法定公積。

◆ **契約規定**

公司常受發行債券契約或舉債條款的約束，分配盈餘受到限制。

◆ **自願性提撥**

公司為擴建廠房、增添設備等，常自行限制盈餘之分配。

保留盈餘的組成如下：

保留盈餘：
　已指撥保留盈餘
　　法定盈餘公積　　　　　　$××
　　償債準備　　　　　　　　 ××　　$××
　未分配盈餘　　　　　　　　　　　　××
　保留盈餘　　　　　　　　　　　　　$××

保留盈餘表的編製如下(數字為假設)：

××公司
保留盈餘表
×2年度

期初保留盈餘		$ 300,000
前期損益調整		50,000
調整後期初保留盈餘		$350,000
加：本期淨利		250,000
減：股利分配	$160,000	
庫藏股票交易	200	(160,200)
期末保留盈餘		$ 439,800

2. 每股盈餘

每股盈餘(Earnings Per Share，簡稱 EPS)指每一普通股在某一期間所賺得的報酬，亦即企業將當年度的盈餘可全部分給股東，則每一股可分得的盈餘。如公司只有一種股票，則每股盈餘的計算為：

$$每股盈餘 = \frac{本期淨利}{加權平均流通在外普通股股數}$$

如公司有特別股，則：

$$每股盈餘 = \frac{淨利-特別股股利}{加權平均流通在外普通股股數}$$

每股盈餘係針對普通股而言，特別股通常每期所能賺到的是固定之股利。

加權平均流通在外普通股股數之計算應考慮股份流通在外之時間長短，以時間為權數。假設：甲公司在×2年1月1日流通在外有100,000股普通股，7月1日增資10,000股，11月1日買回庫藏股票6,000股。其加權平均股數計算如下：

甲法：

1/1	100,000 × 12/12	=	100,000
7/1	10,000 × 6/12	=	5,000
11/1	6,000 × 2/12	=	(1,000)
	加權平均流通在外股數		104,000 股

乙法：

1/1	100,000× 6	=	600,000
7/1	110,000× 4	=	440,000
11/1	104,000× 2	=	208,000
	12	=	1,248,000

加權平均流通在外股數　1,248,000÷12＝104,000 股

釋例 (六)

台南公司全年流通在外 100,000 股普通股，另有 10,000 股特別股，5%，面額 $10，亦全年流通在外。×2 年稅後淨利為 $240,000。試計算×2 年每股盈餘。

特別股股利　$10×10,000×5%＝$5,000

$$普通股每股盈餘 = \frac{\$240,000 - \$5,000}{100,000} = \$2.35$$

◆ **報表之表達**

每股盈餘計算出來，通常列在損益表之最下面，如：

A 公司
損益表
×2 年度

⋮

本期淨利	$240,000
每股盈餘	$2.35

我國財務會計準則規定公開發行公司應於損益表中本期淨利(淨損)數字之下，列示普通股每股盈餘，並說明其計算方法。

附錄一　股利之計算

公司將盈餘分配給股東，對股東而言，即是分配股利的權利。通常特別股有優先分配股利的權利。特別股依其條件之不同，可分為六種方式：1. 非累積非參加；2. 非累積全部參加；3. 非累積部份參加；4. 累積非參加；5. 累積全部參加；6. 累積部份參加。

現以常見的累積與非累積特別股，予以說明。累積特別股是持有特別股之股東，在公司發放股利給普通股東時，須先將過去積欠特別股之股利，先分配給累積特別股股東。非累積特別股則無此權利。

現舉例說明，A 公司有特別股，面額 $10，5%，流通在外有 100,000 股。另有普通股，面額 $10，流通在外有 200,000 股。公司在 ×1 年到 ×4 年分別發放股利為 $60,000、$20,000、$160,000、$300,000。試分別以不同條件來計算股利。

$$\begin{aligned}特別股股本 \quad &\$10 \times 100,000 = \$1,000,000 \\ 普通股股本 \quad &\$10 \times 200,000 = \$2,000,000 \\ 股本合計 \quad &\$3,000,000\end{aligned}$$

特別股正常股利 $1,000,000 × 5% = $50,000
普通股定額股利 $2,000,000 × 5% = $100,000

股利分配：

1. 特別股非累積

	股利總數	特別股	普通股
×1 年	$ 60,000	$50,000	$ 10,000
×2 年	20,000	20,000	—
×3 年	160,000	50,000	110,000
×4 年	300,000	50,000	250,000

特別股在 ×2 年比正常股利少領了 $30,000，在 ×3 年，發股利給普通股東時，亦不補發 ×2 年所未發的積欠股利。

2. 特別股累積

特別股為累積，在 ×2 年，特別股只分配 $20,000，尚欠 $30,000，此稱為「積欠股利」。故在 ×3 年，分配普通股東股利之前，應先發放特別股 ×2 年積欠之股利。

	股利總數	特別股	普通股
×1 年	$ 60,000	$50,000	$ 10,000
×2 年	20,000	20,000	—
×3 年	160,000	{ 30,000 50,000	80,000
×4 年	300,000	50,000	250,000

附錄二　前期損益調整

公司在期末結帳後，財務報表編製完，才發現有誤，已來不及在同一年度更正。此錯誤影響的是下一年度的財務報表。其處理方式視其錯誤科目而定，如是該年度的收益與費損項目，由於該年度已結帳，因而在發現時，更正到「前期損益調整」科目，來修正前期錯誤所造成的影響。現舉例如下：

A 公司在 ×2 年 3 月 5 日發現 ×1 年度折舊費用少提 $10,000，更正分錄如下：

×2 年 3/5	前期損益調整	10,000	
	累計折舊		10,000

因 ×1 年折舊費用少列記 $10,000，應補提折舊，故「借記折舊費用 $10,000，貸記累計折舊 $10,000」，但 ×1 年折舊費用已結帳完，造成 ×1 年淨利多記 $10,000，故用「前期損益調整」科目。此為一過渡性科目，期末再結轉至保留盈餘。

12/31	保留盈餘	10,000	
	前期損益調整		10,000

作業

一、問答題

1. 列舉會使保留盈餘發生變動的可能事項。
2. 普通股股東有哪些基本權利？
3. 特別股通常有哪些性質？
4. 何謂庫藏股票？
5. 股利分配有哪四個重要的日期？
6. 庫藏股票在財務報表上應如何表達？
7. 公司發放股票股利的原因有哪些？
8. 發行普通股與募集公司債來籌措資金，其利弊各為何？

二、是非題

(　　) 1. 股票發行所產生之溢價是屬於收入。
(　　) 2. 庫藏股票屬於資產性質。
(　　) 3. 庫藏股票再發行之溢價，貸記資本公積。
(　　) 4. 股利是一項非費用科目。
(　　) 5. 有關股票之資本交易，應認列利得或損失。
(　　) 6. 應分配股票股利是負債科目。
(　　) 7. 應付股利是負債科目。
(　　) 8. 累積特別股的積欠股利屬於負債。
(　　) 9. 保留盈餘表係連接損益表與資產負債表的財務報表。
(　　) 10. 公司常藉著發放股票股利來滿足股東對於股利之期望。

三、選擇題

(　　) 1. 保留盈餘的指撥，會使權益
    (1) 增加　　　　　　(2) 減少
    (3) 不變　　　　　　(4) 以上皆非。

(　) 2. 發放股票股利,會使企業現金
    (1) 增加　　　　　　　　(2) 減少
    (3) 不變　　　　　　　　(4) 以上皆非。

(　) 3. 股份有限公司之股票
    (1) 可以自由轉讓　　　　(2) 不能自由轉讓
    (3) 禁止轉讓　　　　　　(4) 以上皆非。

(　) 4. 在股票登記日,何者為正確?
    (1) 股利成為負債　　　　(2) 應借記「應付股利」
    (3) 應貸記「應付股利」　(4) 不需做分錄。

(　) 5. 公司普通股股東之權利不包括
    (1) 間接參與管理權　　　(2) 盈餘分配權
    (3) 優先認股權　　　　　(4) 財產優先分配權。

(　) 6. 庫藏股票的性質是
    (1) 公司之資產　　　　　(2) 公司之負債
    (3) 權益之加項　　　　　(4) 權益之減項。

(　) 7. 發放股票股利,會使權益
    (1) 增加　　　　　　　　(2) 減少
    (3) 不變　　　　　　　　(4) 不一定。

(　) 8. 台南公司發行且流通在外之普通股 100,000 股,每股面額 $10,帳面價值 $11,當初發行價格每股 $12,目前每股市價 $11.50。其普通股股本總額應為
    (1) $1,000,000　　　　　(2) $1,100,000
    (3) $1,200,000　　　　　(4) $1,150,000。

(　) 9. 發放股票股利,會使
    (1) 每股帳面價值增加　　(2) 公司的現金減少
    (3) 公司之淨資產增加　　(4) 流通在外之股數增加。

四、計算題

1. 台中公司額定普通股 100,000 股，面額 $10，以及無面額之特別股 10,000 股，股利為每股 $3，設定價值為 $100。第一年發生下列交易：

   (1) 現金發行普通股 20,000 股，每股 $11。
   (2) 現金發行特別股 1,000 股，每股 $105。
   (3) 現金發行特別股 2,000 股，每股 $102，假設特別股亦無設定價值。
   (4) 發行普通股 5,000 股，交換一使用過之機器，機器無公允市價，但普通股目前市價 $12。

   試作：上述交易之分錄。

2. 義民公司×1 年初成立時，額定股本為 100,000 股，面額 $10 的普通股，到×4 年底時，有 80,000 股發行且流通在外。在×5 年發生下列交易事項：

   3 月 15 日　買回庫藏股票 5,000 股，每股買價 $13。
   4 月 20 日　出售庫藏股票 2,000 股，每股售價 $15。
   5 月 25 日　出售庫藏股票 2,000 股，每股售價 $12。
   6 月 13 日　出售庫藏股票 1,000 股，每股售價 $10。

   試作：×5 年上述交易分錄。

3. 白雲公司於×2 年 6 月 4 日宣告發放現金股利 $100,000，7 月 10 日登記日，8 月 25 日支付該項股利。

   試作：其必要之分錄。

4. 藍天公司在×2 年初有普通股 100,000 股發行且流通在外，面額 $10，保留盈餘 $600,000。在 9 月 2 日宣告發放股票股利，當日市價每股 $12，9 月 22 日登記日，11 月 12 日正式發行股票。

   試作：相關分錄。

   (1) 宣告發放 10% 股票股利。
   (2) 宣告發放 30% 股票股利。

5. 桃園公司在×2年初發行且流通在外的普通股為200,000股，在4月1日又現金增資60,000股。又在10月1日買回30,000股作為庫藏股票。另有特別股50,000股，4%，面額$100，全年流通在外。×2年稅後盈餘$420,000，試計算×2年之每股盈餘。

6. 大里公司有額定股本500,000股普通股，面額$10，在×1年底，發行且流通在外200,000股，另額定、發行且流通在外100,000股特別股，4%，面額$10，假設前面股票均按照面額發行。×2年有關股票交易如下：

4月20日　宣告發放普通股5%股票股利，當日市價$14。
5月20日　為登記日。
7月 1 日　發放股票股利。

試作：

(1) 做上述相關分錄。
(2) 編製×2年底資產負債表之權益部份。(期初保留盈餘為$600,000，本期淨利為$150,000。)
(3) 計算×2年底普通股及特別股之每股帳面價值。

7. 東台公司有普通股發行且流通在外300,000股，面額$10，非累積特別股面額$10，5%，發行且流通在外100,000股。公司×2年決議分配股利$800,000，試分別計算特別股及普通股之股利。

8. 中台公司有普通股，面額$10，流通在外400,000股。特別股面額$10，4%，流通在外100,000股。公司在×1年、×2年及×3年分別發放現金股利$70,000、$10,000及$300,000。試以下列條件下，分別計算特別股及普通股的股利。

(1) 特別股非累積。
(2) 特別股累積。

9. 利用下列資料，編製×2年底之權益部份：

普通股，面額$10，發行且流通在外200,000股	$2,000,000
普通股發行溢價	600,000
保留盈餘	360,500
特別股，6%，累積，面額$10，發行且流通在外50,000股	500,000
特別股溢價	70,000
已認普通股股本(40,000股)	400,000

10. 青龍公司×2年淨利$820,000，假設該公司沒有發行特別股。在×2年初流通在外的普通股有200,000股，另在4月1日增資發行60,000股普通股。

    試作：

    (1) 計算×2年度之加權平均股數。

    (2) 計算每股盈餘。

11. 青田公司×2年底資產負債表的權益部份如下：

特別股，6%，累積，面額$10，額定、發行且流通在外100,000股	$1,000,000
普通股，面額$10，額定、發行且流通在外200,000股	2,000,000
保留盈餘	900,000
總權益	$3,900,000

    試求：每股帳面價值(假設特別股積欠股利2年)。

12. 梅花公司在×2年9月2日以$62,500買進5,000股自己公司的股票。在10月6日以每股$13賣出上述股票中之4,000股。在10月30日又將剩餘上述股票以每股$11賣出，試作上述交易之相關分錄。

13. 陸空公司在×3年額定發行無面額的普通股票100,000股，下列兩者為獨立的事件。

    試作：

(1) 每股以 $12，出售 50,000 股之分錄。

(2) 假設有設定價值 $10，現以每股 $11，出售 60,000 股之分錄。

14. 伊莉公司在×3 年底資產負債表上普通股股本為 $2,000,000，每股面額 $10，庫藏股票有 5,000 股。

試作：

(1) 發行股數為何？
(2) 流通在外股數為何？

第 12 章

投　資

國際財務報導準則 (IFRS) 與一般公認會計原則 (GAAP) 不同之處

	IFRS	GAAP
金融資產分類	投資經營模式分類： 1. 同時適用於債務工具與權益工具投資 　(1) 透過其他綜合損益按公允價值衡量之金融資產 (Financial Assets at Fair Value through Other Comprehensive Income, FVTOCI) 　(2) 透過損益按公允價值衡量之金融資產損益 (Financial Assets at Fair Value through Profit or Loss, FVTPL) 2. 適用於債務工具投資 　按攤銷後成本衡量之金融資產 (Financial Assets measured at Amoritzed Cost) 3. 適用於權益工具投資 　(1) 權益法衡量 (Equity Method) 　(2) 編製合併報表 (Consolidated Financial Statements)	僅分為持有至到期日之投資、透過損益按公允價值衡量之金融資產及備供出售之金融資產。

企業設定經營策略及績效目標以達成企業願景，資金規劃除支持營運外，亦可規劃進行金融資產投資，所投資之標的範圍概分於貨幣市場[1]或資本市場[2]。企業投資策略主因為資金彈性運用、投資收入規劃及企業轉型目標等，簡述如下：

- **資金彈性運用**

    企業以其閒置資金進行長短期投資規劃，投資標的選擇可能為貨幣市場之金融工具(如定存)或資本市場之金融工具(如債券及股票)。

- **投資收入規劃**

    企業設定投資標的增值目標，透過投資策略賺取投資收入，包括貨幣市場之定存資金產生之利息收入或資本市場之債券利息與股票股利或價差。

- **參與被投資公司決策**

    藉由持有被投資公司之較高比例之表決權股份，達到重大影響或控制之目的或其未來營運轉型之規劃。

本章以金融資產定義及其分類簡單介紹，並以投資金融資產之目的及其會計處理原則分別討論。

12.1　金融資產定義與分類

金融資產定義

金融資產(Financial Assets)泛指現金、應收帳款及投資。IAS 32「**金融工具：表達**(Financial Instruments: Presentation)」對於金融工具進行明確定義說明，述明金融工具指某一企業(即持有者)產生金融資產，另一企業(即發行者)同時產生金融負債或權益工具之任何合約。依不同交易對象，一般常見之金融工具為債券及股票兩類，亦可進行金融資產、金融負債及權益工具之分類。

---

[1] 貨幣市場是指在一年內到期金融工具之交易市場，如定存單、商業本票等。
[2] 資本市場是指到期日超過一年以上者的金融工具之交易市場，可分為二類：一為債務工具，另一為權益工具，如公債、公司債、特別股及普通股等。

表 12.1　金融工具分類

金融工具類別 交易對象	債　券	股　票
持有者	債務工具投資【金融資產】	權益工具投資【金融資產】
發行者	應付公司債【金融負債】	股票發行【權益工具】

金融資產分類

本章主要以企業為金融工具持有者角度進行簡單介紹。IFRS 9「金融工具」之定義主以「企業管理金融資產之經營模式」及「金融資產合約現金流量特性」為基礎，分為債務工具投資及權益工具投資說明如下：

◆ **企業之債務工具投資，依其投資經營模式之分類條件可分為：**

1. **按攤銷後成本衡量之金融資產-債券** (Financial Assets measured at Amoritzed Cost, AC 債券)
   (1) 收取合約現金流量經營模式條件：該資產係單純以「收取合約現金流量」為目的所持有。
   (2) 合約現金流量特性條件：該資產的合約條款產生特定日期之現金流量，該等現金流量完全為支付給持有者本金及利息。

2. **透過其他綜合損益按公允價值衡量之金融資產-債券** (Financial Assets at Fair Value through Other Comprehensive Income-Debt, FVTOCI 債券)
   (1) 雙重目的經營模式條件：該資產係於以「收取合約現金流量」及「出售」之目的所持有。
   (2) 合約現金流量特性條件：該資產的合約條款產生特定日期之現金流量，該等現金流量完全為支付給持有者本金及利息。
   (3) 處分時其處分損益應進行重分類調整。

3. **透過損益按公允價值衡量之金融資產-債券** (Financial Assets at Fair Value through Profit or Loss-Debt, FVTPL 債券)

若持有之債務工具投資,不屬於「按攤銷後成本衡量之債務工具投資 (AC)」或「透過其他綜合損益按公允價值衡量之金融資產-債券 (FVTOCI 債券)」之類別,將分類於透過損益按公允價值衡量之金融資產-債券 (FVTPL 債券)。

上述債務工具投資類別認列方式如圖 12.1。而其交易成本(如手續費)之處理如下:AC 債券及 FVTOCI 債券將其認列為投資成本;FVTPL 債券將其認列為投資費用。

金融工具	投資經營模式	會計處理分類
債務工具投資	持有以收取合約現金流量(本金及利息)為主要目的	按攤銷後成本衡量之金融資產(AC 債券)
	持有具雙重目的:收取合約現金流量(本金及利息)及出售	透過其他綜合損益按公允價值衡量之金融資產(FVTOCI-債券)【處分損益須重分類】
	出售為主要經營模式	透過損益按公允價值衡量之金融資產(FVTPL-債券)

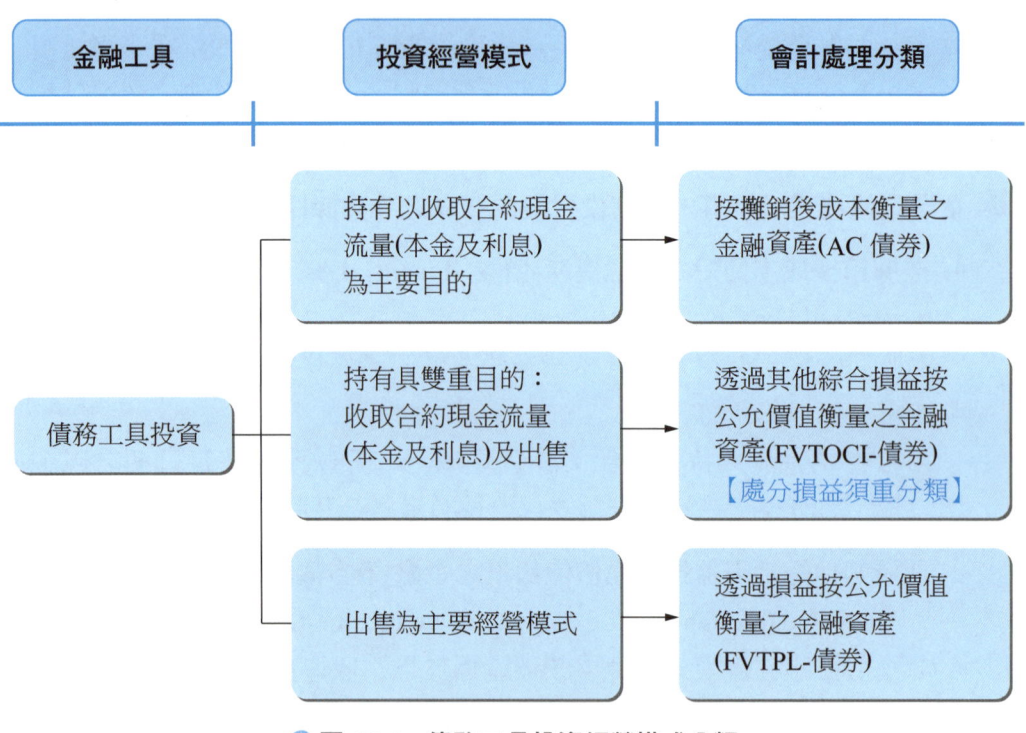

△ 圖 12.1　債務工具投資經營模式分類

Chapter 12 投資

◆ **企業之權益工具投資，依其投資經營模式之分類條件可分為：**

1. **透過其他綜合損益按公允價值衡量之金融資產-股票** (Financial Assets at Fair Value through Other Comprehensive Income-Equity, FVTOCI 股票)
   (1)企業以「非持有供交易」(意指其交易頻率不高，以領取股利為主)之經營模式投資股票，於原始認列時，作一「不可撤銷之選擇」，選擇將權益工具投資公允價值之變動認列於其他綜合損益。
   (2)處分時其處分損益不得重分類調整，僅能調整至保留盈餘。

2. **透過損益按公允價值衡量之金融資產-股票** (Financial Assets at Fair Value through Profit or Loss-Equity, FVTPL 股票)

   企業以「持有供交易」(意指其交易頻率頻繁買賣，以賺取股票價差為主)之經營模式投資股票，其衡量方式為透過損益按公允價值衡量。

3. **權益法衡量**(Equity Method)
   (1)當投資公司持有被投資公司普通股的比例介於 20% 與 50% 之間時，投資公司對被投資公司(亦稱為關聯企業)的營運與財務活動具有重大影響力。
   (2)投資公司在具有重大影響力而不具控制力之關聯企業，應依其持股比例認列關聯企業淨利。

4. **編製合併報表**(Consolidated Financial Statements)
   (1)當一間公司持有被投資公司普通股的比例超過 50% 時，投資公司與被投資公司母子公司關係，應編製母子公司合併財務報表。
   (2)IFRS 10「合併財務報表」，採實質性判斷其控制能力，非以持股比例認定。即若具有實質控制力，應編製母子公司合併財務報表。

上述權益工具投資類別之交易成本(如手續費)認列方式：FVTOCI 股票及權益法衡量之權益工具將其認列為投資成本；FVTPL 股票將其認列為投資費用。

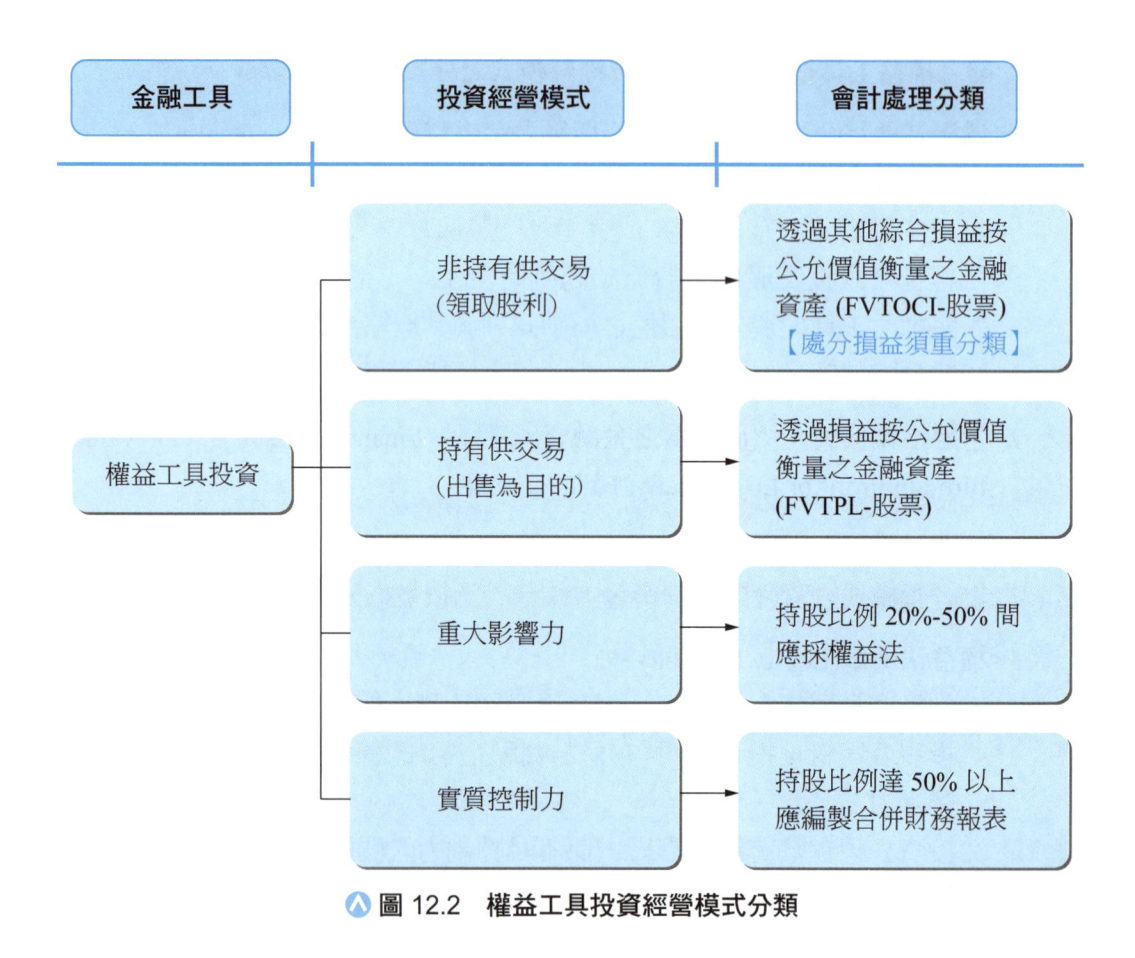

```
金融工具 → 投資經營模式 → 會計處理分類

權益工具投資
├─ 非持有供交易（領取股利） → 透過其他綜合損益按公允價值衡量之金融資產 (FVTOCI-股票)【處分損益須重分類】
├─ 持有供交易（出售為目的） → 透過損益按公允價值衡量之金融資產 (FVTPL-股票)
├─ 重大影響力 → 持股比例 20%-50% 間應採權益法
└─ 實質控制力 → 持股比例達 50% 以上應編製合併財務報表
```

▲ 圖 12.2 權益工具投資經營模式分類

12.2 債務工具投資之會計處理

本節說明債務工具投資之會計處理原則，並以釋例闡釋原則與應用。

企業以「金融資產之經營模式」及「金融資產合約現金流量特性」為基礎，債務工具投資分為三類：

1. 按攤銷後成本衡量之金融資產-債券 (Financial Assets measured at Amoritzed Cost, AC 債券)

會計處理原則：按投資成本入帳、定期認列利息收入、期末不須按公允價值進行調整及債券到期贖回。

2. 透過其他綜合損益按公允價值衡量之金融資產-債券 (Financial Assets at Fair Value through Other Comprehensive Income-Debt, FVTOCI 債券)

會計處理原則：按投資成本入帳、定期認列利息收入、期末須按公允價值調整，並進行結帳作業及出售後進行重分類與年底結帳作業。

- FVTOCI 債券之公允價值變動認列以「未實現持有損益-其他綜合損益」科目表達，而非淨利。
- FVTOCI 債券之未實現持有損益-其他綜合損益為權益科目以「累積其他綜合損益」科目表達，其餘額將結轉至下期，直到出售此債券。
- FVTOCI 債券之重分類至「出售利得- FVTOCI 債券」或「出售損失-FVTOCI 債券」，未結帳前應以「未實現持有損益-其他綜合損益」暫時認列 (臨時科目)，期末結帳時再將其結帳沖銷。

3. 透過損益按公允價值衡量之金融資產-債券 (Financial Assets at Fair Value through Profit or Loss-Debt, FVTPL 債券)

會計處理原則：按投資成本入帳、定期認列利息收入、期末須按公允價值調整，出售前進行評價與出售後作業。

- FVTPL 債券於每年期末及出售前須按公允價值進行調整認列出售利得(損失)-FVTPL 債券。
- 認列出售利得(損失)-FVTPL 債券報導於綜合損益表淨利項下之「非營運之利得損失」。

表 12.2　債務工具投資經營模式分類表

類　別	經營模式	交易流程重點	交易頻率
按攤銷後成本衡量之金融資產-債券 (AC 債券)	持有以收取合約現金流量 (本金及利息) 為主要目的	(1) 交易成本歸屬投資成本 (2) 期末不須按公允價值進行調整	低
透過其他綜合損益按公允價值衡量之金融資產-債券 (FVTOCI 債券)	持有以收取合約現金流量及出售之雙重目的	(1) 交易成本歸屬投資成本 (2) 期末須按公允價值進行調整至當期「未實現持有損益 - 其他綜合損益」並結帳至「累積其他綜合損益」 (3) 出售後須重分類至本期損益，並將「未實現持有損益 - 其他綜合損益」(臨時科目) 結帳至「累積其他綜合損益」	中
透過損益按公允價值衡量之金融資產-債券 (FVTPL債券)	出售為主要經營模式	(1) 交易成本歸屬當期費用 (2) 期末及售前須按公允價值進行調整認列出售利得(損失)-FVTPL債券	高

　　釋例 (一) 為明星公司債務工具投資之相關資訊，分類為**按攤銷後成本衡量之金融資產-債券 (AC 債券)**，交易記錄過程應留意期末不須按公允價值進行調整。

　　釋例 (二) 為明星公司債務工具投資分類為**透過其他綜合損益按公允價值衡量之金融資產-債券 (FVTOCI 債券)**，交易記錄過程應留意期末公允價值評價調整至當期「未實現持有損益-其他綜合損益」並結帳至「累積其他綜合損益」。出售後需重分類至本期損益，並將「未實現持有損益-其他綜合損益」(臨時科目) 結帳至「累積其他綜合損益」。

釋例 (三) 為明星公司債務工具投資分類為**透過損益按公允價值衡量之金融資產-債券（FVTPL 債券）**，交易記錄過程應留意期末及售前須按公允價值進行調整認列出售利得(損失)-FVTPL 債券。

釋例 (一)

明星公司於 ×1 年 1 月 1 日購入 2 年期，面額 $80,000 公司債，並分類為按攤銷後成本衡量之金融資產-債券 (AC 債券)。

債券資訊如下：
(1) 票面利率：5%
(2) 付息時間：每年 1 月 1 日及 7 月 1 日
(3) ×1 年公司債之期末市價為 $100,000

【提示：按攤銷後成本衡量之金融資產-債券 (AC 債券) 會計處理步驟】
- 按投資成本入帳
- 定期認列利息收入
- 期末不須按公允價值進行調整
- 債券到期贖回

按投資成本入帳

×1年 01/01	按攤銷後成本衡量之金融資產-債券 (AC 債券)	80,000	
	現金		80,000

定期認列利息收入

×1年 07/01	現金	2,000	
	利息收入		2,000
	$80,000 × 5% × 1/2 = $2,000		

期末不須按公允價值進行調整，須認列利息收入

×1年 12/31	應收利息	2,000	
	利息收入		2,000

隔年付息

×2 年 01/01	現金	2,000	
	應收利息		2,000

定期認列利息收入(第二年)

×2 年 07/01	現金	2,000	
	利息收入		2,000

期末不須按公允價值進行調整，須認列利息收入(第二年)

×2 年 12/31	應收利息	2,000	
	利息收入		2,000

隔年付息

×3 年 01/01	現金	2,000	
	應收利息		2,000

債券到期日

×3 年 01/01	現金	80,000	
	按攤銷後成本衡量之金融資產-債券 (AC 債券)		80,000

釋例 (二)

明星公司於 ×1 年 1 月 1 日購入 2 年期，面額 $80,000 公司債 (內含手續費交易成本 $150)，並分類為透過其他綜合損益按公允價值衡量之金融資產-債券 (FVTOCI 債券)。債券資訊如下：

(1) 票面利率：5%
(2) 付息時間：每年 1 月 1 日及 7 月 1 日
(3) ×1 年公司債之期末市價為 $100,000
(4) ×2 年 1 月 1 日出售債券價格為 $100,000

【提示：透過其他綜合損益按公允價值衡量之金融資產-債券 (FVTOCI-債券) 會計處理步驟】

■ 按投資成本入帳

- 定期認列利息收入
- 期末須按公允價值調整,並進行結帳作業
- 出售後進行重分類,年底結帳作業

按投資成本入帳

×1 年 01/01	透過其他綜合損益按公允價值衡量之金融資產-債券	80,000	
	現金		80,000

定期認列利息收入

×1 年 07/01	現金	2,000	
	利息收入		2,000

$80,000 \times 5\% \times 1/2 = \$2,000$

期末須認列利息收入

×1 年 12/31	應收利息	2,000	
	利息收入		2,000

期末須按公允價值調整

×1 年 12/31	公允價值調整-FVTOCI 債券	20,000	
	未實現持有損益-其他綜合損益		20,000

期末市價為 $100,000 － 投資成本 80,000 = 20,000

期末結帳作業 (將 ×1 年 12/31 未實現持有損益-其他綜合損益結清)

×1 年 12/31	未實現持有損益-其他綜合損益	20,000	
	累積其他綜合損益		20,000

隔年付息

×2 年 01/01	現金	2,000	
	應收利息		2,000

債券出售,售價為$100,000

×2 年 01/01	現金	100,000	
	透過其他綜合損益按公允價值衡量之金融資產-債券		80,000
	公允價值調整-FVTOCI 債券		20,000

重分類認列出售利得

 ×2 年 01/01 未實現持有損益-其他綜合損益 20,000
      出售利得- FVTOCI 債券   20,000
 *T 帳解析

期末結帳作業 (將 ×2 年 1 月 1 日未實現持有損益-其他綜合損益結清)

 ×2 年 12/31 累積其他綜合損益   20,000
      未實現持有損益-其他綜合損益   20,000
 *T 帳解析

透過其他綜合損益按公允價值衡量之金融資產-債券(FVTOCI 債券) 之 T 帳觀念解析

未實現持有損益 - 其他綜合損益

×2 年 01/01(重分類)	20,000	×2 年 12/31(期末結帳)	20,000

累積其他綜合損益

×2年 12/31(期末結帳)	20,000	×1 年 12/31(期末結帳)	20,000

透過其他綜合損益按公允價值衡量之金融資產-債券(FVTOCI 債券) 交易流程之 ×1 年財務報表簡化表達

明星公司 資產負債表（部份） ×1 年 12 月 31 日	新台幣元
資產	
非流動資產	
透過其他綜合損益按公允價值衡量之金融資產 - 債券	$80,000
公允價值調整-FVTOCI 債券	$20,000
流動資產	
應收利息 (12/31：$2,000)	$2,000
負債	××××
權益	××××
累積其他綜合損益	$20,000

明星公司
綜合損益表 (部份)
×1 年 01 月 01 日至 ×1 年 12 月 31 日　　　新台幣元

非營運之收入費用	
利息收入(7/1：$2,000 + 12/31：$2,000)	4,000
淨利(營運+非營運之收入費用)	$××××
其他綜合損益	
未實現持有損益-其他綜合損益	20,000
綜合損益 (淨利+其他綜合損益)	$××××

釋例 (三)

明星公司於 ×1 年 1 月 1 日購入 2 年期，面額 $80,000 公司債，並分類為透過損益按公允價值衡量之金融資產-債券 (FVTPL 債券)。

債券資訊如下：

(1) 票面利率：5%

(2) 付息時間：每年 1 月 1 日及 7 月 1 日

(3) ×1 年公司債之期末市價為 $78,000

(4) ×2 年 3 月 16 日出售債券價格為 $79,000

(5) 手續費交易成本 $150

【提示：透過損益按公允價值衡量之金融資產-債券 (FVTPL-債券) 會計處理步驟】

- 按投資成本入帳
- 定期認列利息收入
- 期末及售前須按公允價值進行調整認列出售利得(損失)

按投資成本入帳，交易成本認列本期費用

×1 年 01/01	透過損益按公允價值衡量之金融資產-債券	80,000	
	交易手續費	150	
	現金		80,150

定期認列利息收入

| ×1 年 07/01 | 現金 | 2,000 | |
| | 　利息收入 | | 2,000 |

$80,000 × 5% × 1/2 = $2,000

期末需認列利息收入

| ×1 年 12/31 | 應收利息 | 2,000 | |
| | 　利息收入 | | 2,000 |

期末需按公允價值調整

| ×1 年 12/31 | 出售損失- FVTPL 債券 | 2,000 | |
| | 　公允價值調整- FVTPL 債券 | | 2,000 |

期末市價為 $78,000 — 投資成本 $80,000 = $(2,000)

隔年付息

| ×2 年 01/01 | 現金 | 2,000 | |
| | 　應收利息 | | 2,000 |

債券之售前評價，公允價值為 $79,000，×1 年年底公允價值為 $78,000

| ×2 年 03/16 | 公允價值調整- FVTPL債券 | 1,000 | |
| | 　出售利得- FVTPL 債券 | | 1,000 |

售前評價為 $79,000 — 上一年期末評價 $78,000 = $1,000

出售

×2 年 03/16	現金	79,000	
	公允價值調整-FVTPL 債券	1,000	
	透過損益按公允價值衡量之金融資產-債券		80,000

*T 帳解析

透過損益按公允價值衡量之金融資產-債券 (FVTPL 債券) 之 T 帳觀念解析

公允價值調整 - FVTPL 債券

×2年03/16(售前評價)	1,000	×2年12/31(期末評價)	2,000
×2年03/16(出售)	1,000		

12.3　權益工具投資之會計處理

　　本節說明權益工具投資之會計處理原則,並以釋例闡釋原則與應用。

　　企業投資經營方式,以權益工具投資為考量,並無符合「金融資產合約現金流量特性」之條件,其投資期間之現金流量為不定期發放之股利及股票出售價款,而公允價值衡量對於權益工具投資為重要的參考資訊。IFRS 9「金融工具」提及投資公司持有被投資公司股票低於 20% 股權時,則推定該投資公司不具重大影響;IAS 28「投資關聯企業與合資」提及投資公司持有被投資公司股票 20% 以上之股權時,則推定該投資公司具重大影響。金融工具之權益工具投資分為四類,本節主要以「FVTOCI 股票」、「FVTPL 股票」及「權益法衡量」進行釋例介紹,編製合併報表則留待進階會計再討論。

1. 透過其他綜合損益按公允價值衡量之金融資產-股票 (Financial Assets at Fair Value through Other Comprehensive Income-Equity, FVTOCI 股票)

會計處理原則:按投資成本入帳、認列股利收入、期末須按公允價值調整,並進行結帳作業及出售前進行評價與出售後作業。

- FVTOCI 股票之公允價值變動認列以「未實現持有損益-其他綜合損益」科目表達,而非淨利。
- FVTOCI 股票之未實現持有損益-其他綜合損益為權益科目以「累積其他綜合損益」科目表達,其餘額將結轉至下期,直到出售此股票。
- FVTOCI 股票售前需進行公允價值調整至當期「未實現持有損益-其他綜合損益」。
- 出售後不須重分類,「累積其他綜合損益」餘額結轉至「保留盈餘」。

2. 透過損益按公允價值衡量之金融資產-股票 (Financial Assets at Fair Value through Profit or Loss- Equity, FVTPL 股票)

會計處理原則：按投資成本入帳、認列股利收入、期末須按公允價值調整，出售前進行評價與出售後作業。

- FVTPL 股票於每年期末及出售前須按公允價值進行調整至當期「未實現持有損益-損益」。
- 「未實現持有損益-損益」報導於綜合損益表淨利項下之「非營運之利得損失」。

3. 權益法衡量 (Equity Method)

會計處理原則：按投資成本入帳、按持股比例認列被投資公司投資收益、按持股比例認列被投資公司股利收入以減少投資科目

- 權益法衡量之股票應按持股比例認列被投資公司「投資收益」，其科目為「權益法之關聯企業損益」。
- 權益法衡量之股票應按持股比例認列被投資公司股利收入以「減少投資科目」，即「權益法之股票投資」科目。

釋例 (四) 為明星公司股票投資之相關資訊，分類為**透過其他綜合損益按公允價值衡量之金融資產-股票 (FVTOCI 股票)**，交易記錄過程應留意期末公允價值評價調整至當期「未實現持有損益-其他綜合損益」並結帳至「累積其他綜合損益」。出售前需進行公允價值調整至當期「未實現持有損益-其他綜合損益」，結清至「累積其他綜合損益」餘額後，再行結轉至「保留盈餘」。

釋例 (五) 為明星公司股票投資分類為**透過損益按公允價值衡量之金融資產-股票 (FVTPL 股票)**，交易記錄過程應留意期末及售前須按公允價值進行調整至當期「未實現持有損益-損益」。

釋例 (六) 為明星公司股票投資分類為**權益法衡量 (Equity Method)**，交易記錄過程應留意按持股比例認列被投資公司「投資收益」及股利收入以「減少投資科目」。

▼ 表 12.3　權益工具投資經營模式分類表

類　別	經營模式	交易流程重點	交易頻率
透過其他綜合損益按公允價值衡量之金融資產-股票 (FVTOCI 股票)	持有以收取股利為目的，並作一「不可撤銷之選擇」	(1) 交易成本歸屬投資成本 (2) 期末須按公允價值進行調整至當期「未實現持有損益 - 其他綜合損益」並結帳至「累積其他綜合損益」 (3) 出售前須進行公允價值調整至當期「未實現持有損益 - 其他綜合損益」 (4) 出售後不須重分類，當期「未實現持有損益 - 其他綜合損益」結清至「「累積其他綜合損益」餘額後，再行結轉至「保留盈餘」	無限制
透過損益按公允價值衡量之金融資產-股票 (FVTPL 股票)	出售為主要經營模式	(1) 交易成本歸屬當期費用 (2) 期末須按公允價值進行調整至當期「未實現持有損益 - 損益」 (3) 出售前須進行公允價值調整至本期損益「未實現持有損益 - 損益」	高
權益法衡量 (Equity Method)	持股比例20-50%間，具重大影響力 (亦稱關聯企業)	(1) 交易成本歸屬投資成本 (2) 按持股比例認列被投資公司「投資收益」 (3) 按持股比例認列被投資公司股利收入以「減少投資科目」	無限制

釋例 (四)

明星公司於 ×1 年 6 月 1 日以每股 $25 買入健康公司股票 1,000 股 (內含手續費交易成本$110)，並分類為透過其他綜合損益按公允價值衡量 (FVTOCI股票)。

股票資訊如下：
(1) 收到現金股利每股$1，發放時間：×1年10月31日
(2) ×1 年 12 月 31 日股票之期末市價為 $26,000
(3) ×2 年 5 月 1 日出售股票價格為 $23,000

【提示：透過其他綜合損益按公允價值衡量之金融資產-股票 (FVTOCI-股票) 會計處理步驟】
- 按投資成本入帳
- 認列股利收入
- 期末須按公允價值調整，並進行結帳作業
- 出售前進行評價與出售後作業

按投資成本入帳

×1 年 06/01 透過其他綜合損益按公允價值衡量之金融資產-股票	25,000	
現金		25,000

認列股利收入

×1 年 10/31 現金	1,000	
股利收入		1,000

$1 × 1,000 股 = $1,000

期末須按公允價值調整

×1 年 12/31 公允價值調整-FVTOCI 股票	1,000	
未實現持有損益-其他綜合損益		1,000

期末市價為 $26,000 − 投資成本 25,000 = 1,000

期末結帳作業(將 ×1 年 12 月 31 日未實現持有損益-其他綜合損益結清)

×1 年12/31	未實現持有損益-其他綜合損益	1,000	
	累積其他綜合損益		1,000

股票出售前進行評價,公允價值為 $23,000,×1 年年底公允價值為 $26,000

×2 年 05/01	未實現持有損益-其他綜合損益	3,000	
	公允價值調整-FVTOCI 股票		3,000

股票出售,售價為$23,000

×2 年 05/01	現金	23,000	
	公允價值調整-FVTOCI 股票	2,000	
	透過其他綜合損益按公允價值衡量之金融資產-股票		25,000

*T 帳解析

售後結帳作業(將 ×2 年 5 月 1 日未實現持有損益-其他綜合損益結清)

×2 年 05/01	累積其他綜合損益	3,000	
	未實現持有損益-其他綜合損益		3,000

*T 帳解析

售後結帳作業(將 ×2 年 5 月 1 日累積其他綜合損益結轉至保留盈餘)

×2 年 05/01	保留盈餘	2,000	
	累積其他綜合損益		2,000

*T 帳解析

透過其他綜合損益按公允價值衡量之金融資產-股票 (FVTOCI 股票)之 T 帳觀念解析

公允價值調整 -FVTOCI 股票

×1 年 12/31 (期末評價)	1,000	×2 年 05/01(售前評價)	3,000
×2 年 05/01 (出售)	2,000		

未實現持有損益 - 其他綜合損益

×2年05/01 (售前評價)	3,000	×2年05/01 (期末結帳)	3,000

累積其他綜合損益

×2年05/01 (售後結帳)	3,000	×1年12/31 (售後結帳)	1,000
		×2年05/01 (保留盈餘)	2,000

FVTOCI 股票交易流程之 ×1 年財務報表簡化表達

明星公司
資產負債表（部份）
×1 年 12 月 31 日 新台幣元

資產	
非流動資產	
透過其他綜合損益按公允價值衡量之金融資產 - 股票	$25,000
公允價值調整-FVTOCI 股票	1,000
負債	××××
權益	××××
累積其他綜合損益	$1,000

明星公司
綜合損益表（部份）
×1 年 01 月 01 日至 ×1 年 12 月 31 日 新台幣元

非營運之收入費用	
股利收入	1,000
淨利 (營運+非營運之收入費用)	$××××
其他綜合損益	
未實現持有損益-其他綜合損益	1,000
綜合損益 (淨利+其他綜合損益)	$××××

釋例 (五)

明星公司於 ×1 年 6 月 1 日以每股 $25 買入健康公司股票 1,000 股，並分類為透過損益按公允價值衡量之金融資產-股票 (FVTPL 股票)。

股票資訊如下：
(1) 收到現金股利每股 $1，發放時間：×1 年 10 月 31 日
(2) ×1 年 12 月 31 日股票之期末市價為 $26,000
(3) ×2 年 5 月 1 日出售股票價格為 $23,000
(4) 手續費交易成本 $110

【提示：透過損益按公允價值衡量之金融資產-股票 (FVTPL-股票) 會計處理步驟】
- 按投資成本入帳
- 認列股利收入
- 期末須按公允價值調整
- 出售前進行評價與出售後作業

按投資成本入帳，交易成本認列本期費用

×1 年 06/01	透過損益按公允價值衡量之金融資產-股票	25,000	
	交易手續費	110	
	現金		25,110

認列股利收入

| ×1 年 10/31 | 現金 | 1,000 | |
| | 　　股利收入 | | 1,000 |

$1 × 1000 股 = $1,000

期末須按公允價值調整

| ×1 年 12/31 | 公允價值調整-FVTPL股票 | 1,000 | |
| | 　　未實現持有損益-損益 | | 1,000 |

期末市價為 $26,000－投資成本 25,000 = 1,000

股票出售前進行評價，公允價值為 $23,000，×1年年底公允價值為 $26,000

×2 年 05/01	未實現持有損益-損益	3,000	
	公允價值調整-FVTPL 股票		3,000

股票出售，售價為 $23,000

×2 年 05/01	現金	23,000	
	公允價值調整-FVTPL 股票	2,000	
	透過損益按公允價值衡量之金融資產-股票		25,000

*T 帳解析

透過損益按公允價值衡量之金融資產-股票 (FVTPL 股票)之 T 帳觀念解析

公允價值調整 -FVTOCI 股票

×1 年 12/31 (期末評價)	1,000	×2 年 05/01 (售前評價)	3,000
×2 年 05/01 (出售)	2,000		

釋例 (六)

　　明星公司於 ×1 年 1 月 1 日以 $3,000,000 買入健康公司 30% 的普通股，健康公司的 ×1 年淨利為 $200,000，同時宣告並發放 $50,000 的現金股利。明星公司應作分錄如下：
　　(1) 權益法下，依持股比例認列健康公司投資收益
　　(2) 權益法下，收到之股利依持股比例減少投資科目
　　(3) 權益法下，出售健康公司普通股

【提示：權益法-股票會計處理步驟】
- 按持股比例認列被投資公司投資收益
- 按持股比例認列被投資公司股利收入以減少投資科目
- 按持股比例出售被投資公司普通股

按投資成本入帳

　　×1 年 01/01　採用權益法之股票投資　　　　　　　　　3,000,000
　　　　　　　　　　現金　　　　　　　　　　　　　　　　　　　　3,000,000

認列投資收益

　　×1 年 12/31　採用權益法之股票投資　　　　　　　　　　60,000
　　　　　　　　　　採用權益法之關聯企業損益份額　　　　　　　　60,000
　　　　　　　投資收益 = $200,000 × 30% = $60,000

健康公司發放現金股利

　　×1 年 12/31　現金　　　　　　　　　　　　　　　　　　15,000
　　　　　　　　　　採用權益法之股票投資　　　　　　　　　　　　15,000
　　　　　　　股利收入 = 50,000 × 30% = $15,000

出售健康公司股票

　　×2 年 01/02　現金　　　　　　　　　　　　　　　　　3,050,000
　　　　　　　　　　採用權益法之股票投資　　　　　　　　　　3,045,000
　　　　　　　　　　處分投資損益　　　　　　　　　　　　　　　　5,000

採用權益法股票投資之 T 帳觀念解析

採用權益法之股票投資

×1 年 01/01 (購買)	3,000,000	×1 年 12/31 (股利收入)	15,000
×1 年 12/31 (投資收益)	60,000	×2 年 01/02 (出售)	3,045,000

採用權益法之關聯企業損益份額

		×1 年 12/31 (認列投資收益)	60,000

附錄：FVTOCI債券及股票之會計處理分錄比較表

交易類型	FVTOCI債券			FVTOCI股票		
1.購買按投資成本入帳	FVTOCI債券 　現金	100	100	FVTOCI股票 　現金	100	100
2.認列收入	現金 　利息收入	10	10	現金 　股利收入	10	10
3.期末須認列利息收入	應收利息 　利息收入	10	10	無		
4.期末須按公允價值調整	期末市價$125 > 投資成本$100 公允價值調整-FVTOCI債券 　未實現持有損益-其他綜合損益	25	25	期末市價$150 > 投資成本$100 公允價值調整-FVTOCI股票 　未實現持有損益-其他綜合損益	50	50
	期末市價$80 < 投資成本$100 未實現持有損益-其他綜合損益 　公允價值調整-FVTOCI債券	20	20	期末市價$70 < 投資成本$100 未實現持有損益-其他綜合損益 　公允價值調整-FVTOCI股票	30	30
5.期末結帳作業	期末市價$125 > 投資成本$100 未實現持有損益-其他綜合損益 　累積其他綜合損益	25	25	期末市價$150 > 投資成本$100 未實現持有損益-其他綜合損益 　累積其他綜合損益	50	50
	期末市價$80 < 投資成本$100 累積其他綜合損益 　未實現持有損益-其他綜合損益	20	20	期末市價$70 < 投資成本$100 累積其他綜合損益 　未實現持有損益-其他綜合損益	30	30
6.隔年付息	現金 　應收利息	10	10	無		
7.出售前評價	無			售前市價$160 > 公允價值$150 公允價值調整-FVTOCI股票 　未實現持有損益-其他綜合損益	10	10
				售前市價$65 < 公允價值$70 未實現持有損益-其他綜合損益 　公允價值調整-FVTOCI股票	5	5

Chapter 12 投資

交易類型	FVTOCI 債券			FVTOCI 股票		
8. 出售	售價 $125 > 投資成本 $100			售前市價 $160 > 公允價值 $150		
	現金	125		現金	160	
	FVTOCI 債券		100	FVTOCI 股票		100
	公允價值調整-FVTOCI 債券		25	公允價值調整-FVTOCI 股票		60
	售價 $80 < 投資成本 $100			售前市價 $65 < 公允價值 $70		
	現金	80		現金	65	
	公允價值調整-FVTOCI 債券	20		公允價值調整-FVTOCI 股票	35	
	FVTOCI 債券		100	FVTOCI 股票		100
9. 重分類認列出售利得及損失	售價 $125 > 投資成本 $100			無		
	未實現持有損益-其他綜合損益	25				
	出售利得-FVTOCI 債券		25			
	售價 $80 < 投資成本 $100					
	出售損失-FVTOCI 債券	20				
	未實現持有損益-其他綜合損益		20			
10. 期末結帳作業	售價 $125 > 投資成本 $100			售前市價 $160 > 公允價值 $150		
	未實現持有損益-其他綜合損益	25		未實現持有損益-其他綜合損益	10	
	累積其他綜合損益		25	累積其他綜合損益		10
	售價 $80 < 投資成本 $100			售前市價 $65 < 公允價值 $70		
	累積其他綜合損益	20		累積其他綜合損益	5	
	未實現持有損益-其他綜合損益		20	未實現持有損益-其他綜合損益		5
				*累積其他綜合損益結轉至保留盈餘		
				售前市價 $160 > 投資成本 $100		
				累積其他綜合損益	60	
				保留盈餘		60
				售前市價 $65 < 投資成本 $100		
				保留盈餘	35	
				累積其他綜合損益		35

註：本表為模擬數字，情境說明：面額 $100，會計處理步驟請參考釋例(二)及(四)。

▶▶ 作業

一、問答題

1. 請試述企業規劃進行金融資產投資之目的為何？
2. 請簡述金融資產定義及其分類？
3. 請簡述企業之債務工具投資及權益工具投資，依其投資經營模式之分類？
4. 透過其他綜合損益按公允價值衡量之金融資產-債券 (FVTOCI 債券) 之公允價值變動認列以何項科目表達？重新分類後認列何項科目？
5. 透過其他綜合損益按公允價值衡量之金融資產-股票 (FVTOCI 股票) 出售後不須分類，而其會計處理步驟為何？
6. 金融資產之權益工具投資於何種情況下應採用權益法衡量？

二、是非題

( ) 1. 公司進行金融工具投資因素之一為可以自投資獲取部份收益。
( ) 2. 透過其他綜合損益按公允價值衡量之金融資產-債券 (FVTOCI 債券) 之投資成本包含仲介手續費及應計利息。
( ) 3. 透過其他綜合損益按公允價值衡量之金融資產-股票 (FVTOCI 股票) 之出售前評價調整，若售前市價高於先前公允價值衡量之金額，其會計分錄為借記「未實現持有損益-其他綜合損益」及貸記「公允價值調整-FVTOCI 股票」。
( ) 4. 金融資產之公允價值調整餘年度終了時應進行帳務結清作業。
( ) 5. 未實現持有損益-其他綜合損益為資產負債表中之權益項下之累積其他綜合損益。
( ) 6. 金融資產投資之債券利息認列，應計利息為財務狀況中之不動產、廠房及設備科目。

三、選擇題

( ) 1. 債務工具投資之會計記錄評價方式為何？

(1) 投資成本 　　　　　　(2) 投資成本加股利
(3) 債券票面價值　　　　　(4) 債券面額

(　　) 2. ×1 年 1 月 1 日，米頓公司購買面額 $1,000，票面利率 6% 之公司債，且付息時間為每年 1 月 1 日。試問 ×2 年 1 月 1 日之會計分錄為何？

 (1) 現金　　　　　60　　　　(2) 現金　　　　　60
   應收利息　　60　　　　　　利息收入　　60
 (3) 應收利息　　　60　　　　(4) 應收利息　　　30
   利息收入　　60　　　　　　利息收入　　30

(　　) 3. 艾頓公司於 ×1 年 1 月 1 日以 $600,000 買入富麗公司 25% 的普通股，富麗公司於 ×1 年淨利為 $180,000，同時宣告並發放 $90,000 的現金股利。若艾頓公司採用權益法衡量其金融資產，其 ×1 年 12 月 31 日之股票投資帳戶餘額為何？
 (1) $645,000　　　　　(2) $667,500
 (3) $622,500　　　　　(4) $600,000

(　　) 4. 微笑公司以成本 $39,500 購買透過損益按公允價值衡量之金融資產-股票 (FVTPL 股票)，並以 $45,000 出售，試問此筆交易於綜合損益表中表達方式？
 (1) 認列「非營運之利得與損失」$5,500 損失
 (2) 認列「營運費用」$5,500 損失
 (3) 認列「非營運之利得與損失」$5,500 利得
 (4) 認列「營運費用」$5,500 利得

(　　) 5. 喜悅公司之透過其他綜合損益按公允價值衡量之金融資產-股票 (FVTOCI 股票) (投資成本為 $29,000) 於 ×1 年 12 月 31 日，公允價值為 $31,500。已知該金融資產於 ×1 年 1 月 1 日，公允價值調整-透過損益按公允價值衡量之金融資產-股票之貸方餘額 $1,200。試問喜悅公司所須調整分錄為：

(1) 公允價值調整-FVTOCI 股票　　　　　　　2,500
　　　未實現持有損益-其他綜合損益　　　　　　　　　2,500
(2) 未實現持有損益-其他綜合損益　　　　　　2,500
　　　公允價值調整-FVTOCI 股票　　　　　　　　　　2,500
(3) 未實現持有損益-其他綜合損益　　　　　　3,700
　　　公允價值調整-FVTOCI 股票　　　　　　　　　　3,700
(4) 公允價值調整-FVTOCI 股票　　　　　　　3,700
　　　未實現持有損益-其他綜合損益　　　　　　　　　3,700

(　　) 6. 「未實現持有損益-其他綜合損益」之借方餘額會導致以下情況，何者為真？
(1) 資產負債表內權益科目增加。
(2) 資產負債表內權益科目減少。
(3) 綜合損益表內淨利損失。
(4) 保留盈餘表淨利損失。

四、計算題

1. 卡諾企業於 ×1 年金融資產權益工具投資之會計交易內容如下，並分類為透過損益按公允價值衡量之金融資產-股票 (FVTPL 股票)。

×1/03/01　每股 $15 買入上享公司股票 1,000 股
×1/06/05　收到上享公司每股 $2 之現金股利
×1/12/31　上享公司股票之每股期末市價為 $18
×2/02/01　出售上享公司股票價格每股 $17

試作：上述會計交易分錄。

2. 以下為富都企業於 ×1 年 12 月 31 日之金融資產股票投資組合，並分類為透過其他綜合損益按公允價值衡量之金融資產-股票 (FVTOCI 股票)。

	×1 年期末公允價值
投資綠能公司股票 1200 股	$48,000
投資安德公司股票 1600 股	56,000
投資馬頓公司股票 1000 股	50,000

富都企業於 ×2 年間之會計交易內容如下：
 ×2/01/01　每股 $42 賣出所有綠能公司股票 1,200 股
 ×2/01/12　每股 $48 買進安德公司股票 400 股
 ×2/01/28　收到安德公司每股 $1.5 之現金股利
 ×2/02/09　收到馬頓公司每股 $2.8 之現金股利
 ×2/02/20　每股 $48 賣出所有馬頓公司股票 1,000 股
 ×2/07/05　收到安德公司每股 $1.5 之現金股利
 ×2/08/16　每股 $30 買進天祥公司股票 600 股
 ×2/12/08　收到天祥公司每股 $0.8 之現金股利

	×2 年期末公允價值
天祥公司股票	$48,000
安德公司股票	56,000

試作：
(1) 上述會計交易分錄。
(2) 請試編製富都企業之金融資產科目 ×2 年 12 月 31 日調整分錄及結帳分錄。

3. 開心公司於 ×1 年 1 月 1 日購入 2 年期，面額 $110,500 公司債，並分類為按攤銷後成本衡量之金融資產-債券 (AC 債券)。

債券資訊如下：
(1) 票面利率：4%
(2) 付息時間：每年 1 月 1 日及 7 月 1 日
(3) ×1 年公司債之期末市價為 $120,000

試作：開心公司之相關會計交易分錄。

4. 竹湖公司於 ×1 年 1 月 1 日以每股 $35 買入花園公司股票 100,000 股，投資股權佔公司股權 25% (具重大影響力)。花園公司於 ×1 年淨利為 $150,000，同時宣告並發放 $20,000 的現金股利。

   試作：竹湖公司相關會計交易分錄

   (1) 權益法下，依持股比例認列花園公司投資收益
   (2) 權益法下，收到之股利依持股比例減少投資科目

5. 欣欣公司於 ×1 年 1 月 1 日購入 5 年期，面額 $450,000 日華公司發行之公司債，另需支付手續費 $500，並分類為透過損益按公允價值衡量之金融資產-債券 (FVTPL 債券)。

   債券資訊如下：

   (1) 票面利率：2.8%
   (2) 付息時間：每年 1 月 1 日及 7 月 1 日
   (3) ×1 年公司債之期末市價為 $455,000
   (4) ×2 年 5 月 1 日出售債券價格為 $460,000

   試作：欣欣公司之相關會計交易分錄。

6. 真真公司於 ×1 年 1 月 1 日購入 3 年期，面額為 $300,000 成功公司發行之公司債，並分類為透過其他綜合損益按公允價值衡量之金融資產-債券 (FVTOCI 債券)。

   債券資訊如下：

   (1) 票面利率：7%
   (2) 付息時間：每年 12 月 31 日付息
   (3) ×1 年公司債之期末市價為 $295,000
   (4) ×2 年 12 月 31 日出售債券價格為 $290,000

   試作：真真公司相關會計交易分錄。

第 13 章

現金流量表

國際財務報導準則 (IFRS) 與一般公認會計原則 (GAAP) 不同之處

	IFRS	GAAP
1. 利息和股利分類		
利息支付	營業活動或籌資活動	營業活動
利息收入	營業活動或投資活動	營業活動
股利支付	營業活動或籌資活動	籌資活動
股利收入	營業活動或投資活動	營業活動
2. 現金及約當現金定義	定期存款中到期日超過三個月以上者，則不包含在現金及約當現金中。	定期存款中可隨時解約，可列於現金及約當現金中。

現金流量表係提供企業在特定期間有關現金收支資訊彙總之報表。換言之，現金流量表係以現金流入與現金流出彙總說明企業在特定期間之營業、投資及籌資活動。此為四個主要財務報表之一，其他資產負債表、綜合損益表、權益變動表都無法顯示企業經營所需的資金來源與運用情形，只有現金流量表才能提供上述資訊。本章就現金流量表之意義、目的及編製方法，加以研討。

13.1　現金流量表之概述

　　現金流量表係指企業在特定期間現金流入與現金流出之報表，同時報導企業在此期間內之營業、投資及理財活動方面現金之來源與用途。為企業四個財務報表之一。

　　現金流量表以「現金及約當現金」為主。依照我國財務會計準則公報第 17 號之規定，所謂約當現金是指形式上不屬於現金，但須具備兩項條件的短期且具高度變現的投資。一為隨時可轉換成定額現金者，另一為即將到期且利率變動對其價值的影響很小。包含政府所發行的國庫券、企業發行的商業本票、銀行之可轉讓定期存單及承兌匯票等。短期投資股票，超過 1 年之債券不包含在內。

> 公報中同時將可隨時解約之定期存款(不會損及本金)，且不論期限都可列於「現金及約當現金」項下。在國際會計準則下，定期存款中其到期日超過三個月者，均不可包含在「現金及約當現金」中。

1. 現金流量表的目的

　　現金流量表主要的目的是提供企業在特定期間現金收入與現金支出相關的資訊。另外是提供財務報表使用者瞭解企業之營業、投資及籌資之政策，並評估其流動性、財務彈性、獲利性及風險大小。

2. 現金流量表之用途

現金流量表可用以評估企業：

(1) 未來淨現金流入之能力。
(2) 償還負債與支付股利之能力，以及向外界籌資需要之程度。
(3) 本期損益與營業活動所產生現金流量差異之原因。
(4) 本期現金與非現金之投資及籌資活動之影響。

3. 現金流量表之編製基礎及格式

◆ **現金流量表按現金及約當現金基礎編製**

現金流量表之編製以現金交易為基礎，和現金有關的交易才會出現在現金流量表中。

◆ **現金流量表之內容與格式**

現金流量表應報導企業在特定期間之營業、投資及籌資活動所產生之現金流入與流出。故其內容分為：

(1) 營業活動之現金流量。
(2) 投資活動之現金流量。
(3) 籌資活動之現金流量。

除了上述三部份外，還有影響投資及籌資活動卻不直接影響現金流量者。

我國會計準則及美國一般公認會計原則認為此類非現金交易，應在現金流量表中附表揭露。除此之外，對於同時影響現金及非現金交易的投資及籌資活動，除現金部份列於現金流量表之外，並對交易全貌作補充揭露。但 IFRS 主張亦同。

現金流量表之格式如下：

```
                    ××公司
                   現金流量表
                    ×2年度

    營業活動現金流量：
        ⋮                              $××
    投資活動現金流量：
        ⋮                                ××
    籌資活動現金流量：
        ⋮                                ××
    本期增加(減少)現金                   $××
    期初現金餘額                           ×
    期末現金餘額                         $××

    不影響現金流量之投資及籌資活動：
        ………………………………            $××
```

13.2 現金流量表之分類

現金流量表分成三大部份：

1. 營業活動

現金交易主要是與收入和費用有關的才能歸屬營業活動此一大項。簡言之，與損益表有關的現金交易才屬於營業活動。國際會計準則另外尚包含小部份非屬投資與籌資的活動，如利息收入等。

2. 投資活動

現金交易須與取得或處置投資及長期性資產有關，以及放款及取回債款等事項屬於投資活動。換言之，與非營業活動資產相關之現金交易屬於此。

3. 籌資活動

現金交易須與舉債及償還債務，增資及發放股利有關之事項屬於籌資活動(亦

可稱融資活動)。總而言之，須和非流動負債、權益相關之現金交易方屬之。

以上述三項分類，現舉例列表如下：

類別	相關重點	現金流入(增加)	現金流出(減少)
營業活動	損益表	出售商品或提供服務 利息收入或股利收入	付供應商貨款 付職員薪資 付所得稅 付利息費用 付其他費用
投資活動	非流動資產	出售財產、廠房及設備 出售其他公司之債務證券及權益證券 收回貸給其他公司之貸款本金	購買財產、廠房及設備 買進其他公司之債務證券及權益證券 對其他企業提供貸款
籌資活動	非流動負債及權益	發行債券及開立票據 增加發行新股份(增資股票)	發放股利 贖回長期債務及買回庫藏股票

現以上表三大類，各舉一例來說明：

釋例㈠：營業活動

5月6日付薪資 $12,000。其分錄為：

5/6	薪資費用	12,000	
	現金		12,000

首先此交易為現金交易，再分析另一非現金項目為薪資費用，和損益表有關，故屬營業活動，且為現金流出。

釋例㈡：投資活動

7月11日現購土地 $500,000。

7/11	土地	500,000	
	現金		500,000

此一現金交易,有一非現金科目為土地,土地屬長期性資產,故屬於投資活動,為現金之流出。

釋例㈢:籌資活動

8月20日發行普通股(增資)300,000股,面額$10,以每股$12賣出。

8/20	現金($12×300,000)	3,600,000	
	普通股股本($10×300,000)		3,000,000
	資本公積－普通股溢價		600,000

此現金交易,非現金科目為普通股股本及資本公積均屬權益,故屬籌資活動,為現金流入之增加。

最後再補充的是不影響現金流量之投資及籌資活動。如發行股票交換土地,取得土地是投資活動,普通股股本是屬於籌資活動,可是卻不影響現金的活動。故應在現金流量表的最後以附表方式對交易的全貌作補充揭露。

釋例㈣:附表

9月9日購買設備$120,000,簽開一長期票據面額$120,000,2年到期,利率6%。

9/9	設備	120,000	
	應付票據		120,000

此交易為非現金交易,故不會出現在現金流量表中。可是設備的取得是投資活動,而應付票據的開立是屬於籌資活動,基於充份揭露原則,故應在現金流量表之下,以附表方式表達。

13.3　現金流量表之編製

1. 取得現金流量表編製所需資料

編製現金流量表所需資料如下:

(1) 上期與本期之比較資產負債表。

現金流量表　　293

(2) 當期損益表。
(3) 其他補充資料：如增資、股利發放、重大資產買賣等資料。

2. 現金流量表之編製步驟

(1) 先比較兩期之資產負債表，計算出差異。同時從現金科目就可找出現金流量表正確的答案，本期之現金增加或減少。
(2) 分析流動帳戶的變化。流動帳戶包含流動資產與流動負債帳戶。流動帳戶之變動通常與營業活動有關，由此來計算營業活動之現金流量。
(3) 分析非流動帳戶的變化。
　　a. 從非流動資產帳戶的變動來找出和投資活動相關之現金流量。
　　b. 從非流動負債及權益科目找出與籌資活動相關之現金流量。

3. 現金流量表之編製

◆ **營業活動**

營業活動之現金流量主要來自損益表。由於目前會計原則對於損益認列採應計基礎，因而損益表上之純益並不等於現金流量，必須調整成現金基礎，方可求得正確之營業活動之現金流量。至於調整方法有兩種：一為直接法，一為間接法。

直接法乃將損益表上每個項目直接轉換成現金基礎，國際會計準則委員會鼓勵採用直接法，但也允許使用間接法。間接法是以損益表中本期純益為基礎，再調整不影響現金之項目。一般實務均採間接法。現先以直接法為例，後再討論間接法。

(1) **直接法**

直接法是將損益表上各項收入與費用分別調整後，以收現數或付現數直接列出，亦即將應計基礎之損益表轉為現金基礎之損益表。轉換方法如下：

　　a. **從顧客處收現**

　　假設本期銷貨收入 $100，應收帳款上期餘額為 $15，本期餘額為 $20。本期從顧客處收到之現金為：

分析：

銷貨收入	$100
－應收帳款增加	(5)
收現	$ 95

或 T 帳戶分析：

應收帳款

期初	15	收現	× ⟶ 95
銷貨	100		
期末	20		

公式：

從顧客處收現＝銷貨收入 ┌ ＋應收帳款減少
　　　　　　　　　　　└ －應收帳款增加

b. 付供應商現金

假設本期銷貨成本 $100，期初存貨 $12，期初應付帳款 $10，期末存貨為 $22，期末應付帳款 $15。本期所支付供應商購買存貨之現金為：

分析：銷貨成本應先調整為買進存貨數量，以計算要付供應商之金額。再以存貨之增減決定付現與否(由應付帳款增減)。

期初存貨	$12	銷貨成本	$100
＋購貨	× ⟶	＋存貨增加	10
－期末存貨	(22)	購貨	$110
銷貨成本	$100		

或 T 帳戶分析：

存　貨

	期初	12	出售	100
110 ⟵	購貨	×		
	期末	22		

分析：

購貨	$110
－應付帳款增加	(5)
付供應商現金	$105

或 T 帳戶分析：

應付帳款

		期初	10
付現	×	購貨	110
105 ←			
		期末	15

公式：

付供應商現金 =銷貨成本 $\begin{cases} +\text{存貨增加} + \text{應付帳款減少} \\ -\text{存貨減少} - \text{應付帳款增加} \end{cases}$

c. 付營業費用

假設本期租金費用 \$100，期初預付租金為 \$0，期末預付租金 \$10，另本期利息費用 \$200，期初應付利息為 \$0，期末應付利息為 \$5。本期所支付租金及利息之現金為：

分析：

租金費用	\$100
＋預付租金增加	10
付租金費用現金	\$110

或 T 帳戶分析：

預付租金

	期初	0	費用	100
110 ←	付現	×		
	期末	10		

分析：

利息費用	\$200
－應付利息增加	(5)
付利息費用現金	\$195

或 T 帳戶分析：

	應付利息	
付利息現金 × 195 ←	期初 期末	0 200 5

公式：

$$\text{營業費用付現} = \text{營業費用} \begin{cases} +\text{預付費用增加} \\ -\text{預付費用減少} \end{cases} \begin{cases} +\text{應計費用負債減少} \\ -\text{應計費用負債增加} \end{cases}$$

d. 折舊費用、攤銷費用及出售資產利得或損失均不影響現金，故在計算營業活動之現金流量時，均不予考慮。

e. **付所得稅費用**

假設本期所得稅費用為 $120，期初所得稅負債為 $0，期末為 $10。本期所支付所得稅方面的現金為：

分析：

所得稅費用	$120
－所得稅負債增加	(10)
付所得稅現金	$110

或 T 帳戶分析：

	所得稅負債	
付現 × $110 ←	期初 期末	0 120 10

公式：

$$\text{付所得稅現金} = \text{所得稅費用} \begin{cases} +\text{所得稅負債減少} \\ -\text{所得稅負債增加} \end{cases}$$

綜合上述，現舉一例來說明。

釋例 (五)

中南公司有關財務報表資料如下：

中南公司
損益表
×2 年度

銷貨收入		$120,000
出售資產利得		500
合計		$120,500
減：		
銷貨成本	$82,000	
營業費用(不包含折舊費用)	24,000	
折舊費用	11,500	(117,500)
淨利		$ 3,000

比較資產負債表：

	×2 年底	×1 年底	增(減)
現金	$ 23,000	$ 13,500	$ 9,500
應收帳款	28,000	31,000	(3,000)
存貨	21,000	16,000	5,000
不動產、廠房及設備	110,000	89,000	21,000
累計折舊	(15,000)	(5,000)	10,000
	$167,000	$144,500	
應付帳款	$ 15,000	$ 19,500	(4,500)
應付費用負債	9,000	7,000	2,000
應付公司債	23,000	0	23,000
普通股股本	100,000	100,000	0
保留盈餘	20,000	18,000	2,000
	$167,000	$144,500	

補充資料：

1. 將成本 $2,000，累計折舊 $1,500 之設備出售得 $1,000。
2. 發行債券 $23,000 來交換土地。

3. 發放現金股利 $1,000。

利用上述公式，將應計基礎損益表轉換為現金基礎之損益表：

	應計基礎	調整	現金基礎
銷貨收入(應收帳款減少)	$120,000	$3,000	$123,000
出售資產利得(不影響現金)	500	(500)	—
合計	$120,500		$123,000
減：			
銷貨成本 (存貨增加)	82,000	5,000	91,500
(應付帳款減少)		4,500	
營業費用(應付費用負債增加)	24,000	(2,000)	22,000
折舊費用(不影響現金)	11,500	(11,500)	—
淨利	$ 3,000		$ 9,500

以直接法編製現金流量中營業活動之現金流量：

營業活動之現金流量
　　從顧客處收現　　　　　　　　$123,000
　　付供應商貨款　　　　　　　　(91,500)
　　付營業費用　　　　　　　　　(22,000)
　　　營業活動之淨現金流入　　　$ 9,500

(2) **間接法**

間接法乃以損益表中淨利(淨損)為基準，做必要之調整後，計算當期營業活動之淨現金流量。由於間接法是以淨利為準，而非針對每一項目，故調整公式和直接法有所不同。損益表的表達如下：

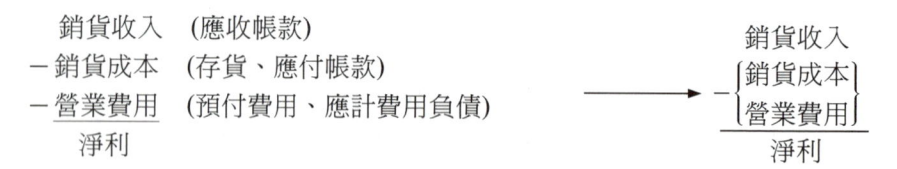

　　銷貨收入　　(應收帳款)　　　　　　　　　　　銷貨收入
　－銷貨成本　　(存貨、應付帳款)　　　　　　 －{銷貨成本
　－營業費用　　(預付費用、應計費用負債)　　　　 營業費用}
　　　淨利　　　　　　　　　　　　　　　　　　　　淨利

銷貨收入從應收帳款去調整，公式不變，但銷貨成本和營業費用因前面有一負號，因而改變了所有公式，恰和直接法相反。

現金流量表

直接法與間接法公式對照

	直接法(各項目)	調整	間接法(淨利)
應收帳款增加	銷貨收入 −	−	−
應收帳款減少	+	+	+
存貨增加	銷貨成本 +	+	−
存貨減少	−	−	+
預付費用增加	費用 +	+	−
預付費用減少	−	−	+
應付帳款增加	銷貨成本 −	−	+
應付帳款減少	+	+	−
應付費用負債增加	費用 −	−	+
應付費用負債減少	+	+	−
應付所得稅負債增加	所得稅 −	−	+
應付所得稅負債減少	+	+	−

> **提示：**
> 所有間接法公式可用四字訣「加貸減借」則可熟記如何處理。如應收帳款增加記借方，則用減的；應付帳款增加記貸方，則用加的。而直接法公式只要記得應收帳款公式是一樣的，所有其他公式都和間接法相反，亦可輕鬆解決。

間接法現舉例如下：

營業活動之現金流量
　　淨利　　　　　　　　　　　　　　　　　　$3,000
　　調整項目：
　　(1) ⎧ 應收帳款減少(貸方用加)　　　$ 3,000
　　　　⎪ 存貨增加(借方用減)　　　　　(5,000)
　　　　⎨ 應付帳款減少(借方用減)　　　(4,500)
　　　　⎩ 應付費用負債增加(貸方用加)　2,000
　　(2) 折舊費用　　　　　　　　　　　11,500
　　(3) 出售資產利得　　　　　　　　　　(500)　　6,500
　　營業活動之淨現金流入　　　　　　　　　　　$9,500

此處之折舊費用，是非現金費用是因其在損益表中被扣除，才得淨利；因其不影響現金，不需扣除，故予以加回。出售資產利得同樣地不影響現金，在損益表中是用加的，故現在予以扣除。出售資產損失，因在損益表中是用減的，故予以加回。

> 提示：
> 間接法之營業活動的現金計算如下：
> 淨利
> 調整：(1) 流動科目(＋貸－借)
> 　　　(2) 非現金費用(如折舊費用、攤銷費用)(＋)
> 　　　(3) 出售資產利得(－)
> 　　　　 出售資產損失(＋)

結論是直接法和間接法求出之營業活動淨現金流量結果應是一樣的。

◆ 投資活動

投資活動之現金流量包括非流動資產的增減所帶來現金的增減。此類資料的來源，主要是分析非流動資產科目的變動。以釋例(五)為例，首先分析不動產、廠房及設備，增加 $21,000，分析時先參考補充資料，以 T 帳戶為分析工具。

不動產、廠房及設備

×1 年 12/31	89,000	出售	2,000
購買	23,000		
×2 年 12/31	110,000		

(1) 現金　　　　　　　　　　　　　1,000
　　累計折舊　　　　　　　　　　　1,500
　　　　設備　　　　　　　　　　　　　　　2,000
　　　　出售資產利得　　　　　　　　　　　500
(2) 土地　　　　　　　　　　　　　23,000
　　　　應付公司債　　　　　　　　　　　23,000

從期初到期末，有兩筆交易牽涉在內：

第一筆交易是出售設備的現金交易，很明顯地屬於投資活動的現金流入。第二筆交易是發行債券交換土地，是屬於投資及籌資活動，但因為是非現金交易，不會出現在現金流量表，只在最下面之附註予以揭露。

其次分析的累計折舊科目，以 T 帳戶為例。

累計折舊

出售	1,500	×1 年 12/31	5,000
		折舊	11,500
		×2 年 12/31	15,000

折舊費用	11,500	
累計折舊		11,500

有時資料並未顯示折舊費用之金額，此時須就累計折舊之 T 帳戶內去尋找。折舊費用屬營業活動之一部份。

企業在營業活動時，不論其使用直接法或間接法，投資及籌資活動部份均相同。

◆ **籌資活動**

籌資活動通常包含：(1) 與營業無關之流動負債，如公司偶爾會向銀行借款而簽立短期票據；(2) 非流動負債、權益項目之變動。以釋例 (五) 為例，應付公司債增加 $23,000，首先分析應付公司債，T 帳戶如下：

應付公司債

	×1 年 12/31	0
		23,000
	×2 年 12/31	23,000

此筆在投資活動已討論過。以發行公司債來交換土地，非現金交易，故放在附註揭露。

其次分析普通股股本，因無變動，無須分析。

再分析保留盈餘科目，保留盈餘增加 $2,000，T 帳戶如下：

```
                保留盈餘
   股利    1,000  │ ×1年12/31  18,000
                 │  淨利       3,000
                 │ ×2年12/31  20,000
```

保留盈餘	1,000	
現金		1,000

發放現金股利，會使保留盈餘減少，屬於籌資活動之現金減少。

在這部份，國際會計準則對於利息及股利現金收付之歸類有較大之彈性。除利息收入為企業之本業收入(如金融機構)，列記營業活動；其他行業可有雙重選擇，如現金利息收入或現金股利收入，可列入營業活動或投資活動。又如現金利息支出或現金股利支付，可列入營業活動或籌資活動。在我國，上述事項都列入營業活動。

綜合上述三點，完整地編製現金流量表，以釋例(五)為例。

中南公司
現金流量表
×2年度
(直接法)

營業活動之現金流量		
從顧客處收現	$123,000	
付供應商貨款	(91,500)	
付營業費用	(22,000)	
營業活動之淨現金流入		$9,500
投資活動之現金流量		
出售設備	$ 1,000	
投資活動之淨現金流入		1,000
籌資活動之現金流量		
付現金股利	$ (1,000)	
籌資活動之淨現金流出		(1,000)
本期現金增加數		$ 9,500
期初現金餘額		13,500
期末現金餘額		$23,000
不影響現金流量之投資及籌資活動：		
發行債券交換土地		$23,000

中南公司
現金流量表
×2 年度
(間接法)

營業活動之現金流量		
淨利	$ 3,000	
調整項目：		
應收帳款減少	3,000	
存貨增加	(5,000)	
應付帳款減少	(4,500)	
應付費用負債增加	2,000	
折舊費用	11,500	
出售資產利得	(500)	
營業活動之淨現金流入		$ 9,500
投資活動之現金流量		
出售設備	$ 1,000	
投資活動之淨現金流入		1,000
籌資活動之現金流量		
付現金股利	$(1,000)	
籌資活動之淨現金流出		(1,000)
本期現金增加數		$ 9,500
期初現金餘額		13,500
期末現金餘額		$23,000
不影響現金流量之投資及籌資活動：		
發行債券交換土地		$23,000

　　編製現金流量表時，營業活動有直接法和間接法，而投資活動與籌資活動編法則完全一樣。

　　直接法之優點在於使用者可直接由報表上營業活動的項目表預測未來的現金流入與流出，其缺點為使用者可能不瞭解損益數字與營運活動所產生的現金流量之關聯。

間接法所編營業活動之現金流量雖可彌補直接法之缺點,但在現金流量表中,若未將利息費用及所得稅費用之付現金額單獨列示,則應另行補充揭露。

現綜合上述,再舉一完整例子。

釋例 (六)

台北公司財務報表資料如下:

台北公司
比較資產負債表
12月31日

	×2年底	×1年底	增(減)
資　產			
現金	$ 48,000	$ 26,000	$ 22,000
應收帳款	40,000	28,000	12,000
存貨	76,000	70,000	6,000
不動產、廠房及設備	140,000	156,000	(16,000)
減:累計折舊	(60,000)	(48,000)	12,000
合計	$244,000	$232,000	
負債及權益			
應付帳款	$ 52,000	$ 66,000	(14,000)
所得稅負債	30,000	40,000	(10,000)
應付公司債	40,000	20,000	20,000
普通股本	50,000	50,000	—
保留盈餘	72,000	56,000	16,000
合計	$244,000	$232,000	

台北公司
損益表
×2 年 12 月 31 日

銷貨收入		$480,000
銷貨成本		(360,000)
銷貨毛利		$120,000
銷售費用	$48,000	
營業費用	20,000	(68,000)
營業淨利		$ 52,000
利息費用		(4,000)
稅前淨利		$ 48,000
所得稅		(14,000)
淨利		$ 34,000

其他補充資料如下：

1. 宣告發放現金股利 $18,000。
2. 折舊費用為 $22,000，包含在銷售費用中。
3. 本年度中賣掉設備得現金 $20,000，其原成本為 $30,000，處置時帳面價值 $20,000。
4. 買進部份設備。
5. 假設所有銷貨和購貨都是賒銷及賒購。

試作：
1. 用間接法編製現金流量表。
2. 用直接法編製現金流量表。

分析：
1. 將資產負債表內各科目增減計算出來。現金本期增加 $22,000，即是本期淨現金流量增加 $22,000。
2. 先分析除了現金以外的流動帳戶(流動資產及流動負債)。
   (1) 間接法

a. 每個流動帳戶，視其增加或減少，決定為借方或貸方，再按「加貸減借」去調整。
   b. 非現金費用──折舊費用加回去。
   c. 出售資產利得或損失──沒有資料。
(2) 直接法
   a. 所有(除現金外)之流動帳戶，除了和收入相關的應收帳款等科目和間接法一樣，其餘科目和間接法的調整完全相反。
   b. 非現金費用──折舊費用等，因不須付現，所以從銷售費用扣除，不予以考慮。
   c. 出售資產利得或損失，不影響現金，故也不予以考慮。
3. 分析非流動帳戶之資產帳戶
   (1) 不動產、廠房及設備

不動產、廠房及設備

	156,000	出售	30,000
購買	14,000		
	140,000		

出售：

現金	20,000	
累計折舊	10,000	
設備		30,000

(設備為資產屬投資活動，為現金之增加)

購買：

設備	14,000	
現金		14,000

(設備為資產屬投資活動，為現金之減少)

(2)

累計折舊 - 設備			
出售	10,000		48,000
			22,000
			60,000

提列折舊：
　折舊費用　　　　　　　　　22,000
　　累計折舊 - 設備　　　　　　　　　　22,000
(折舊費用屬營業活動)

4. 分析非流動帳戶之負債及權益。

(1) 應付公司債

應付公司債	
	20,000
	20,000
	40,000

發行公司債：
　現金　　　　　　　　　　　20,000
　　應付公司債　　　　　　　　　　　　20,000
(應付公司債屬籌資活動，為現金之增加)

(2) 普通股本

　因無變動，不須分析。

(3) 保留盈餘

保留盈餘			
股利	18,000		56,000
		淨利	34,000
			72,000

發放股利：
　保留盈餘　　　　　　　　　18,000
　　現金　　　　　　　　　　　　　　18,000
(保留盈餘屬籌資活動，為現金之減少)

(4) 間接法(A)

<table>
<tr><td colspan="3" align="center">台北公司
現金流量表
×2 年度</td></tr>
<tr><td colspan="3">營業活動現金流量：</td></tr>
<tr><td>　淨利</td><td></td><td>$ 34,000</td></tr>
<tr><td>　調整項目：</td><td></td><td></td></tr>
<tr><td>　　應收帳款增加</td><td></td><td>(12,000)</td></tr>
<tr><td>　　存貨增加</td><td></td><td>(6,000)</td></tr>
<tr><td>　　應付帳款減少</td><td></td><td>(14,000)</td></tr>
<tr><td>　　所得稅負債減少</td><td></td><td>(10,000)</td></tr>
<tr><td>　　折舊費用</td><td></td><td>22,000</td></tr>
<tr><td>　營業活動之淨現金流入</td><td></td><td>$ 14,000</td></tr>
<tr><td colspan="3">投資活動現金流量：</td></tr>
<tr><td>　出售設備收入</td><td>$ 20,000</td><td></td></tr>
<tr><td>　現購設備</td><td>(14,000)</td><td></td></tr>
<tr><td>　投資活動之淨現金流入</td><td></td><td>6,000</td></tr>
<tr><td colspan="3">籌資活動現金流量：</td></tr>
<tr><td>　發行公司債</td><td>$ 20,000</td><td></td></tr>
<tr><td>　付現金股利</td><td>(18,000)</td><td></td></tr>
<tr><td>　籌資活動之淨現金流入</td><td></td><td>2,000</td></tr>
<tr><td>本期現金及約當現金增加數</td><td></td><td>$ 22,000</td></tr>
<tr><td>期初現金及約當現金</td><td></td><td>26,000</td></tr>
<tr><td>期末現金及約當現金</td><td></td><td>$ 48,000</td></tr>
</table>

現按 IAS 7 規定改良式間接法現金流量表的編製，於營業活動之現金流量部份稍有差異。是由稅前淨利開始編起及影響到所得稅支付與利息費用支付的表達方式。茲承接釋例(六)，舉例說明如下：

間接法 (B) —— 台灣實務採此法

<table>
<tr><td colspan="3" align="center">台北公司
現金流量表
×2 年度</td></tr>
<tr><td>營業活動現金流量：</td><td></td><td></td></tr>
<tr><td>　淨利</td><td></td><td>$34,000</td></tr>
<tr><td>　所得稅費用</td><td></td><td>14,000</td></tr>
<tr><td>　　稅前淨利</td><td></td><td>$48,000</td></tr>
<tr><td>　調整項目：</td><td></td><td></td></tr>
<tr><td>　　應收帳款增加</td><td>($12,000)</td><td></td></tr>
<tr><td>　　存貨增加</td><td>(6,000)</td><td></td></tr>
<tr><td>　　應付帳款減少</td><td>(14,000)</td><td></td></tr>
<tr><td>　　折舊費用</td><td>22,000</td><td></td></tr>
<tr><td>　　利息費用</td><td>4,000</td><td>(6,000)</td></tr>
<tr><td>　　營運產生之現金流入</td><td></td><td>$42,000</td></tr>
<tr><td>　　支付之所得稅</td><td></td><td>(24,000)</td></tr>
<tr><td>　　支付之利息費用</td><td></td><td>(4,000)</td></tr>
<tr><td>　營業活動之淨現金流入</td><td></td><td>$14,000</td></tr>
<tr><td>投資活動現金流量：</td><td></td><td></td></tr>
<tr><td>　出售設備收入</td><td>$20,000</td><td></td></tr>
<tr><td>　現購設備</td><td>(14,000)</td><td></td></tr>
<tr><td>　投資活動之現金流入</td><td></td><td>6,000</td></tr>
<tr><td>籌資活動現金流量：</td><td></td><td></td></tr>
<tr><td>　發行公司債</td><td>$20,000</td><td></td></tr>
<tr><td>　付現金股利</td><td>(18,000)</td><td></td></tr>
<tr><td>　籌資活動之現金流入</td><td></td><td>2,000</td></tr>
<tr><td>本期現金及約當現金增加數</td><td></td><td>$22,000</td></tr>
<tr><td>期初現金及約當現金</td><td></td><td>26,000</td></tr>
<tr><td>期末現金及約當現金</td><td></td><td>$48,000</td></tr>
</table>

　　國際財務報導準則 IAS 7 要求對利息、股利收取與支付，及所得稅等項目應單獨揭露。其方式為將上述項目從本期淨利消除，再單獨列示對現金流量之影響。

(5) 直接法

<table>
<tr><td colspan="3" align="center">台北公司
現金流量表
×2 年度</td></tr>
<tr><td>營業活動之現金流量：</td><td></td><td></td></tr>
<tr><td>　　從顧客處收現 ($480,000 − $12,000)</td><td></td><td>$ 468,000</td></tr>
<tr><td>　　付供應商貨款</td><td></td><td></td></tr>
<tr><td>　　　($360,000 ＋ $6,000 ＋ $14,000)</td><td></td><td>(380,000)</td></tr>
<tr><td>　　付銷管費用 ($68,000 − $22,000)</td><td></td><td>(46,000)</td></tr>
<tr><td>　　付利息費用</td><td></td><td>(4,000)</td></tr>
<tr><td>　　付所得稅 ($14,000 ＋ $10,000)</td><td></td><td>(24,000)</td></tr>
<tr><td>　　營業活動之淨現金流入</td><td></td><td>$ 14,000</td></tr>
<tr><td>投資活動之現金流量：</td><td></td><td></td></tr>
<tr><td>　　出售設備收入</td><td>$ 20,000</td><td></td></tr>
<tr><td>　　現購設備</td><td>(14,000)</td><td></td></tr>
<tr><td>　　投資活動之淨現金流入</td><td></td><td>6,000</td></tr>
<tr><td>籌資活動之現金流量：</td><td></td><td></td></tr>
<tr><td>　　發行公司債</td><td>$ 20,000</td><td></td></tr>
<tr><td>　　付現金股利</td><td>(18,000)</td><td></td></tr>
<tr><td>　　籌資活動之淨現金流入</td><td></td><td>2,000</td></tr>
<tr><td>本期現金及約當現金增加數</td><td></td><td>$ 22,000</td></tr>
<tr><td>期初現金及約當現金</td><td></td><td>26,000</td></tr>
<tr><td>期末現金及約當現金</td><td></td><td>$ 48,000</td></tr>
</table>

13.4　用現金流量來評估企業

　　從營業活動而來的現金流量，投資人可用以評估企業績效的指標。其中之一即「自由現金流量」。

　　自由現金流量(Free Cash Flow)，是企業用來衡量能夠自由運用之現金流量。亦即是企業從營運活動而來的現金，在調整資本支出和現金股利之後所剩下的管理活動現金。其計算公式如下：

如有一現金流量表，從營業活動而來的現金為 $29,300，另現購設備 $19,000，支付股利 $8,000。

$$自由現金流量 = \$29,300 - \$8,000 - \$19,000$$
$$= \underline{\underline{\$2,300}}$$

作業

一、問答題

1. 現金流量表之目的何在？
2. 簡單說明現金流量表編製之步驟。
3. 現金流量表之內容為何？
4. 營業活動之現金流量有哪兩種表達方式？
5. 現金流量表對於不直接影響現金流量之投資及籌資活動，如何處理？
6. 折舊費用為何在編製現金流量表間接法時，須加回本期純益中？
7. 試列舉兩項屬於投資活動之現金流量之項目。
8. 試列舉兩項屬於籌資活動之現金流量之項目。

二、是非題

(　　) 1. 現金流量表可評估一企業之流動性、財務彈性、獲利能力與風險。
(　　) 2. 庫藏股票的買回與出售屬投資活動。
(　　) 3. 非流動資產增加會使現金增加。
(　　) 4. 當採用間接法編製現金流量表時，出售資產損失應加回淨利。
(　　) 5. 賒購機器 $100,000，屬於現金流量表之投資活動的現金流出量 $100,000。
(　　) 6. 收到利息收入現金 $500，可屬於現金流量表之營業活動的現金流入量。
(　　) 7. 現金流量表最後計算出的淨現金流量增加或減少之數字，在資產負債表中，即可找出答案。
(　　) 8. 借入款項是現金流量表中之營運活動。

三、選擇題

(　　) 1. 下列何者不屬於籌資活動？
　　　　(1) 出售土地　　　　(2) 現購土地
　　　　(3) 現購其他公司之股票　(4) 以上皆非。

(　) 2. 下列何者不影響公司之現金？
　　　(1) 將專利權以成本賣出
　　　(2) 將機器按帳面價值出售
　　　(3) 將無形資產之帳面價值沖銷為零
　　　(4) 以上皆非。

(　) 3. 發行股票交換土地應記為
　　　(1) 營業活動之現金流出
　　　(2) 投資活動之現金流出
　　　(3) 籌資活動之現金流出
　　　(4) 不影響現金之重大投資及籌資活動。

(　) 4. 下列哪一項為投資活動？
　　　(1) 發行新股　　　　　(2) 買回庫藏股票
　　　(3) 買進其他公司證券　(4) 支付股利。

(　) 5. 下列何者屬於現金流量表中之營業活動？
　　　(1) 現購機器設備　　　(2) 償還銀行貸款
　　　(3) 支付債券利息　　　(4) 支付現金股利。

(　) 6. 中台公司期初現金餘額 $24,000，期末餘額為 $36,000，本年度營業活動淨現金流入 $31,000，投資活動為淨現金流出 $27,640。則籌資活動的淨現金流量為
　　　(1) 淨現金流入 $6,840　(2) 淨現金流入 $8,640
　　　(3) 淨現金流出 $6,840　(4) 淨現金流出 $8,640。

(　) 7. 下列何者通常非為編製現金流量表之必要資訊？
　　　(1) 比較資產負債表　　(2) 當期損益表
　　　(3) 調整後試算表　　　(4) 股東會議記錄等。

(　) 8. 使用間接法編製現金流量表時，專利權之攤銷費用應
　　　(1) 自淨利中扣除　　　(2) 自淨利中加回
　　　(3) 不影響現金，故不予理會 (4) 以上皆非。

(　) 9. 投資活動的現金流入項目，通常包含
　　　(1) 出售機器之價款　　(2) 處分權益證券投資之價款
　　　(3) 收到長期應收票據之本金 (4) 以上皆是。

(　　) 10. 在直接法下，下列何項不會出現在現金流量表中？
　　　　(1) 折舊費用　　　　　　(2) 從顧客收到之現金
　　　　(3) 支付水電費　　　　　(4) 現金買回庫藏股票。

四、計算題

1. 國興公司×2年度淨利為 $32,000，當年度折舊費用為 $8,000，出售資產利得為 $1,500，而流動帳戶之相關資料如下：

	×2年度	×1年度
現金	$28,000	$12,000
應收帳款	44,000	51,000
存貨	73,000	86,000
應付帳款	56,000	50,000
應付費用負債	12,000	18,000

試以間接法編製×2年度現金流量表之營業活動現金流量部份。

2. 甲公司×2年度現金流量表上營業活動之淨現金流入為 $82,000，其他相關資料如下：

應收帳款增加	$ 3,000
存貨減少	4,200
應付帳款減少	11,000
應付費用負債增加	8,000
折舊費用	5,000

試計算×2年度之淨利(淨損)。

3. 乙公司設備帳戶期初餘額為 $48,000，期末餘額為 $63,000。今年5月中旬曾將設備成本 $20,000，累計折舊 $14,000 出售，得款 $8,000。累計折舊帳戶期初餘額 $30,000，期末餘額為 $32,000。試說明乙公司關於設備在現金流量表之表達。

4. 明哲公司在×2年度之損益表如下：

服務收入	$440,000
營業費用	(270,000)
稅前淨利	$170,000
所得稅費用	(51,000)
純益	$119,000

有關資產負債表的資料如下：

	×2年 12/31	×1年 12/31
應收帳款	$75,000	$60,000
應付帳款	42,000	45,000
應付所得稅負債	7,000	6,000

假定明哲公司無折舊性資產，應付帳款全部與營業費用有關。

試作：現金流量表之營業活動部份，採用間接法。

5. 承上一題之資料，求現金流量表之營業活動部份，採用直接法。

6. 正義公司×2年度比較資產負債表如下：

	×2年 12/31	×1年 12/31
現金	$ 39,000	$ 33,000
應收帳款	80,000	60,000
預付費用	20,000	16,000
土地	18,000	40,000
設備	70,000	60,000
減：累計折舊	(18,000)	(14,000)
資產總額	$209,000	$195,000
應付帳款	$ 11,000	$ 6,000
應付公司債	27,000	19,000
普通股股本	140,000	115,000
保留盈餘	31,000	55,000
負債及權益總額	$209,000	$195,000

補充資料：

(1) ×2 年度純損 $18,000，宣告及發放現金股利 $6,000。

(2) 設備成本 $15,000，累計折舊 $9,000，以售價 $6,000 成交。

(3) 應付公司債按帳面價值贖回 $15,000。

(4) 發行普通股取得設備，普通股當時市價等於面額 $25,000。

(5) 出售土地成本 $22,000，賣 $10,000。

試用間接法編現金流量表。

7. 利用下列資料，編製現金流量表(採間接法)。

	金門公司 損益表 ×2 年度
銷貨收入	$668,000
銷貨成本	(412,000)
銷貨毛利	$256,000
營業費用(不包含折舊)	(67,000)
折舊費用	(58,600)
出售設備利得	2,000
稅前淨利	$132,400
所得稅費用	(45,640)
本期淨利	$ 86,760

金門公司
比較資產負債表

	×2年12/31	×1年12/31
資　產		
現金	$ 85,800	$ 45,000
應收帳款	70,000	52,000
存貨	66,800	96,800
預付費用	5,400	5,200
設備	130,000	120,000
累計折舊	(28,000)	(10,000)
資產總額	$330,000	$309,000
負債及權益		
應付帳款	$ 26,000	$ 32,000
應付薪資	7,000	16,000
應付所得稅負債	2,400	3,600
應付票據(長期)	40,000	70,000
普通股股本，面額$15	230,000	180,000
保留盈餘	24,600	7,400
負債及權益總額	$330,000	$309,000

補充資料：

(1) 應付票據 $30,000 到期還本。

(2) 現購設備 $58,600。

(3) 出售設備成本 $48,600，產生利得 $2,000。

(4) 預付費用和應付薪資都和營業費用有關。

8. 世界公司財務報表資料如下：

世界公司
資產負債表
12月31日

	×2年	×1年
資　產		
現金	$100,000	$ 70,000
應收帳款	74,000	42,000
存貨	40,000	108,000
預付費用	38,000	34,000
土地	—	326,000
機器	660,000	660,000
累計折舊	(128,000)	(108,000)
專利權	28,000	28,000
累積攤銷	8,000	0
資產總額	$804,000	$1,160,000
負債及權益		
應付帳款	$192,000	$ 178,000
應付薪資	80,000	108,000
應付公司債	300,000	600,000
普通股股本	200,000	200,000
保留盈餘	32,000	74,000
負債及權益總額	$804,000	$1,160,000

補充資料：

(1) ×2年本期淨利為 $26,000(扣除所得稅 $7,800)。

(2) 宣告發放現金股利 $68,000。

(3) 支付利息費用 $20,000。

試作：編製現金流量表(間接法)。

9. 青田公司財務報表資料如下：

青田公司
資產負債表
12 月 31 日

	×2 年	×1 年
資　產		
現金	$300,000	$280,000
應收帳款	40,000	180,000
存貨	80,000	140,000
設備	500,000	400,000
累計折舊	(50,000)	(40,000)
合計	$870,000	$960,000
負債及權益		
應付帳款	$ 40,000	$ 80,000
應付公司債	170,000	280,000
普通股股本	500,000	300,000
保留盈餘	160,000	300,000
合計	$870,000	$960,000

補充資料：

(1) ×2 年本期淨利為 $60,000。

(2) 宣告發放現金股利 $200,000。

(3) 本年辦理現金增資及贖回債券(按面額)。

(4) 現購設備 $100,000。

試作：(1) 以間接法編製現金流量表。
　　　(2) 比較直接法與間接法之優缺點。

第 14 章

財務報表分析

會計最終的目的是提供財務報表。財務報表所報導的財務資訊係供使用者做決策參考之用。一般報表使用對象分外界人士及內部人士。內部人士係公司內部管理階層，會使用報表所提供之資訊做規劃、控制及評估績效；外界人士如投資人及債權人等則利用報表所提供之資訊，進一步加以分析做投資或授信之決策。本章之目的即在討論企業外界使用人所採用的一些分析方法，及如何從分析中獲得有助於決策的有關資訊。

14.1　財務報表分析的意義及方法

1. 財務報表分析的意義

財務報表分析是對企業之財務報表，就相關事項與資料進行整理與分析，並解釋其間之關係，藉以評估該企業過去之經營成果及目前之財務狀況，並藉此評估未來可能之估計，以導出對決策有用之依據。

企業的性質差異與種類繁多，很難對所有分析方法做全面介紹。一般而言，員工關心企業能否繼續經營、股東關心企業經營狀況好壞、債權人關心企業償債能力等。綜合上述，不外企業之獲利能力和償債能力，故就此方面對財務報表內容來進行分析。

2. 財務報表分析的方法

財務報表分析時，對任何單獨的數字並無任何意義，必須與其他有關的數字比較才有意義。比較之結果除顯示差異外，尚須和三個不同標的比較，此為：

◆ **同公司不同期間之比較**

比較時，相同項目與公司不同期間做比較，可看出其增減變動及變動之趨勢。

◆ **同產業不同公司相同期間之比較**

一企業之項目可與其競爭同業同期做比較。也許得出之數字不如以前各期，有衰退之現象，但在與同競爭對手比較時，仍佔優勢，故在評估績效時則應考慮。

◆ 與同業平均比較

企業之一項目也可與同業平均水準做比較,可評估企業在同業中之相對經營績效。

為確實瞭解財務報表資料的意義,必須找出報表上相關項目的關係,比較才具意義。常用之財務報表分析可用下表來表示:

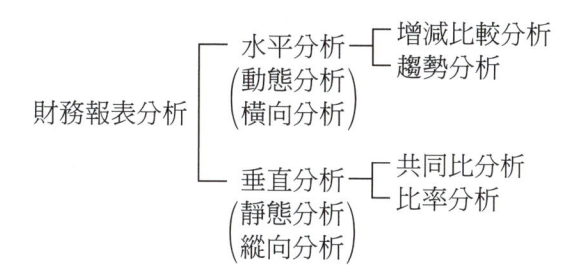

$$
\text{財務報表分析}\begin{cases} \text{水平分析} \\ \begin{pmatrix}\text{動態分析}\\ \text{橫向分析}\end{pmatrix} \end{cases} \begin{cases} \text{增減比較分析} \\ \text{趨勢分析} \end{cases}\\ \begin{cases} \text{垂直分析} \\ \begin{pmatrix}\text{靜態分析}\\ \text{縱向分析}\end{pmatrix} \end{cases} \begin{cases} \text{共同比分析} \\ \text{比率分析} \end{cases}
$$

◆ 水平分析 (Horizontal Analysis)

水平分析又稱動態分析,指兩期或多期財務報表間相同項目變化的比較與分析。是一種橫向分析。

◆ 垂直分析 (Vertical Analysis)

垂直分析又稱靜態分析,指同期報表上各項目間關係之比較與分析。是一種縱向分析。

14.2 水平分析

水平分析是針對報表內相同項目不同期間做比較分析,因為是不同期間故稱動態分析。因其所採資料係橫向排列,又稱橫向分析。其所採用的方法有增減比較分析與趨勢分析。

1. 增減比較分析

將連續兩期的財務報表上相同項目予以比較時,可計算該項目增減之金額及增減之百分比,因採兩期比較,故為一短程的分析。企業為便於使用人對財務報表中各項目前後期變動情形之分析,將本期及前期的資料併列於同一報表,此種報表稱為比較財務報表。釋例如表 14.1。

▽ 表 14.1

<table>
<tr><th colspan="5">中華公司
資產負債表
12 月 31 日</th></tr>
<tr><th></th><th>×5 年</th><th>×4 年</th><th>增減金額</th><th>增減百分比</th></tr>
<tr><td>資　產：</td><td></td><td></td><td></td><td></td></tr>
<tr><td>　流動資產</td><td>$ 75,000</td><td>$ 40,000</td><td>$ 35,000</td><td>87.5%</td></tr>
<tr><td>　長期投資</td><td>110,000</td><td>80,000</td><td>30,000</td><td>37.5%</td></tr>
<tr><td>　不動產、廠房及設備</td><td>300,000</td><td>215,000</td><td>85,000</td><td>39.5%</td></tr>
<tr><td>　資產合計</td><td>$485,000</td><td>$335,000</td><td>$150,000</td><td>44.8%</td></tr>
<tr><td>負　債：</td><td></td><td></td><td></td><td></td></tr>
<tr><td>　流動負債</td><td>$150,000</td><td>$120,000</td><td>$ 30,000</td><td>25.0%</td></tr>
<tr><td>　非流動負債</td><td>100,000</td><td>—</td><td>100,000</td><td>100.0%</td></tr>
<tr><td>　負債合計</td><td>$250,000</td><td>$120,000</td><td>$130,000</td><td>108.0%</td></tr>
<tr><td>權　益：</td><td></td><td></td><td></td><td></td></tr>
<tr><td>　股本</td><td>$200,000</td><td>$200,000</td><td>—</td><td>—</td></tr>
<tr><td>　保留盈餘</td><td>35,000</td><td>15,000</td><td>20,000</td><td>133.0%</td></tr>
<tr><td>　權益合計</td><td>$235,000</td><td>$215,000</td><td>$ 20,000</td><td>93.0%</td></tr>
<tr><td>　負債及權益合計</td><td>$485,000</td><td>$335,000</td><td>$150,000</td><td>44.8%</td></tr>
</table>

　　從表 14.1 的增減比較分析中，可看出資產大幅增加，比去年增加 44.8%，其來源可看出負債增加佔大部份及公司自有資金(盈餘)增加小部份。而負債中，非流動負債增加 100%，係因基期為零之故。

2. 趨勢分析

　　此分析是對多期報表上的相同科目進行分析，可見其趨勢變動，由於分析使用多期報表資料，故為一長程分析。

　　舉例如下：

	×5 年	×4 年	×3 年	×2 年	×1 年
淨銷貨	$31,580	$28,765	$25,320	$26,512	$23,400

　　假定×1 年為基期，可以每年百分比的增加或減少，來衡量其結果。計算方

式為：

$$\frac{當期數字}{基期數字} = x\%$$

如×2 年 $\frac{\$26,512}{\$23,400} = 113.3\%$

	×5 年	×4 年	×3 年	×2 年	×1 年
淨銷貨	134.96%	122.93%	108.21%	113.3%	100%

如只單一考慮銷貨之項目，其他條件暫時不管，此公司淨銷貨明顯地呈上漲趨勢。雖然在×3 年小幅下跌，但後續又持續上升，表示公司營運良好。

做趨勢分析時，如基期選擇不當，分析亦可能錯誤。故在選擇基期時，須該期有正常情況。

14.3　垂直分析

垂直分析是指同一期間財務報表各項目間的比較與分析，因所選的資料均是同期，故稱靜態分析。而所取資料均為上下排列，故又稱縱向分析。一般常用的垂直分析方法有共同比分析與比率分析。

1. 共同比分析

共同比分析是將同期間報表中有關的項目加以分析，將報表中選定一具有代表性的項目作為共同基準，為 100%，而將組成的各項目分別與共同基準比較，換算為百分比，故稱為共同比財務報表。以資產負債表而言，共同的基準就是以資產總額為百分之百，其餘項目則以佔資產總額之百分比列示，現以表 14.2 為例。

由華美公司之共同比資產負債表中，×5 年與×4 年比較，流動資產百分比沒什麼改變，長期投資及不動產、廠房及設備則小幅變動，負債則增加不少。尤其在非流動負債方面，更是大幅增加，進一步分析原來是保留盈餘的大幅減少，可判斷出公司在×5 年度中營業情況不太樂觀。

如以共同比損益表為例，共同的基準則選定以銷貨淨額為百分之百，其餘項目則以佔銷貨淨額之百分比列示。釋例如表 14.3。

由華美公司之共同比損益表可看出×5 年出現淨損，究其原由，從銷貨退回

▼ 表 14.2

<table>
<tr><th colspan="5">華美公司
資產負債表
12 月 31 日</th></tr>
<tr><th></th><th colspan="2">×5 年</th><th colspan="2">×4 年</th></tr>
<tr><th></th><th>金　額</th><th>百分比</th><th>金　額</th><th>百分比</th></tr>
<tr><td>資　產：</td><td></td><td></td><td></td><td></td></tr>
<tr><td>　流動資產</td><td>$ 356,705</td><td>24.39%</td><td>$ 298,020</td><td>24.29%</td></tr>
<tr><td>　長期投資</td><td>210,300</td><td>14.38%</td><td>143,500</td><td>11.70%</td></tr>
<tr><td>　不動產、廠房及設備</td><td>895,420</td><td>61.23%</td><td>785,100</td><td>64.01%</td></tr>
<tr><td>　資產合計</td><td>$1,462,425</td><td>100.00%</td><td>$1,226,620</td><td>100.00%</td></tr>
<tr><td>負　債：</td><td></td><td></td><td></td><td></td></tr>
<tr><td>　流動負債</td><td>$ 210,310</td><td>14.38%</td><td>$ 200,585</td><td>16.35%</td></tr>
<tr><td>　非流動負債</td><td>684,320</td><td>46.80%</td><td>375,430</td><td>30.61%</td></tr>
<tr><td>　負債合計</td><td>$ 894,630</td><td>61.18%</td><td>$ 576,015</td><td>46.96%</td></tr>
<tr><td>權　益：</td><td></td><td></td><td></td><td></td></tr>
<tr><td>　股本</td><td>$ 550,000</td><td>37.61%</td><td>$ 500,000</td><td>40.76%</td></tr>
<tr><td>　保留盈餘</td><td>17,795</td><td>1.21%</td><td>150,605</td><td>12.28%</td></tr>
<tr><td>　權益合計</td><td>$ 567,795</td><td>38.82%</td><td>$ 650,605</td><td>53.04%</td></tr>
<tr><td>　負債及權益合計</td><td>$1,462,425</td><td>100.00%</td><td>$1,226,620</td><td>100.00%</td></tr>
</table>

開始，其退貨率由 8.40% 到 14.33%，增加了 5.93%；同時銷貨成本更增加了 19.8%(即 56.68%→76.48%)，因而銷貨毛利大幅下降。而銷售費用尚可，管理費用也大幅增加 6.91%(即 10.36%→17.27%)。管理者面臨如此困境，應調查原因，而提出改善方法。

　　共同比報表分析，易於讓人瞭解項目相對之重要性，及方便不同報表上相同項目之比較。但有時百分比不能判定情況好壞，尚須配合數字，才能做出適當解釋。

2. 比率分析

　　同期報表除了用共同比分析外，尚有若干項目彼此之間具有密切之關係，將

▼ 表 14.3

<table>
<tr><th colspan="5">華美公司
損益表
12月31日</th></tr>
<tr><th></th><th colspan="2">×5年</th><th colspan="2">×4年</th></tr>
<tr><th></th><th>金　額</th><th>百分比</th><th>金　額</th><th>百分比</th></tr>
<tr><td>銷貨收入</td><td>$1,675,000</td><td>114.33%</td><td>$1,420,000</td><td>108.40%</td></tr>
<tr><td>銷貨退回</td><td>210,000</td><td>14.33%</td><td>110,000</td><td>8.40%</td></tr>
<tr><td>淨銷貨</td><td>$1,465,000</td><td>100.00%</td><td>$1,310,000</td><td>100.00%</td></tr>
<tr><td>銷貨成本</td><td>1,120,500</td><td>76.48%</td><td>742,500</td><td>56.68%</td></tr>
<tr><td>銷貨毛利</td><td>$ 344,500</td><td>23.52%</td><td>$ 567,500</td><td>43.32%</td></tr>
<tr><td>銷售費用</td><td>224,300</td><td>15.31%</td><td>210,250</td><td>16.05%</td></tr>
<tr><td>管理費用</td><td>253,010</td><td>17.27%</td><td>135,670</td><td>10.36%</td></tr>
<tr><td>稅前淨利(淨損)</td><td>$ (132,810)</td><td>(9.06%)</td><td>$ 221,580</td><td>16.91%</td></tr>
<tr><td>所得稅</td><td>—</td><td>—</td><td>(66,474)</td><td>5.07%</td></tr>
<tr><td>淨利(淨損)</td><td>$ (132,810)</td><td>(9.06%)</td><td>$ 155,106</td><td>11.84%</td></tr>
</table>

兩個或兩組有關之項目，組成一比率，可說明企業的某些狀況。此種分析即為比率分析。

比率可顯示出財務報表中兩個相關項目之關係。其表達方式有三種：

(1) **百分比**：如流動資產為流動負債的 123%。
(2) **倍數**：如流動資產為流動負債的 1.23 倍。
(3) **比例**：如流動資產：流動負債＝1.23：1。

在比率分析中，必須選擇對管理上或理財上有助益的比率來作分析，才有價值。一般財務分析的比率可分為三大類：流動性有關的比率、獲利能力比率以及償債能力比率。

◆ **流動性有關的比率分析(短期償債能力分析比率)**

企業之資金來源有二：一為自有資金(股東投資及盈餘)，一為外來資金(向債權人借款)。向債權人融通的資金，又分非流動負債與流動負債。短期債

權人特別注意企業的短期償債能力,亦即企業有多少流動資產來償還流動負債。下列比率均與企業流動性(變現)來償還短期負債有關。

(1) **流動比率**(Current Ratio)

流動比率說明流動資產與流動負債之關係比率,是廣為使用的一項短期償債能力指標,其計算如下:

$$流動比率 = \frac{流動資產}{流動負債}$$

假設 A 公司的流動資產為 $820,000,流動負債為 $540,000,則流動比率為:

$$\frac{\$820,000}{\$540,000} = 1.52(倍)$$

由於企業的流動負債須用流動資產來償付,因此比率愈大,短期債權人的安全愈有保障。一般而言,流動比率達到 2 表示短期償債能力適當,小於 1 代表短期償債能力不足,要特別注意了。

流動比率有一缺點,即流動資產是由現金、應收帳款、存貨、預付費用等組成,由於存貨及預付費用等變現之能力遠比其他流動資產差,即使兩家公司有相同流動比率,但如組成部份不同,償債能力還是不一樣。為了克服此缺點,有另一個衡量短期償債能力的比率——速動比率。

(2) **速動比率**(Quick Ratio),又稱**酸性測驗比率**(Acid-test Ratio)

因流動資產中之存貨須先行出售,變成應收帳款,再變成現金,而預付費用通常不能變現。通常流動資產中將上述存貨及預付費用刪除,剩下之現金、短期投資及應收帳款統稱為**速動資產**(Quick Assets)。其變現能力較佳,用此與流動負債相除,得之速動比率,其公式如下:

$$速動比率 = \frac{速動資產}{流動負債}$$

假設 A 公司與 B 公司有相同之總流動資產,資料如下:

	A 公司	B 公司
現金	$120,000	$230,000
短期投資	175,500	210,000
應收帳款	230,000	240,000
存貨	250,500	100,000
預付費用	44,000	40,000
	$820,000	$820,000
流動負債	$540,000	$540,000

A 公司速動資產($120,000＋$175,500＋$230,000＝$525,500)
B 公司速動資產($230,000＋$210,000＋$240,000＝$680,000)

$$速動比率 = \frac{\$525,500}{\$540,000} = 0.97(倍) － A 公司$$

$$= \frac{\$680,000}{\$540,000} = 1.26(倍) － B 公司$$

A 公司與 B 公司有相同之流動比率($820,000÷$540,000)＝1.52倍，代表 A 公司與 B 公司有相同償債能力。但由於速動資產之流動性較大，速動比率更能說明企業償還短期債務的能力，通常速動比率達到 1 即可。以 A 公司與 B 公司為例，雖然流動比率相同，但比較速動比率，明顯地 B 公司償還短期債務的能力較 A 公司強。

另外須補充說明**營運資金** (Working Capital)，是企業為衡量流動財務狀況，營運資金為流動資產減流動負債之餘額。有足夠之營運資金才能維持正常營業，如營運資金不足，則為企業財務困難之先兆。以 A 公司與 B 公司為例，營運資金均為 $280,000(即 $820,000－$540,000)。企業應保持多少營運資金方為適當，應視其營業性質與規模而定。

(3) **現金流量對流動負債比率 (現金流量涵蓋比率)**

以流動比率及速動比率來衡量企業償債能力有其缺點，因為相關項目金額都是用期末餘額，這些數字無法代表整個會計期間的財務狀況。如以現金流量表中之營運活動淨現金流入來代替，就更能代表公司之流動性。其計算如下：

$$現金流量對流動負債比率 = \frac{營運活動淨現金流入}{平均流動負債}$$

假設 A 公司本期由營運活動產生之淨現金流入為 $420,000，平均之流動負債

為 $540,000，其現金流動負債保障比率為：

$$\frac{\$420,000}{\$540,000} = 0.78(倍)$$

求出之比率為 0.78 倍，是否允當，須和同業平均做一比較。

(4) **應收帳款週轉率**(Receivable Turnover)

在評估企業的營運資金及流動比率的性質時，通常會對應收帳款的品質及流動性做進一步評估。應收帳款的品質是指應收帳款的變現性。

$$應收帳款週轉率 = \frac{賒銷淨額(或銷貨淨額)}{平均應收帳款}$$

$$平均應收帳款 = (期初應收帳款 + 期末應收帳款)/2$$

應收帳款的流動性是指應收帳款轉變成現金的速度，稱為週轉率。應收帳款週轉率愈高，償債能力也愈強。有時應收帳款以收現天數來評估，其計算如下：

$$平均收現天數 = \frac{365}{應收帳款週轉率}$$

假設 A 公司期初應收帳款為 $815,000，期末應收帳款為 $526,000，本期淨銷貨為 $9,890,000。週轉率及收現天數為：

$$應收帳款週轉率 = \frac{\$9,890,000}{(\$815,000 + \$526,000)/2} = 14.75$$

$$平均收現天數 = \frac{365}{14.75} = 24.75 \text{ 天}$$

應收帳款週轉率愈高，平均收現日數就愈短；週轉率愈低，則收現天數就愈長。平均收現天數可和公司的授信政策做一比較，如公司授信期間為 20 天，而實際平均收現天數為 24.75 天，如此就須加強帳款的回收能力。應收帳款週轉率一般均認為愈高愈好，因收帳迅速，資金不會凍結在應收帳款上，同時預期信用減損損失機會減少，因流動性高，償債能力就會加強。

(5) **存貨週轉率**(Inventory Turnover)

存貨與銷貨間應維持一定比率，因存貨是供銷貨使用。評估存貨流動性時，存貨週轉率是衡量在整個會計期間，存貨出售的速度。其週轉率如下：

$$存貨週轉率 = \frac{銷貨成本}{平均存貨} = \frac{銷貨成本}{(期初存貨 + 期末存貨)/2}$$

企業為瞭解存貨銷售所需的期間，通常會另外計算存貨銷售的平均日數，其計算如下：

$$平均存貨銷售日數 = \frac{365}{存貨週轉率}$$

假設 A 公司期初存貨 \$320,000，期末存貨 \$580,000，本期銷貨成本為 \$4,750,000。則

$$存貨週轉率 = \frac{\$4,750,000}{(\$320,000 + \$580,000)/2} = 10.56$$

$$平均存貨銷售日數 = \frac{365}{10.56} = 34.56 \text{ 天}$$

存貨週轉率愈大，平均銷售天數就愈短。存貨銷售天數愈短，表示其有效率，資金不會積壓在存貨上，且可避免商品陳舊過時。但其缺點為可能喪失某些銷貨，因無足夠存貨，也可能喪失數量折扣，以及增加訂貨成本。

(6) **營運週期**

存貨之銷售天數加上應收帳款的收現天數正好是企業的營業循環天數。其公式為：

營運週期＝平均存貨銷售天數＋平均應收帳款收現天數

企業之營業週期如圖 14.1。

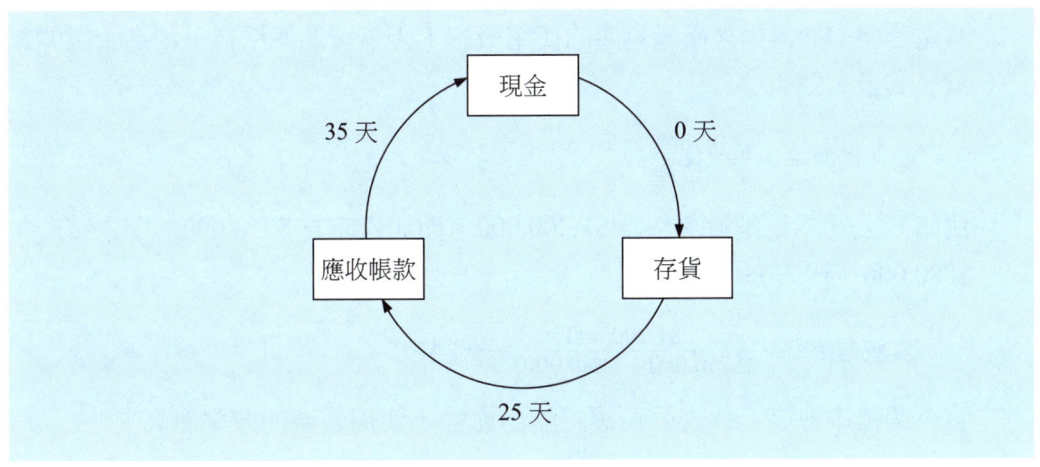

▲ 圖 14.1　營業週期

以上例，企業以現金購買商品，為立即購買，到出售變成應收帳款的天數為 25 天，由應收帳款而收到現金的天數為 35 天。兩者相加為 60 天左右，故 A 公司之營業循環期間為 60 天。

◆ **獲利能力比率分析**

在從事獲利能力分析時，多會以損益表中所列之損益數字與相關的資產或各項權益數字做比較，更能看出經營及獲利的能力。關於這類的比率有：

(1) **純益率**(Profit Margin)

純益是企業獲利能力的指標，但不能單純地以數字大小來評估企業獲利能力的高低。因而以純益與銷貨淨額做比較，更能顯示企業管理經營之績效。其公式如下：

$$純益率 = \frac{純益}{銷貨淨額}$$

例如 B 公司本期銷貨淨額為 $1,200,000，稅後純益為 $220,000，代入公式，為：

$$純益率 = \frac{\$220,000}{\$1,200,000} = 0.18$$

純益率 0.18，代表每銷售 1 元，所能賺得之純益為 $0.18。

(2) **資產週轉率**(Asset Turnover)

資產週轉率通常用來衡量資產的使用效率，因資產的使用為了創造企業的銷貨。其公式為：

$$資產週轉率 = \frac{銷貨淨額}{平均資產}$$

例如 B 公司本期銷貨淨額為 $1,200,000，期初資產為 $750,000，期末資產為 $880,000。代入公式，為：

$$資產週轉率 = \frac{\$1,200,000}{(\$750,000 + \$880,000)/2} = 1.47$$

資產週轉率愈高，代表公司經營能力愈強，使用資產的效率愈高。

(3) **資產報酬率**(Return on Assets)

資產報酬率可用來衡量企業對資產的運用，產生獲利能力之效率。其公式為：

$$資產報酬率 = \frac{純益}{平均資產}$$

另有一法衡量資產報酬率，是純益加回利息費用前之利潤來計算，其公式為：

$$資產報酬率 = \frac{純益＋利息費用(1－所得稅)}{平均資產}$$

例如 B 公司本期平均資產總額為 $815,000，純益為 $220,000，代入公式，為：

$$資產報酬率 = \frac{\$220,000}{\$815,000} = 0.27$$

資產報酬率愈高，表示運用資源，產生獲利的能力愈強。比率高低亦可與同業間的比率相比較。

(4) **普通股權益報酬率**(Return on Ordinary Shareholders' Equity)

普通股權益報酬率是衡量普通股東投資所產生的報酬。股東投資的目的在於賺得利潤，因而會關心權益的報酬率。此比率將純益與權益比較，可顯示投資結果。其公式如下：

$$普通股權益報酬率 = \frac{純益－特別股股利}{平均普通股權益}$$

普通股為企業的基本股份，每年盈餘先扣除特別股股利，如有剩餘才屬於普通股東。如企業未發行特別股，則普通股權益等於股東權益。

權益減去特別股權益等於普通股權益。特別股權益為優先股股數乘以贖回價格(或面額)加積欠股利。而普通股權益須用平均數，通常為期初權益加期末權益除以 2。

例如 B 公司本年度純益為 $220,000，權益期初為 $1,300,000，期末為 $1,520,000，公司未發行特別股。代入公式，其報酬率為：

$$普通股權益報酬率 = \frac{\$220,000}{(\$1,300,000 + \$1,520,000)/2} = 0.16$$

權益報酬率愈高,代表股東所獲的利潤愈高,獲利能力愈強。

(5) **每股盈餘**(Earnings Per Share,簡稱 EPS)

每股盈餘統指普通股每股盈餘,用來衡量普通股每股在一年中所賺的盈餘,可衡量公司獲利能力,及評估股票之投資價值。其公式為:

$$普通股每股盈餘 = \frac{純益}{加權平均流通在外普通股股數}$$

例如 B 公司本期純益為 $220,000,普通股全年流通在外股權為 1,000,000 股。代入公式,為:

$$普通股每股盈餘 = \frac{\$220,000}{1,000,000} = \$0.22$$

如公司有發行特別股,則公式應改為:

$$普通股每股盈餘 = \frac{純益 - 特別股股利(已宣告)}{加權平均流通在外普通股股數}$$

每股盈餘愈高,代表公司獲利能力愈強。長期觀察每股盈餘的變動可以看出公司獲利的趨勢。關於加權平均流通在外普通股股數之計算,可參考 11.7 節。

(6) **本益比**(Price-earnings Ratio),又稱**價格盈餘比率**

本益比反映投資者對公司未來盈餘的評估。是以每股市價除以每股盈餘,也就是投資人願意對每股盈餘所願支付的價格。其公式為:

$$本益比 = \frac{每股市價}{每股盈餘}$$

例如 B 公司每股盈餘為 $0.22,現在每股市價為 $11,代入公式,為:

$$本益比 = \frac{\$11}{\$0.22} = 50$$

本益比愈高,表示股東所要求的投資報酬率愈低。以此例來講,股票價格是每股盈餘之 50 倍,然而投資者會願意接受目前較低的投資報酬率,可能是因為預期公司未來有大幅成長的潛力、或未來的盈餘會增加、或股票會增值等。

(7) 股利支付率(Payout Ratio)

股利支付率是衡量盈餘中有多少百分比用來支付現金股利。此比率是由現金股利除以純益。其公式為：

$$股利支付率 = \frac{現金股利}{純益}$$

例如 B 公司本期純益為 $220,000，現金股利為 $20,000，代入公式，為：

$$股利支付率 = \frac{\$20,000}{\$220,000} = 0.09$$

投資人大部份喜歡股利發放較多的公司，也有一部份投資人認為將盈餘保留在公司，公司再投資擴充，對將來股價更有利，此類投資人可能目前稅率較高，故希望能遞延。

◆ 償債能力比率分析

企業之長期償債能力，須視公司是否賺得足夠的盈餘以達成企業永續經營的目標，除了定期支付利息，還得到期還本。與長期償債能力相關之比率有：

(1) 債務對資產比率(Debt to Total Assets Ratio)

債務對資產比率是衡量總資產中有多少是由債權人融資，比率愈大，企業的資金來自外來債權愈多。其公式如下：

$$債務對資產比率 = \frac{總負債}{總資產}$$

例如 C 公司期末總資產為 $1,400,000，總負債為 $550,000，代入公式為：

$$債務對資產比率 = \frac{\$550,000}{\$1,400,000} = 0.39$$

比率愈大，對債權人的保障愈小，因負債愈大，利息費用也愈大，將會使企業資金週轉困難。和此一比率相對的是權益對資產比率，如上例負債比率為 0.39，則權益比率為 0.61，兩比率相加等於 1 (即 0.39 + 0.61 = 1)。權益對資產比率愈高，對債權人保障愈大。

(2) 利息保障倍數比率(Time Interest Earned)

利息保障倍數比率是衡量企業在支付所得稅及利息前之淨利是利息費用的多少倍。其公式為：

$$利息保障倍數比率 = \frac{所得稅及利息費用前純益}{本期利息費用}$$

例如 C 公司本期利息費用為 $25,000，所得稅及利息費用前純益為 $150,000。代入公式為：

$$利息保障倍數比率 = \frac{\$150,000}{\$25,000} = 6(倍)$$

利息保障倍數比率其倍數愈高，代表長期償債能力愈強，債權人會愈安心。

14.4　財務報表分析的限制

利用財務報表分析來評估企業的經營成果及財務狀況，做出最佳之估計與預測，以供決策之用。但在做分析時，需注意其限制，才能有效地運用財務報表之分析。其限制有下列五點：

1. 估　計

財務報表編製過程中，有許多帳務處理牽涉到估計，如折舊時用的估計使用年限及殘值，以及預期信用減損損失的估計、產品保證負債等。如估計發生錯誤或不適當，就會使財務報表的分析產生誤差。

2. 成　本

傳統財務報表的編製是根據成本為入帳基礎，並未照物價水準的改變去調整。如果物價水準變動太大時，財務報表分析的結果就沒什麼意義。

3. 會計方法之選擇

一般公認會計原則中有許多會計方法可供選擇，如存貨成本的計算有先進先出法、加權平均法等，方法不同，結果就會不一樣，造成比較上的困難。

4. 資料之代表性

財務報表有時採期末時之資料，有些公司的期末會選企業的淡季，此時如存貨會特別低，故這些帳戶的餘額並不能代表全年正常的數字，因而會影響到財務報表之分析。

5. 非財務績效之衡量

財務比率被視為財務報表中,唯一被量化的資訊。然而未呈現在報表上的其他質與量的資訊,也是同等重要。除此還需注意行業特性等,對企業之影響。

現將本章所有比率彙總如下表:

比率之彙總

比　率	公　式	用　途
流動性比率		
1. 流動比率	$\dfrac{流動資產}{流動負債}$	用來衡量企業短期償債之能力
2. 速動比率	$\dfrac{速動資產}{流動負債}$	用來衡量企業立即償債之能力
3. 現金流量對流動負債比率	$\dfrac{營運活動淨現金流入}{平均流動負債}$	用來衡量企業以營運現金來償還短期負債的能力
4. 應收帳款週轉率	$\dfrac{賒銷淨額}{平均應收帳款}$	用來評估企業之應收帳款的流動性
5. 存貨週轉率	$\dfrac{銷貨成本}{平均存貨}$	用來衡量存貨的銷售速度
6. 營運週期	$\dfrac{平均存貨}{銷售天數}+\dfrac{平均應收帳款}{收現天數}$	
獲利能力比率		
7. 純益率	$\dfrac{純益}{銷貨淨額}$	用來評估企業之獲利能力
8. 資產週轉率	$\dfrac{銷貨淨額}{平均資產}$	用來衡量資產產生收益的使用效率
9. 資產報酬率	$\dfrac{純益}{平均資產}$	用來衡量資產運用產生獲利能力的效率
10. 普通股權益報酬率	$\dfrac{純益-特別股股利}{平均普通股權益}$	用來衡量普通股東投資之獲利能力
11. 每股盈餘(EPS)	$\dfrac{純益}{加權平均流通在外普通股股數}$	衡量普通股每股的獲利能力

比　率	公　式	用　途
12. 本益比	$\dfrac{\text{每股市價}}{\text{每股盈餘}}$	投資人願意對每股盈餘所願支付之價格
13. 股利支付率	$\dfrac{\text{現金股利}}{\text{純益}}$	衡量盈餘中有多少比率用來支付現金股利

償債能力比率

比　率	公　式	用　途
14. 債務對資產比率	$\dfrac{\text{總負債}}{\text{總資產}}$	用來衡量資產中有多少比率是由債權人融資而來
15. 利息保障倍數比率	$\dfrac{\text{所得稅及利息費用前純益}}{\text{本期利息費用}}$	用來衡量企業支付利息的能力

作業

一、問答題

1. 何謂靜態分析？
2. 何謂動態分析？
3. 何謂共同比分析？
4. 存貨週轉率之意義為何？週轉率高之優缺點為何？
5. 財務報表分析比較結果時，應注意什麼事項？
6. 財務報表分析之意義為何？
7. 何謂速動資產及速動比率？
8. 已有流動比率，何以還要速動比率？
9. 試簡述財務報表分析之方法。
10. 何謂趨勢分析？

二、是非題

(　　) 1. 短期債權人最關心的是公司的流動能力。
(　　) 2. 賺取利息倍數所表示的是公司支付利息的能力。
(　　) 3. 流動資產中，除去預付費用不計，則為速動資產。
(　　) 4. 酸性測驗，又稱流動比率。
(　　) 5. 現售不動產、廠房及設備，足以使流動比率上升。
(　　) 6. 若原來速動比率為一，現金與應付帳款均減少同一數額，則速動比率會大於一。
(　　) 7. 流動資產與速動資產之差，即為營運資金。
(　　) 8. 淨利對資產總額之比率，稱為資產週轉率。
(　　) 9. 每股盈餘是衡量償債能力之指標。
(　　) 10. 應收帳款週轉率很高，代表全是優點，沒有缺點。

三、選擇題

(　　) 1. 下列何者不是短期償債能力的衡量指標？
　　　　(1) 存貨週轉率　　　　　(2) 應收帳款週轉率
　　　　(3) 流動比率　　　　　　(4) 純益率。

(　　) 2. 利息保障倍數及負債比率是用來衡量何種指標？
　　　　(1) 短期償債能力分析　　(2) 長期財務狀況分析
　　　　(3) 獲利能力分析　　　　(4) 以上皆非。

(　　) 3. 下列何者非財務報表分析之工具？
　　　　(1) 水平分析　　　　　　(2) 垂直分析
　　　　(3) 比率分析　　　　　　(4) 循環分析。

(　　) 4. 下列何者不屬於速動資產？
　　　　(1) 現金　　　　　　　　(2) 短期投資
　　　　(3) 存貨　　　　　　　　(4) 應收帳款。

(　　) 5. 每股盈餘是指
　　　　(1) 特別股每股盈餘　　　(2) 普通股每股盈餘
　　　　(3) 庫藏股每股盈餘　　　(4) 以上皆非。

(　　) 6. 水平分析是
　　　　(1) 可以比較增減　　　　(2) 比率分析
　　　　(3) 共同比分析　　　　　(4) 以上皆可。

(　　) 7. 流動資產減流動負債，餘額稱為
　　　　(1) 營運資金　　　　　　(2) 短期資金
　　　　(3) 長期資金　　　　　　(4) 以上皆非。

(　　) 8. 能顯示企業財務狀況之報表為
　　　　(1) 現金流量表　　　　　(2) 損益表
　　　　(3) 保留盈餘表　　　　　(4) 資產負債表。

(　　) 9. 應收帳款週轉率偏高，表示有下列可能？
　　　　(1) 公司收現過程延遲　　(2) 年度淨銷貨高估
　　　　(3) 公司信用政策較為嚴苛 (4) 以上皆非。

(　　) 10. 存貨週轉率高，有下列缺點？
　　　　(1) 喪失某些銷貨　　　　(2) 喪失數量折扣
　　　　(3) 增加訂貨成本　　　　(4) 以上皆是。

四、計算題

1. 文明公司之比較損益表資料如下：

文明公司
比較損益表
×1年及×2年度

	×2年	×1年
銷貨淨額	$420,000	$350,000
銷貨成本	370,000	260,000
銷貨毛利	$ 50,000	$ 90,000
營業費用	40,000	50,000
純益	$ 10,000	$ 40,000

試作：

(1) 用水平分析，計算比較損益表項目之金額及百分比增加或減少(以×1年為基礎)。

(2) 用垂直分析，編製共同比較損益表。

2.

正義公司
資產負債表(部份)
×2年12月31日

現金	$ 254,000
有價證券	132,000
應收帳款	1,265,000
存貨	1,520,000
預付保險	280,000
流動資產合計	$3,451,000
流動負債合計	$3,020,000

試作：利用上述資料計算：

(1) 營運資金。
(2) 流動比率。
(3) 速動比率。

3. 下列為星晨公司×2年度部份財務報表資料：

銷貨淨額	$ 670,000
本期純益	120,000
平均資產總額	1,100,000
期末資產總額	1,280,000
平均權益(普通股)	860,000

公司並未發行特別股，試利用上述資料，計算下列比率：

(1) 純益率。
(2) 資產週轉率。
(3) 資產報酬率。
(4) 普通股權益報酬率。

4. A公司最近幾年之稅前淨利資料如下：

×5年	×4年	×3年	×2年	×1年
$1,200,000	$ 980,000	$1,050,000	$ 940,000	$ 830,000

試以×1年為基期，做A公司稅前淨利之趨勢分析。

5. X公司與Y公司相關資料如下：

	X公司	Y公司
每股盈餘	$ 3.50	$ 2.50
每股市價	120.00	60.00

試作：

(1) 試算X公司與Y公司之本益比。
(2) 投資哪家公司的風險較高，簡述之。

6. 下列為理想公司部份財務報表資料：

	×2年	×1年
現金	$ 78,000	$ 55,000
應收帳款	140,000	110,000
存貨	280,000	230,000
預付費用	90,000	80,000
應付帳款	310,000	220,000
應付票據	85,000	60,000
其他流動負債	50,000	40,000
銷貨收入	1,440,000	1,260,000
銷貨成本	1,100,000	940,000

試作：×2年度下列財務比率：

(1) 流動比率。　　　　　　　　　　　(2) 速動比率。
(3) 應收帳款週轉率。　　　　　　　　(4) 平均收現日數。
(5) 存貨週轉率。　　　　　　　　　　(6) 平均售貨日數。
(7) 營業週期(假設用現金購買商品存貨)。

7. 頌雲公司×2年度有關的資料如下：

頌雲公司
損益表
×2年度

銷貨淨額	$660,000
銷貨成本	(410,000)
銷貨毛利	$250,000
費用(包含$15,000利息及所得稅$25,000)	(130,000)
本期純益	$120,000

補充資料：

(1) 現金股利$25,000。
(2) 現金流量表從營業活動而來的淨現金流入$88,000。

(3) 普通股在×2年全年流通在外有40,000股。

(4) 目前公司普通股票市價每股$20。

試計算×2年度下列比率：

(1) 每股盈餘。　　　　　　(2) 本益比。

(3) 股利支付率。　　　　　(4) 利息保障倍數比率。

8. 下列為清明公司×2年底之財務資料：

不動產、廠房及設備	$1,105,000	流動負債	$260,000
速動資產	212,000	非流動負債	530,000
流動資產	446,000	權益總額	761,000

試求下列比率：

(1) 債務對資產比率。　　　(2) 流動比率。

(3) 速動比率。

9. 下列是北台公司在×2年的相關資料：

北台公司
損益表
×1年及×2年度

	×2年	×1年
銷貨淨額	$1,505,000	$1,704,000
銷貨成本	(817,000)	(1,050,000)
銷貨毛利	$ 688,000	$ 654,000
營業費用	(458,000)	(470,000)
營業淨利	$ 230,000	$ 184,000
利息費用	(110,000)	(72,000)
稅前淨利	$ 120,000	$ 112,000
所得稅	(36,000)	(33,600)
純益	$ 84,000	$ 78,400

北台公司
資產負債表
12 月 31 日

	×2年	×1年
資產		
流動資產		
現金	$ 70,000	$ 56,000
有價證券	33,000	40,000
應收帳款(淨)	104,000	89,000
存貨	122,500	101,000
流動資產合計	$329,500	$286,000
不動產、廠房及設備	361,000	301,200
資產總額	$690,500	$587,200
負債		
流動負債		
應付帳款	$154,000	$121,000
應付所得稅	43,000	35,000
流動負債總額	$197,000	$156,000
非流動負債		
應付公司債	100,000	100,000
負債總額	$297,000	$256,000
權益		
普通股($10 面股)	$200,000	$200,000
保留盈餘	193,500	131,000
權益總額	$393,500	$331,200
負債及權益總額	$690,500	$587,200

在×2 年現金流量表從營業活動而來的淨現金流入為 $172,000。公司未發行特別股。

試作：×2 年下列比率：

(1) 每股盈餘。
(2) 普通股權益報酬率。

(3) 資產報酬率。
(4) 流動比率。
(5) 速動比率。
(6) 應收帳款週轉率。
(7) 存貨週轉率。
(8) 利息保障倍數比率。
(9) 資產週轉率。
(10) 債務對資產比率。

中文索引

一劃
一致性原則　Consistency Principle　140

二劃
已發行股本　Issued Shares　230

四劃
日記簿　Journal　31
分期還本公司債　Serial Bonds　211
水平分析　Horizontal Analysis　323
不動產、廠房及設備　Property, Plant and Equipment　182
公允價值法　Fair Value Method　240

五劃
加權平均法　Weighted Average Method　139
未來值　Future Value　217
未兌現支票　Outstanding Checks　97
本益比　Price-Earnings Ratio　334
本票　Promissory Note　159
永續盤存制　Perpetual Inventory System　111
目的地交貨　FOB Destination　112, 205
可轉換公司債　Convertible Bonds　212

六劃
先進先出法　First-In First-Out Method, FIFO　137
在途存款　Deposit In Transit　97
存貨週轉率　Inventory Turnover　330
存款不足支票　Not Sufficient Fund　97
成本與淨變現價值孰低法　Lower of Cost or Net Realizable Value　141
收益支出　Revenue Expenditures　191
有設定價值　Stated Value　234
自由現金流量　Free Cash Flow　310
回收　Recycle　154

七劃
利息法(有效利息法)　Effective Interest Method　213
利息保障倍數比率　Time Interest Earned　335
折現　Discounting　217
折舊　Depreciation　184
每股盈餘　Earnings Per Share, EPS　246, 334
每股帳面價值　Book Value Per Share　242
每股權益　Equity Per Share　242

投入資本　Share Capital　229

八劃
定期還本公司債　Term Bonds　211
定期盤存制　Periodic Inventory System　111
或有負債　Contingent Liability　203
直接沖銷法　Direct Write-Off Method　153
固定資產　Fixed Assets　182
直線法　Straight-Line Method　184
股份　Shares　230
股利　Dividends　238
股利支付率　Payout Ratio　335
股東　Shareholders　230
股票　Stock Certificates　230
金融工具：表達　Financial Instruments: Presentation　258
金融資產　Financial Assets　258

九劃
保留盈餘　Retained Earnings　230
信用卡　Credit Card　157
垂直分析　Vertical Analysis　323
按攤銷後成本衡量之金融資產　Financial Assets Measured at Amoritzed Cost　257
按攤銷後成本衡量之金融資產-債券　Financial Assets Measured at Amoritzed Cost, Ac 債券　259, 263
流動比率　Current Ratio　328
流動負債　Current Liabilities　204
約當現金　Cash Equivalent　92
負債準備　Provisions　203
重估價增值　Revaluation Surplus　197
活動量法　Activity Method　185
面額法　Par Value Method　240

十劃
個別認定法　Specific Identification Method　133, 137
借項通知單　Debit Memo　96
原則性規範　Principles-Based　18
庫藏股票　Treasury Shares　230
特種日記簿　Special Journal　163
純益率　Profit Margin　332
財務狀況表　Statement of Financial Position　7
財務槓桿　Financial Leverage　210

財務報表　Financial Statements　7
起運點交貨　FOB Shipping Point　112, 205
配合原則　Matching Principle　153
倍數餘額遞減法　Double Declining Balance Method　186

十一劃

國際會計準則理事會　International Accounting Standards Board, IASB　18
淨額法　Net Method　205
淨變現價值　Net Realizable Value　152
現金流量表　Statement of Cash Flows　7
現金基礎　Cash Basis　53
現金短溢　Cash Over and Short　95
現值　Present Value　217
移動平均法　Moving Average Method　139
組成部份折舊　Component Depreciation　189
透過其他綜合損益按公允價值衡量之金融資產　Financial Assets at Fair Value Through Other Comprehensive Income, FVTOCI　257
透過其他綜合損益按公允價值衡量之金融資產-股票　Financial Assets at Fair Value Through Other Comprehensive Income-Equity, FVTOCI 股票　261, 271
透過其他綜合損益按公允價值衡量之金融資產-債券　Financial Assets at Fair Value Through Other Comprehensive Income-Debt, FVTOCI 債券　259, 263
透過損益按公允價值衡量之金融資產-股票　Financial Assets at Fair Value Through Profit or Loss-Equity, FVTPL 股票　261, 272
透過損益按公允價值衡量之金融資產-債券　Financial Assets at Fair Value Through Profit or Loss-Debt, FVTPL 債券　259, 263
透過損益按公允價值衡量之金融資產損益　Financial Assets at Fair Value Through Profit or Loss, FVTPL　257
速動比率　Quick Ratio　328
速動資產　Quick Assets　328

十二劃

備抵法　Allowance Method　153
普通股權益報酬率　Return on Ordinary Shareholders' Equity　333
殘值　Salvage Value　184
無形資產　Intangible Assets　182
無設定價值　No-Stated Value　234
貸項通知單　Credit Memo　96
進貨　Purchases　111
進貨運費　Freight-In　112
進貨折扣　Purchase Discount　113
進貨退出與讓價　Purchase Returns and Allowances　113

十三劃

債務對資產比率　Debt to Total Assets Ratio　335
準備矩陣　Provision Matrix　155
資本支出　Capital Expenditures　191
資產負債表　Balance Sheet　7
資產報酬率　Return on Assets　333
資產週轉率　Asset Turnover　332
零用金制度　Petty Cash Fund　94
預期信用減損損失　Expected Credit Impairment Loss　153

十四劃

綜合損益表　Statement of Comprehensive Income　7
銀行存款調節表　Bank Reconciliation　96
銀行對帳單　Bank Statement　96

十五劃

編製合併報表　Consolidated Financial Statements　257, 261
銷貨收入淨額　Net Sales　116
銷貨收入　Sales Revenue　115
銷貨運費　Freight-Out　116
酸性測驗比率　Acid-Test Ratio　328

十七劃

應收帳款週轉率　Receivable Turnover　330
應收票據　Notes Payable　159
應收款項　Receivables　152
應計基礎　Accrual Basis　53
營運資金　Working Capital　329
總額法　Gross Method　205
虧拙　Deficit　230

十八劃

額定股本(授權股本)　Authorized Stock　230

二十二劃

權益法衡量　Equity Method　257, 261, 272
權益變動表　Statement of Changes In Equity　7

英文索引

A
Accrual Basis　應計基礎　53
Allowance Method　備抵法　153
Acid-Test Ratio　酸性測驗比率　328
Activity Method　活動量法　185
Asset Turnover　資產週轉率　332
Authorized Stock　額定股本(授權股本)　230

B
Balance Sheet　資產負債表　7
Bank Reconciliation　銀行存款調節表　96
Bank Statement　銀行對帳單　96
Book Value Per Share　每股帳面價值　242

C
Capital Expenditures　資本支出　191
Cash Basis　現金基礎　53
Cash Equivalent　約當現金　92
Cash Over and Short　現金短溢　95
Component Depreciation　組成部分折舊　189
Consistency Principle　一致性原則　140
Consolidated Financial Statements　編製合併報表　257, 261
Convertible Bonds　可轉換公司債　212
Contingent Liability　或有負債　203
Credit Card　信用卡　157
Credit Memo　貸項通知單　96
Current Liabilities　流動負債　204
Current Ratio　流動比率　328

D
Debit Memo　借項通知單　96
Debt to Total Assets Ratio　債務對資產比率　335
Deficit　虧拙　230
Deposit In Transit　在途存款　97
Depreciation　折舊　184
Direct Write-Off Method　直接沖銷法　153
Discounting　折現　217
Dividends　股利　238
Double Declining Balance Method　倍數餘額遞減法　186

E
Earnings Per Share　每股盈餘　246, 334
Effective Interest Method　利息法(有效利息法)　213
Equity Method　權益法衡量　257, 261, 272

Equity Per Share　每股權益　242
Expected Credit Impairment Loss　預期信用減損損失　153

F
Fair Value Method　公允價值法　240
FOB Destination　目的地交貨　112, 205
FOB Shipping Point　起運點交貨　112, 205
Financial Assets　金融資產　258
Financial Assets at Fair Value Through Other Comprehensive Income, FVTOCI　透過其他綜合損益按公允價值衡量之金融資產　257
Financial Assets at Fair Value Through Other Comprehensive Income-Debt, FVTOCI 債券　透過其他綜合損益按公允價值衡量之金融資產-債券　259, 263
Financial Assets at Fair Value Through Other Comprehensive Income-Equity, FVTOCI 股票　透過其他綜合損益按公允價值衡量之金融資產-股票　261, 271
Financial Assets at Fair Value Through Profit or Loss, FVTPL　透過損益按公允價值衡量之金融資產損益　257
Financial Assets at Fair Value Through Profit or Loss-Debt, FVTPL 債券　透過損益按公允價值衡量之金融資產-債券　259, 263
Financial Assets at Fair Value Through Profit or Loss-Equity, FVTPL 股票　透過損益按公允價值衡量之金融資產-股票　261, 272
Financial Assets Measured at Amoritzed Cost　按攤銷後成本衡量之金融資產　257
Financial Assets Measured at Amoritzed Cost, AC 債券　按攤銷後成本衡量之金融資產-債券　259, 263
Financial Instruments: Presentation　金融工具：表達　258
Financial Statements　財務報表　7
Financial Leverage　財務槓桿　210
First-In First-Out Method, FIFO　先進先出法　137
Fixed Assets　固定資產　182
Free Cash Flow　自由現金流量　310
Freight-In　進貨運費　112
Freight-Out　銷貨運費　116
Future Value　未來值　217

G
Gross Method　總額法　205

H
Horizontal Analysis　水平分析　323

I
Intangible Assets　無形資產　182
International Accounting Standards Board, IASB　國際會計準則理事會　18
Inventory Turnover　存貨週轉率　330
Issued Shares　已發行股本　230

J
Journal　日記簿　31

L
Lower of Cost or Net Realizable Value　成本與淨變現價值孰低法　141

M
Matching Principle　配合原則　153
Moving Average Method　移動平均法　139

N
Net Method　淨額法　205
Net Realizable Value　淨變現價值　152
Net Sales　銷貨收入淨額　116
No-Stated Value　無設定價值　234
Not Sufficient Fund　存款不足支票　97
Notes Payable　應收票據　159

O
Outstanding Checks　未兌現支票　97

P
Par Value Method　面額法　240
Payout Ratio　股利支付率　335
Periodic Inventory System　定期盤存制　111
Perpetual Inventory System　永續盤存制　111
Petty Cash Fund　零用金制度　94
Present Value　現值　217
Price-Earnings Ratio　本益比　334
Principles-Based　原則性規範　18
Profit Margin　純益率　332
Promissory Note　本票　159
Property, Plant and Equipment　不動產、廠房及設備　182
Provision Matrix　準備矩陣　155
Provisions　負債準備　201
Purchases　進貨　111
Purchase Discount　進貨折扣　113
Purchase Returns and Allowances　進貨退出與讓價　113

Q
Quick Assets　速動資產　328
Quick Ratio　速動比率　328

R
Receivable Turnover　應收帳款週轉率　330
Receivables　應收款項　152
Recycle　回收　154
Retained Earnings　保留盈餘　230
Return on Assets　資產報酬率　333
Return on Ordinary Shareholders' Equity　普通股權益報酬率　333
Revaluation Surplus　重估價增值　197
Revenue Expenditures　收益支出　191

S
Sales Revenue　銷貨收入　115
Salvage Value　殘值　184
Serial Bonds　分期還本公司債　211
Share Capital　投入資本　229
Shareholders　股東　230
Shares　股份　230
Special Journal　特種日記簿　163
Specific Identification Method　個別認定法　133, 137
Stated Value　有設定價值　234
Statement of Cash Flows　現金流量表　7
Statement of Changes In Equity　權益變動表　7
Statement of Comprehensive Income　綜合損益表　7
Statement of Financial Position　財務狀況表　7
Stock Certificates　股票　230
Straight-Line Method　直線法　184

T
Term Bonds　定期還本公司債　211
Time Interest Earned　利息保障倍數比率　335
Treasury Shares　庫藏股票　230

V
Vertical Analysis　垂直分析　323

W
Weighted Average Method　加權平均法　139
Working Capital　營運資金　329